智囊图书·建筑书系

全国土木工程类实用创新型规划教材

建筑概论

JIANZHUGAILUN

主　审　胡兴福
主　编　贾晓浒
副主编　杨春虹　刘　磊　毛风华
编　者　李　英　刘建军　周　永
　　　　文　闻　马晓冬　彭　佳
　　　　周　青

哈爾濱工業大學出版社

内容简介

本书是在总结多年建筑学高等教育经验的基础上，结合教育要求、课时时数的具体情况精心编写，内容全部采用现行国家标准和规范，力求适应现阶段建筑院校建筑学及其他相关专业初学者的需求。

本书包括建筑的基本概念、建筑的发展历史、建筑法规、建筑设计原理、建筑构造、建筑方案设计及施工图设计等内容，力争较全面地介绍与建筑相关的理论知识，并与实践相结合，辅以案例介绍，突出了新材料、新技术、新方法的运用，注意整体的逻辑性、连贯性。同时精简文字，突出图示的直观性，使教材更具针对性和实用性。发展绿色建筑已成为当今建筑业必须推广的理念和技术，本书着重介绍绿色建筑的基本概念，便于初学者了解国内外绿色建筑的发展和趋势。最后介绍建筑师注册制度，使读者能够了解整个建筑行业的发展逐步走向制度化、科学化的趋势。

本书可作为建筑学专业、城市规划专业、室内设计专业等建筑类相关专业的建筑基础课程教材，也可供从事建筑设计与建筑施工的技术人员参考。

图书在版编目(CIP)数据

建筑概论/贾晓浒主编. —哈尔滨：哈尔滨工业大学出版社，2014.1
ISBN 978-7-5603-4571-0

Ⅰ.①建…　Ⅱ.①贾…　Ⅲ.①建筑学-高等学校-教材　Ⅳ.①TU

中国版本图书馆 CIP 数据核字(2014)第 010398 号

责任编辑　苗金英
出版发行　哈尔滨工业大学出版社
社　　址　哈尔滨市南岗区复华四道街 10 号　邮编 150006
传　　真　0451-86414749
网　　址　http://hitpress.hit.edu.cn
印　　刷　北京市全海印刷厂
开　　本　850mm×1168mm　1/16　印张 14.5　字数 443 千字
版　　次　2014 年 1 月第 1 版　2014 年 1 月第 1 次印刷
书　　号　ISBN 978-7-5603-4571-0
定　　价　30.00 元

Preface

前言

建筑学，从广义上来说，是研究建筑及其环境的学科。在通常情况下，它更多的是指与建筑设计和建造相关的艺术和技术的综合。因此，建筑学是一门横跨工程技术和人文艺术的学科。建筑学所涉及的建筑艺术和建筑技术，以及作为实用艺术的建筑艺术所包括的美学的一面和实用的一面，它们虽有明确的不同但又密切联系，并且根据建筑物性质的不同而大不相同。

随着社会经济的快速发展，建筑行业的日益繁荣，建筑人才需求量越来越大。作为从事建筑学基础教育的建筑高等院校应按照科学发展观的要求，坚持面向市场，力求培养具有独立获取知识、提出问题、分析问题和解决问题的基本能力及具有开拓创新精神的人才；培养具有综合理论知识背景以及较强的社会实践能力的人才。使受教育者获得本专业的基本训练，成为能够适应我国未来现代化建设需要的综合型技术人才。

本教材可作为我国普通高等学校建筑学专业、城市规划专业、风景园林专业及其他相关专业的基础教材。本教材的编写目的是引导读者正确认识和理解建筑，了解建筑的发展历史，掌握建筑设计的基本方法。因本书将作为建筑学及其相关专业初学者的教材使用，在编制过程中，尽量使用通俗易懂的语言、汇集大量丰富的图片，使初学者易于理解和掌握必要的知识点，从而能够对专业理论知识的学习产生兴趣。

建筑学作为一门多元学科，相关知识量大面广。且建筑学又是一门动态发展的学科，知识更新快，发展迅速。本教材选取知识点时涵盖面较广、框架及脉络较为清晰且层次分明，针对不同模块内容提出不同要求以及循序渐进的学习目标：基础知识要求重点掌握；基本设计方法要求一般掌握；相关链接的知识要求了解。通过建筑基本知识、中外建筑发展史、建筑构造组成及方法等内容的学习，使学生能够掌握建筑的基本内涵，并通过建筑设计基本原理的学习，基本掌握建筑设计的目的和基本方法，结合建筑初步等其他课程，为建筑设计系列课程打下基础。建筑方案设计及案例分析、建筑施工图及案例使学生了解建筑方案设计的内容和方法、建筑施工图的设计程序等。是培养工程实践型人才不可或缺的环节。建筑法规、建筑师是建筑学专业人才执业培训的必要储备知识，能够使学生在专业教育初期培养良好的职业素养，为今后注册建筑师考试打基础。而工业厂房的相关知识和绿色建筑理论知识是专业学习的拓展，使学生具有较宽泛的知识涉猎。本教材信息量大、实践性强。在教材编制过程中，与各环节老师和学生进行了大量的信息沟通，尽可能了解本课程的学习重点和难点。对建筑学专业、城市规划专业、艺术设计专业等不同专业特点加以分析和思考，力争满足不同专业学生的不同需求。同时加强与实际工程案例的结合，找到有特色的学生作业进行分析，接近学生的实际情况，对学生的学习更具指导性。本教材结合实际工程设计，将经常涉及的知识点作为重点，结合案例分析讲解，更形象、更具体。

本教材尽可能融合国内外较先进的理念，力争以较开阔的视角和较为先进的理念影响学生，使广大的建筑学及其相关专业的初学者能够以本教材作为进入建筑学领域的“敲门砖”，逐步深入探索和学习，从而获得更丰富、更广博的专业理论知识，并尽快掌握正确的建筑设计方法，使本课程能够成为建筑设计主干课程强有力的理论支撑。

本书包括建筑基础理论知识、建筑设计原理及基本方法、建筑相关知识拓展三部分，其中模块 1、2、3、5 为建筑基础知识；模块 4、7、8 为建筑设计原理及设计方法（含案例分析）；模块 6、9、10 为建筑相关知识拓展部分。为了方便学生学习，各模块前都精心设计了模块概述、知识目标、技能目标和课时建议，使学生在学习过程中便于抓住重点、明确目标。各模块正文后加入了重点串联、知识链接和拓展与实训，可在各模块学习后进行总结、拓展，进行有效的复习和应用。

由于本教材编写时间有限，编者水平亦有限，书中难免存在纰漏，望广大读者批评指正。

编　者

编审委员会

本书学习导航

模块概述

简要介绍本模块与整个工程项目的联系，在工程项目中的意义，或者与工程建设之间的关系等。

学习目标

包括知识目标和技能目标，列出了学生应了解与掌握的知识点。

知识拓展

对模块中相关问题进行专业拓展的指引，用于学生自学。

课时建议

建议课时，供教师参考。

重点串联

用结构图将整个模块重点内容贯穿起来，给学生完整的模块概念和思路，便于复习总结。

知识链接

列举本模块涉及的标准，以国家标准为主，适当涉及较特殊的地方性标准。

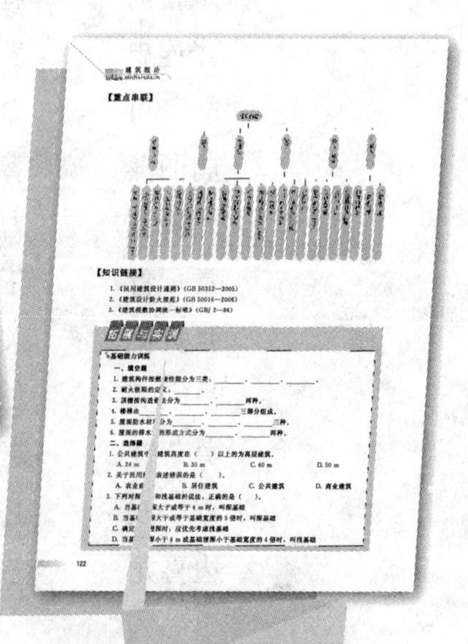

拓展与实训

包括基础能力训练、工程模拟训练和链接职考三部分，从不同角度考核学生对知识的掌握程度。

1 有关执业资格考试介绍

注册建筑师执业证书

由国务院建设主管部门颁发证书

全国注册建筑师管理委员会负责注册建筑师考试

注册建筑师考试分为一级注册建筑师考试和二级注册建筑师考试。注册建筑师考试实行全国统一考试，每年进行一次

考证及岗位要求

1. 了解建筑材料的基本分类

2. 了解常用材料（含新型建材）的物理化学性能、材料规格、使用范围及其检验、检测方法

3. 了解绿色建材的性能及评价标准

4. 掌握一般建筑构造的原理与方法，能正确选用材料

对应岗位

建筑工程师

结构工程师

审图工程师

2 有关执业资格考试介绍

注册建造师执业证书

由国务院建设主管部门颁发证书

注册建造师考试分为一级注册建造师考试和二级注册建造师考试。注册建造师考试实行全国统一考试，每年进行一次

考证及岗位要求

1. 掌握水泥、建筑钢材、混凝土的性能和应用

2. 了解石灰、石膏的性能和应用

3. 掌握建筑防水材料的特性与应用

4. 熟悉建筑防火材料的特性与应用

5. 了解建筑防腐材料的特性与应用

6. 掌握饰面的石材和建筑陶瓷、木材和木制品的特性与应用

7. 熟悉建筑玻璃、建筑高分子材料的特性与应用

8. 了解建筑金属材料的特性与应用

对应岗位

施工员

项目经理

造价咨询师

技术总工程师

监理工程师

总监理工程师

3 有关执业资格考试介绍

注册结构师执业证书

由国务院建设主管部门颁发证书

注册结构师考试分为一级注册结构师考试和二级注册结构师考试。注册结构师考试实行全国统一考试，每年进行一次

考证及岗位要求

1. 了解材料的组成

2. 掌握建筑材料的基本性质

3. 掌握无机胶凝材料、混凝土、沥青及改性沥青、建筑钢材、石材和黏土、木材等材料的性能与应用

对应岗位

结构工程师

建筑工程师

审图工程师

4 有关执业资格考试介绍

安全员、施工员、质检员、造价员、材料员证书

由各省建设主管部门颁发证书

考证及岗位要求

1. 掌握各类建筑材料的性能与应用

对应岗位

安全员
施工员
质检员
造价员
材料员

5 有关执业资格考试介绍

全国监理工程师执业资格考试

由国家人事部、建设部联合颁发

监理工程师是指经考试取得中华人民共和国监理工程师资格证书，并经注册，取得中华人民共和国注册监理工程师注册执业证书和执业印章，从事工程监理及相关业务活动的专业人员

考证及岗位要求

1. 工程建设监理概论

2. 工程质量、进度、投资控制、建设工程合同管理和设计工程监理的相关法律法规等方面的理论知识和实务技能

对应岗位

监理员
监理工程师

6 有关执业资格考试介绍

全国造价工程师执业资格考试

由国家人事部、建设部联合颁发

从事工程造价业务活动的专业技术人员，只有经过全国造价工程师执业资格统一考试合格，并注册取得《造价工程师注册证》以后，才具有造价工程师执业资格，才能以造价工程师名义从事建设工程造价业务，签署具有法律效力的工程造价文件

考证及岗位要求

1. 工程造价管理相关知识

2. 工程造价的确定与控制

3. 工程技术与工程计量和工程造价案例分析

对应岗位

造价员
造价工程师

目录 Contents

模块 1

建筑的基本概念

【模块概述】

本章简要介绍建筑的概念、建筑的三要素及其辩证关系。通过从不同的角度对建筑进行分类，从功能、技术、经济等方面准确把握建筑的定位。建筑具有空间、物质、文化、技术和艺术等不同属性，是一门综合性学科。而建筑设计作为建设程序的重要环节应具有前瞻性和全局观念。

【知识目标】

1. 理解建筑的基本概念和属性；
2. 掌握民用建筑的分类、分级方法；
3. 建立建筑模数协调标准的概念；
4. 了解基本建设的实施步骤与程序。

【技能目标】

1. 对“建筑”建立直观、总体的认识；
2. 掌握与建筑相关的各种基本概念。

【课时建议】

4 课时

1.1 何为建筑

1.1.1 建筑的基本概念

向十位建筑师提出“何为建筑”这个问题，我们可能会得到十个完全不同的答案。不同职业和社会背景的人对建筑也有不同的诠释，历史学家认为建筑是石头的史书，文学家认为建筑是文化的载体，音乐家认为建筑是凝固的音乐，经济学家认为建筑是商品，居民认为建筑是房子……在《辞海》里，“建筑”这个词有三层含义：建筑物和构筑物的总称；建筑学专业的简称；建造、营造或者施工过程的通称。

建筑物是为了满足社会的需要，利用所掌握的物质技术手段，在科学规律与美学法则的支配下，通过对空间的限定和组织而创造的社会生活环境，如医院、办公楼、体育馆、学校、旅馆、住宅等，如图1.1所示。构筑物是指人们一般不直接在其内进行生产和生活的建筑，如水塔、烟囱、堤坝等，如图1.2所示。无论是建筑物还是构筑物，都以一定的空间形式而存在，受到物质技术性和社会文化性的制约。

图1.1 建筑物

图1.2 构筑物

从广义的角度来理解，可以把建筑看成是一种人造的空间环境。这种空间环境在满足人们一定的功能使用要求的基础上，还应满足人们精神感受上的要求。著名建筑大师赖特认为“建筑是用结构来表达思想科学性的艺术；建筑是受科学技术因素所制约的艺术形式”。

1.1.2 建筑的三要素

早在公元前1世纪，罗马的建筑理论家维特鲁威在《建筑十书》中明确指出，建筑应具备三个基本要求：适用、坚固、美观。建筑与人们的工作、学习、生活、社会活动密切相关，对科学技术、文化艺术、社会、环境等各方面都有着重大的影响，反映着时代的物质和精神文明，在长期的建筑实践中探讨建筑基本要素之间相互联系、制约和协调的辩证关系。根据建筑的实现手段，也可以将构成建筑的基本要素视作建筑功能、建筑技术和建筑形象三个方面。

1. 建筑功能

人们盖房子总是有它具体的目的和使用要求，这在建筑中叫作功能。建筑有明显的使用功能要求，它体现了建筑物的物质性。例如，建造住宅是为了居住的需要，建造工厂是为了生产的需要，建造影剧院则是为了文化生活的需要等。

因此，满足建筑物的功能要求，为人们的生产和生活活动创造良好的环境，是建筑设计的首要任务。但是各类房屋的建筑功能不是一成不变的，它随着人类社会的发展和人们物质文化生活水平的不断提高而有不同的内容和要求。例如，将城市中商业、办公、居住、旅店、展览、餐饮、会议、文娱等城市生活空间的三项以上功能进行组合，商业综合体的出现则是对此的最好诠释。

2. 建筑技术

建筑功能的实施离不开建筑技术作为保证。能否获得某种形式的建筑空间，主要取决于工程结构与技术条件的发展水平，如果不具备这些条件，所需要的那种空间将无法实现。

建筑技术是建造房屋的手段，包括建筑结构、建筑材料、建筑施工和建筑设备等内容。结构和材料构成了建筑的骨架，设备是保证建筑物达到某种要求的技术条件，施工是保证建筑物实施的重要手段。

随着生产和科学技术的发展，各种新材料、新结构、新设备的发展和新的施工工艺水平的提高，新的建筑形式不断涌现，同时也进一步满足了人们对各种不同功能的需求。正是由于建筑技术的进步，人类才能从遮风避雨的天然山洞住进安逸舒适的摩天大楼。

3. 建筑形象

建筑形象是建筑物内外观感的具体体现，它包括内外空间的组织，建筑体形与立面的处理，材料、装饰、色彩的应用等内容。建筑形象处理得当能产生良好的艺术效果，给人以感染力，如庄严雄伟、朴素大方、简洁明快、生动活泼等不同的感受。同时，建筑形象也会因社会、民族、地域的不同而有所不同，从而反映出丰富多彩的建筑风格和特色。

建筑形象应满足精神和审美方面的要求。由于人不同于一般的动物而具有思维和精神活动的能力，因而供人居住或使用的建筑应考虑它对于人的精神感受上所产生的巨大影响。建筑在满足使用要求的同时，还需要考虑人们对建筑物在精神和审美方面的要求。

在上述三个基本构成要素中，满足功能要求是建筑的首要目的；材料、结构、设备等物质技术条件是达到建筑目的的手段；而建筑形象则是建筑功能、技术和艺术内容的综合表现。这三者之中，功能常常是主导的，对技术和建筑形象起决定作用；物质技术条件是实现建筑的手段，因而建筑功能和建筑形象在一定程度上受到它的制约；建筑形象也不完全是被动的；在同样的条件下，根据同样的功能和艺术要求，使用同样的建筑材料和结构，也可创造出不同的建筑形象，达到不同的美学要求。在优秀的建筑作品中，这三者是辩证统一的。

1.1.3 建筑的基本属性

1. 建筑的空间性

中国古代哲学家老子曾对空间的形成和作用有过精辟的描述："埏埴以为器，当其无，有器之用。凿户牖以为室，当其无，有室之用。故有之以为利，无之以为用。"即门、窗、墙身等实体是用来围合空间的，而人类使用各种建筑材料建造一栋建筑的最终目的，是利用其内部空间遮风避雨及生活起居。这就揭示了建筑的根本——创造使用空间。

根据建筑空间的使用性质可将其分为主要使用空间、次要空间、辅助空间等。在一栋教学楼里，教室、办公室是主要使用空间，其面积、朝向首先要得到保证；卫生间、储藏室属于次要空间，可布置在朝向差的部位；辅助空间是门厅、走廊、楼梯等交通空间，在流线组织、防火疏散中起重要作用，但是若占用太多建筑面积，建筑的经济性、合理性就会受到影响。

建筑空间在其形成的方式上各有不同，会形成封闭空间、流动空间、共享空间、"灰空间"等各种空间形式，各类空间形式的实用性也不尽相同。用实体的墙、楼地板、门窗围成的封闭空间，空间完整、独立，私密性较好，是较常见的空间形式，适用于卧室、教室、办公室等空间，如图1.3（a）所示。用隔墙、隔断、柱、家具对空间进行划分，使空间既有一定的功能分区，又有相当的完整性，空间隔而不断，被称为流动空间，适合于博物馆展厅等展示空间，如图1.3（b）所示。共享空间又称为中庭，处于建筑的中心，周围环以多层挑廊，是一个丰富的、公共的交流、休息空间，为将阳光引入室内，中庭的顶部常设计为玻璃顶棚，中庭内还种植各类植物，以创造良好的自然氛围，此类空间常见于大型商业建筑、旅馆、办公楼，如图1.3（c）所示。"灰空间"是介于室内空间与室外空间之间的空间，往往有顶无墙或仅用铺地、列柱将建筑与外部空间虚虚地分离，“灰空间”一般是室内外的过渡空间，如图 1.3（d）所示。

(a)封闭空间 (b)流动空间

(c)共享空间 (d)“灰空间”

图 1.3 建筑的空间

2. 建筑的物质性

建筑是由砖、石、钢筋混凝土等建筑材料建造而成的，这些元素构成了建筑的基本物质性；其次，建筑占地面积、建筑空间的尺度、建筑物的外在形态，都将以建筑成本或售价的方式体现其价值。所以，建筑的物质性由实质的物质和非实质的设计理念共同构成。相同的建筑材料可以形成平庸或非凡之作，显现出截然不同的物质价值。

一般石块建筑通过简单的力学结构搭建，满足基本的使用功能，缺少细部处理和建筑外观等设计，其物质价值相对较低；而一幢经精心设计的建筑，或由于其独特的建筑魅力，或由于设计师的知名度，会在原有的物质基础上产生可观的附加值，如图 1.4 所示。

3. 建筑的文化性

建筑的文化性是人类建筑活动的积累，建筑的文化性表现出强烈的民族性、地域性和历史性。但是，当今社会信息传播快捷，交通运输方便，建筑的地域性逐渐减弱，所以，如何在建筑设计中传承建筑文化，体现建筑的地方特色，是建筑师、建筑理论研究者以及建筑管理部门共同的责任。

（1）民族性

建筑的民族性大多出于社会因素，与人们的生活习俗、宗教信仰、社会经济和技术水平有关，所以，中国建于明朝时期、现为联合国世界文化遗产的福建的客家土楼，有利于客居的族群聚族而居，抵御外敌，如图 1.5 所示。游牧民族会发展易于拆卸、搭建的蒙古包，如图 1.6 所示。而北京的四合院，受封建宗法礼教和京城规划城市格局支配，也为有效御寒并营造安静的居住环境，南北纵轴线对称，方正地布置房屋、院落，如图 1.7 所示。

图 1.4 澳洲拉筹伯大学分子科学研究所

图 1.5 福建客家土楼

图 1.6 游牧民族居住的蒙古包

图 1.7 北京四合院

(2) 地域性

建筑的地域性大多出于自然因素，因建筑所在地的地形、地貌、气候及当地所具备的建筑材料，会使建筑具有明显的地域特征。就中国传统民居而言，地处中原的河南、陕西等黄土地区的民居，由于干燥、松软的土壤方便开挖，简便易行，自然就发展了靠崖式、地坑式等窑洞住宅形式，如图 1.8 所示。

(3) 历史性

建筑物使用年限的悠长，经济、技术、文化涉及面的广泛，使其成为具有时间性质的文化载体，相对全面地反映出历史进程中社会各方面的发展。在城市化进程加快的今天，建筑更是城市发展的见证，是珍贵的历史遗产。

4. 建筑的技术性

随着时代的发展，建筑在技术方面的要求也愈加严格。设计作品的成功与否与建筑结构、建筑材料、建筑施工、建筑设备、建筑节能等方面密切相关。技术的更新使建筑设计如虎添翼，同时，建筑设计的大胆想象也加快了建筑技术的进步。

(1) 建筑结构

建筑结构是建筑的骨架，是建筑的承重体系。现代应用最广泛的是砖混结构、钢筋混凝土结构等，随着建筑高度的增大，为减轻建筑自重、减少结构面积、加快施工速度，钢结构技术更多地被运用进来。而对于体育场馆、影剧院等大跨度建筑，建筑结构形式也从早期的梁柱结构、拱型结构发展为悬索、网架、壳体等空间结构体系，建筑形体也随结构形式的创新而更加丰富。如中央电视台总部大楼，如图 1.9 所示。

图 1.8 陕西窑洞

图 1.9 中央电视台总部大楼

(2) 建筑材料

建筑材料从原始的原生材料土、石、木发展到砖瓦、混凝土、钢材、钢筋混凝土、玻璃等人工材料，然后是铝合金、不锈钢、彩色压型钢板等轻型外挂金属复合板材，而北京奥运会水立方游泳馆外表面采用的 ETFE 膜材料是一种轻质新型高分子材料，具有有效的热学性能和透光性，如图 1.10 所示。新型建筑材料强化了传统建筑材料的防火、绝热、防水、隔声等功能，有更高的研发、生产、施工技术要求。对建筑师而言，也需十分关注、积极探索新材料的运用，以期创造出更新颖的、合理的、安全的建筑空间，使建筑在适应时代潮流的同时，能够更加和谐地融合于自然。

图 1.10 北京奥运会场馆水立方

(3) 建筑施工

建筑施工是建筑生成过程中的一道重要工序，其质量的好坏根本性地决定了建筑的优劣。如今的施工条件也从原来的人力搬运、搭建发展到机械操作，更准确地保证了建筑的安全。建筑施工包括施工组织与施工技术两大部分。施工组织研究人力、物力、施工周期、施工场地的安排，使工程建设安全、按期、高质量、经济地完成；施工技术则是高质量完成建筑施工的重要技术保障。

(4) 建筑设备

建筑设备涵盖了暖通、电气、给排水等各工种内容。其中，给排水工程主要包括与水有关的工作，如清洁水的供给、污水废水和雨水的排放、中水利用、消防用水供给等。电气工程主要是电力供给，即把城市电网来电处理成为民用电压，通常照明电压 220 V、动力电压 380 V，供至各个用电设备、照明灯具等；电气工程还包括自动控制、网络、电信电话等弱电工程。暖通工程包括空气的制冷和加热、新鲜空气补给和废气、烟气排放等。

(5) 建筑节能

在建筑设计中考虑环境保护、降低能耗、可持续发展，均属于建筑节能的范畴。建筑设计中节能方式主要有自然通风采光、墙体及屋面保温隔热。与建筑技术各专业共同探讨太阳能利用、水循环利用、地下冷热源利用、建筑材料再生利用等技术。如中国太阳谷的日月坛大厦，如图 1.11 所示。

5. 建筑的艺术性

建筑艺术属于实用美学之范畴。在满足基本功能的前提下，建筑还能以其外在形式传递出宏伟、华贵、亲切、朴素、动感、现代等抽象的美学感受，而且大体量建筑空间的艺术感染力比任何雕塑、绘画作品更加强烈。

除建筑主体的艺术特性外，建筑还是雕塑、壁画等各类艺术形式的载体，如建筑周边的广场景观设计，建筑内、外墙的雕塑、壁画设计，建筑室内配饰……各种艺术的综合，使建筑的艺术主题表现得更为鲜明。如毕尔巴鄂古根海姆博物馆，如图 1.12 所示。

图 1.11　中国太阳谷的日月坛大厦

图 1.12　毕尔巴鄂古根海姆博物馆

1.2　建筑物的分类和耐火等级

1.2.1 建筑物的分类

1. 按建筑物的使用功能分类

建筑物按使用功能通常可以分为民用建筑、工业建筑和农业建筑。

(1) 民用建筑

民用建筑即为人们大量使用的非生产性建筑。它又可以分为居住建筑和公共建筑两大类。

①居住建筑。主要指提供家庭和集体生活起居用的建筑物，如住宅、宿舍、公寓等。

②公共建筑。主要指提供人们进行各种社会活动的建筑物，其中包括：

a. 行政办公建筑。机关、企事业单位的办公楼等。

b. 文教建筑。图书馆、学校、文化馆等。

c. 科研建筑。科学实验楼、研究所等。

d. 托幼建筑。托儿所、幼儿园等。

e. 医疗建筑。医院、门诊部、疗养院等。

f. 旅馆建筑。旅馆、宾馆、招待所等。

g. 观演建筑。电影院、剧院、音乐厅、杂技场等。

h. 商业建筑。商店、商场、购物中心等。

i. 体育建筑。体育馆、体育场、健身房、游泳池等。

j. 交通建筑。航空港、水路客运站、火车站、汽车站、地铁站等。

k. 通信广播建筑。电信楼、广播电视台、邮电局等。

l. 纪念性建筑。纪念堂、纪念碑、陵园等。

m. 园林建筑。公园、动物园、植物园、亭台楼榭等。

n. 其他建筑。如监狱、派出所、消防站等。

(2) 工业建筑

工业建筑即为工业生产服务的各类建筑，也可以叫作厂房类建筑，如生产车间、辅助车间、动力用房、仓储建筑等。厂房类建筑又可分为单层厂房和多层厂房两大类。

(3) 农业建筑

农业建筑指用于农业、牧业生产和加工用的建筑，如温室、畜禽饲养、粮食与饲料加工站、农机修理站等。目前农村和城镇的区别越来越小，因此，农业建筑会慢慢地被纳入工业建筑类。

2. 按建筑物的层数和高度分类

①住宅按层数分类。1～3 层为低层建筑；4～6 层为多层建筑；7～9 层为中高层建筑；10 层及 10 层以上为高层建筑（包括首层设置商业服务网点的住宅）。

②公共建筑按高度分类。公共建筑及综合性建筑高度不大于 24 m 的为单层或多层建筑，大于或等于 24 m 的为高层建筑。但是建筑高度虽超过 24 m，主体建筑为单层时仍不属于高层建筑。

1972 年国际高层会议规定 9～40 层（最高 100 m）为高层建筑，40 层以上的为超高层建筑。我国《民用建筑设计通则》规定，无论是住宅还是公共建筑，建筑高度超过 100 m 时，均为超高层建筑。

3. 按主要承重结构材料分类

建筑的主要承重结构一般为墙、柱、梁、板 4 个主要构件，根据墙、柱、梁、板所使用的材料，可以有一种新的分类方法。

①木结构建筑。即木板墙、木柱、木楼板、木屋顶的建筑，如木古庙、木塔等。

②砖木结构建筑。即由砖（石）砌墙体，木楼板、木屋顶的建筑，如农村老民房。

③砖混结构建筑。即由砖（石）砌墙体，钢筋混凝土做楼板和屋顶的多层建筑，如早期的集体宿舍等。

④钢筋混凝土结构建筑。即由钢筋混凝土柱、梁、板承重的多层和高层建筑（它又可分为框架结构建筑、筒体结构建筑、剪力墙结构建筑），如现代的大量建筑，以及用钢筋混凝土材料制造的装配式大板、大模板建筑等。

⑤钢结构建筑。即全部用钢柱、钢梁组成的承重骨架的建筑。

⑥其他结构建筑。如生土建筑、充气建筑、塑料建筑等。

4. 按建筑设计使用年限分类

民用建筑的合理使用年限主要是指建筑主体结构设计使用年限。

设计使用年限分为 4 级。

民用建筑设计使用年限分类见表 1.1。

表 1.1 民用建筑设计使用年限分类

类别	设计使用年限/年	示例	类别	设计使用年限/年	示例
1	5	临时性建筑	3	50	普通建筑和构筑物
2	25	易于替换结构构件的次要建筑	4	100	纪念性建筑和特别重要的建筑

1.2.2 建筑物的耐火等级

建筑物的耐火等级是由其组成构件的燃烧性能和耐火极限来确定的。按现行《建筑设计防火规范》(GB 50016—2006）的规定将建筑物的耐火等级分为四级。一级耐火性能最好，四级最差。

①构件的耐火极限。是指对任一建筑构件按时间－温度标准曲线进行耐火试验，从受到火的作用起，到失去支持能力或完整性被破坏或失去隔火作用为止的这段时间，用小时（h）表示。

②构件的燃烧性能。构件的燃烧性能可分为 3 类，即非燃烧体、难燃烧体、燃烧体。

a. 非燃烧体。即用非燃烧材料做成的构件。非燃烧材料是指在空气中受到火烧或高温作用时不起火、不微燃、不炭化的材料，如金属材料和无机矿物材料。

b. 难燃烧体。即用难燃烧材料做成的构件，或用燃烧材料做成而用非燃烧材料作保护层的构件。难燃烧材料指在空气中受到火烧或高温作用时难起火、难微燃、难炭化，当火源移走后燃烧或微燃立即停止的材料。如沥青混凝土、经过防火处理的木材等。

c. 燃烧体。即用燃烧材料做成的构件。燃烧材料指在空气中受到火烧或高温作用时立即起火或微燃，且火源移走后仍继续燃烧或微燃的材料，如木材。

有关建筑构件的燃烧性能和耐火极限，见表 1.2。

表 1.2 建筑构件的燃烧性能和耐火极限

构件名称 \ 燃烧性能和耐火极限/h \ 耐火等级		高层建筑		普通建筑			
		一级	二级	一级	二级	三级	四级
墙	防火墙	非燃烧体 3.00	非燃烧体 3.00	非燃烧体 3.00	非燃烧体 3.00	非燃烧体 3.00	非燃烧体 3.00
	承重墙	非燃烧体 2.00	非燃烧体 2.00	非燃烧体 3.00	非燃烧体 2.50	非燃烧体 2.00	非燃烧体 0.50
	非承重墙	非燃烧体 1.00	非燃烧体 1.00	非燃烧体 1.00	非燃烧体 1.00	非燃烧体 0.50	燃烧体
	楼梯间的墙、电梯井的墙、住宅单元间的墙、住宅分户墙	非燃烧体 2.00	非燃烧体 2.00	非燃烧体 2.00	非燃烧体 2.00	非燃烧体 1.50	非燃烧体 0.50
	疏散走道两侧隔墙	非燃烧体 1.00	非燃烧体 1.00	非燃烧体 1.00	非燃烧体 1.00	非燃烧体 0.50	非燃烧体 0.50
	房间隔墙	非燃烧体 0.75	非燃烧体 0.50	非燃烧体 0.75	非燃烧体 0.50	非燃烧体 0.50	非燃烧体 0.25
柱		非燃烧体 3.00	非燃烧体 2.50	非燃烧体 3.00	非燃烧体 2.50	非燃烧体 2.00	非燃烧体 0.50
梁		非燃烧体 2.00	非燃烧体 1.50	非燃烧体 2.00	非燃烧体 1.50	非燃烧体 1.00	非燃烧体 0.50
楼板		非燃烧体 1.50	非燃烧体 1.00	非燃烧体 1.50	非燃烧体 1.00	非燃烧体 0.50	燃烧体
屋顶承重构件		非燃烧体 1.50	非燃烧体 1.00	非燃烧体 1.50	非燃烧体 1.00	燃烧体	燃烧体
疏散楼梯		非燃烧体 1.50	非燃烧体 1.00	非燃烧体 1.50	非燃烧体 1.00	非燃烧体 0.50	燃烧体
吊顶（包括吊顶格栅）		非燃烧体 0.25	非燃烧体 0.25	非燃烧体 0.25	非燃烧体 0.25	非燃烧体 0.15	燃烧体

1.3 建筑标准化和统一模数制

1.3.1 建筑标准化

建筑标准化涉及建筑设计、建材、设备、施工等各个方面，是一套完整的施工体系。建筑标准化包括两个方面：一方面是建筑设计的标准问题，包括由国家颁布的建筑法规、建筑制图标准、建筑统一模数制等；另一方面是建筑标准设计问题，即根据统一的标准所编制的标准构件与标准配件图集及整个房间的标准设计图等。

1.3.2 统一模数制

为实现建筑标准化，使建筑制品、建筑构件实现工业化大规模生产，必须制定建筑构件和配件的标准化规格系列，使建筑设计各部分尺寸、建筑构配件、建筑制品的尺寸统一协调，并使之具有通用性和互换性，加快设计速度，提高施工质量和效率，降低造价，为此，国家颁布了《建筑模数协调统一标准》(GBJ 2—86)。

建筑模数是选定的尺寸单位，作为尺度协调中的增值单位。所谓尺度协调是指房屋构件（组合件）在尺度协调中的规则，供建筑设计、建筑施工、建筑材料与制品、建筑设备等采用，其目的是使构配件安装吻合，并有互换性。

(1) 基本模数

基本模数的数值规定为100 mm，符号为M，即1M=100 mm。建筑物和建筑部件以及建筑物组合件的模数化尺寸，应是基本模数的倍数，目前世界上绝大多数国家均采用100 mm为基本模数。

(2) 导出模数

导出模数分为扩大模数和分模数，其模数应符合下列规定：

①扩大模数指基本模数的整数倍数，扩大模数的基数为3M、6M、12M、15M、30M、60M，共6个，其相应的尺寸分别为300 mm、600 mm、1 200 mm、1 500 mm、3 000 mm、6 000 mm。

②分模数指整数除以基本模数的数值，分模数的基数为M/10、M/5、M/2，共3个，其相应的尺寸分别为10 mm、20 mm、50 mm。

(3) 模数数列

模数数列指以基本模数、扩大模数、分模数为基础扩展成的一系列尺寸。模数数列在各类建筑的应用中，其尺寸的统一与协调应减少尺寸的范围，但又应使尺寸的叠加和分割有较大的灵活性。模数数列的幅度应符合下列规定：

①水平基本模数的数列幅度为1M～20M。

②竖向基本模数的数列幅度为1M～36M。

③水平扩大模数的数列幅度：3M的为3M～75M；6M的为6M～96M；12M的为12M～120M；15M的为15M～120M；30M的为30M～360M；60M的为60M～360M，必要时幅度不限。

④竖向扩大模数数列的幅度不受限制。

⑤分模数数列的幅度：M/10的为M/10～2M；M/5的为M/5～4M；M/2的为M/2～10M。

模数数列的适用范围如下：

①水平基本模数的数列主要用于门窗洞口和配件断面尺寸。

②竖向基本模数的数列主要用于建筑物的层高、门窗洞口、构配件等尺寸。

③水平扩大模数的数列主要用于建筑物的开间或柱距、进深或跨度、构配件尺寸和门窗洞口尺寸。

④竖向扩大模数的数列主要用于建筑物的高度、层高、门窗洞口尺寸。

⑤分模数的数列主要用于缝隙、构造节点、构配件断面尺寸。

1.3.3 三种尺寸及其相互关系

为了保证建筑制品、构配件等有关尺寸之间的统一协调，特规定了标志尺寸、构造尺寸、实际尺寸及其相互间的关系，如图1.13所示。

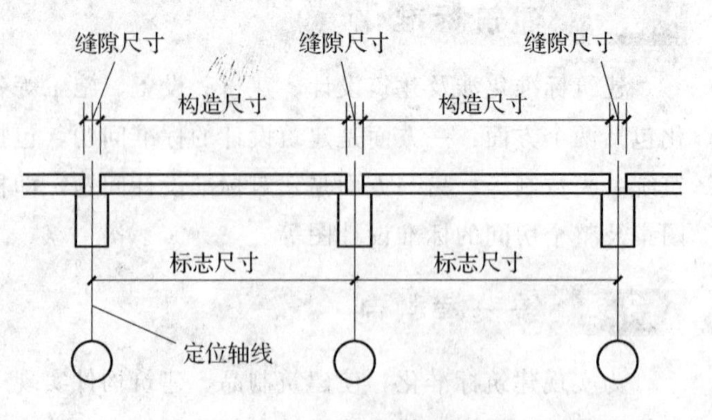

图1.13 三种尺寸之间的关系

(1) 标志尺寸

标志尺寸是用以标注建筑物定位轴线之间的距离以及建筑制品、建筑构配件、有关设备位置界限之间的尺寸。

（2）构造尺寸

构造尺寸指建筑制品、建筑构配件等的设计尺寸。一般情况下，构造尺寸加上缝隙尺寸等于标志尺寸。缝隙尺寸应符合模数数列的规定。

（3）实际尺寸

实际尺寸指建筑制品、建筑构配件等生产制作后的实际尺寸。实际尺寸与构造尺寸之间的差数应为允许的建筑公差数值。例如，预应力钢筋混凝土短向圆孔板 YB30.1，它的标志尺寸为 3 000 mm，缝隙尺寸为 90 mm，所以构造尺寸为（3 000－90）mm＝2 910 mm，实际尺寸为（2 910±允许误差）。

1.4 基本建设的步骤与程序

在我国，按照基本建设的技术经济特点及其规律性，规定基本建设程序主要包括 9 个步骤。步骤的顺序不能任意颠倒，但可以合理交叉。这些步骤的先后顺序是：

①编制项目建议书。对建设项目的必要性和可行性进行初步研究，提出拟建项目的轮廓设想。

②开展可行性研究和编制设计任务书。具体论证和评价项目在技术和经济上是否可行，并对不同方案进行分析比较；可行性研究报告作为设计任务书（也称计划任务书）的附件。设计任务书对是否实施这个项目，采取什么方案，选择什么建设地点，作出决策。

③进行设计。从技术和经济上对拟建工程作出详尽规划。大中型项目一般采用两段设计，即初步设计与施工图设计。技术复杂的项目，可增加技术设计，按三个阶段进行。

④安排计划。可行性研究和初步设计，送请有条件的工程咨询机构评估，经认可，报计划部门，经过综合平衡，列入年度基本建设计划。

⑤进行建设准备。包括征地拆迁，搞好“三通一平”（通水、通电、通道路、平整土地），落实施工力量，组织物资订货和供应，以及其他各项准备工作。

⑥组织施工。准备工作就绪后，提出开工报告，经过批准，即开工兴建；遵循施工程序，按照设计要求和施工技术验收规范，进行施工安装。

⑦生产准备。生产性建设项目开始施工后，及时组织专门力量，有计划、有步骤地开展生产准备工作。

⑧验收投产。按照规定的标准和程序，对竣工工程进行验收（见基本建设工程竣工验收），编制竣工验收报告和竣工决算（见基本建设工程竣工决算），并办理固定资产交付生产使用的手续。小型建设项目，建设程序可以简化。

⑨项目后评价。项目完工后对整个项目的造价、工期、质量、安全等指标进行分析评价或与类似项目进行对比。

【重点串联】

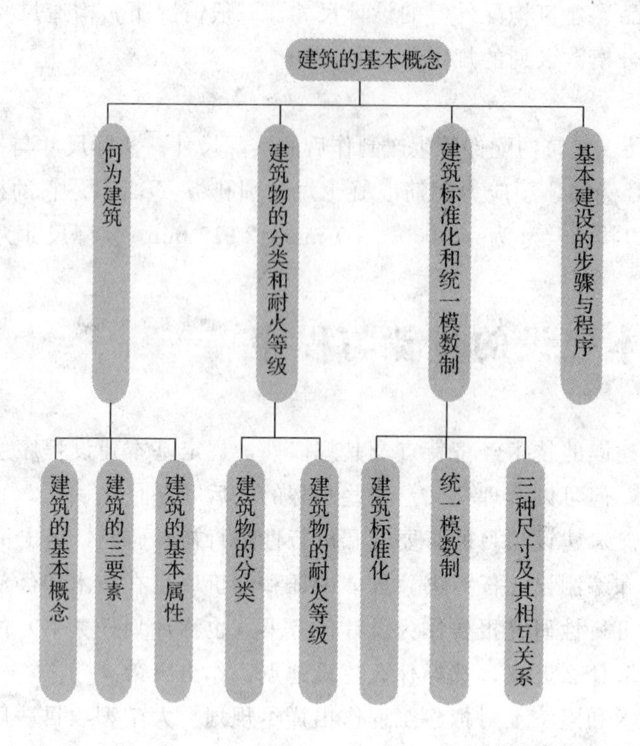

【知识链接】

1.《民用建筑设计通则》(GB 50352—2005)

2.《建筑设计防火规范》(GB 50016—2006)

3.《建筑模数协调统一标准》(GBJ 2—86)

拓展与实训

基础能力训练

一、填空题

1. 建筑物按使用功能通常可以分为________、________和________。

2. 构件的燃烧性能可分为三类，即________、________和________。

3. 建筑住宅按层数分类，________层为低层建筑，________层为多层建筑，________层为中高层建筑，________层为高层建筑。

4. 基本模数的数值规定为________mm，符号为________。

二、选择题

1. 公共建筑及综合性建筑高度不大于（　）m 的为单层或多层建筑。

A. 18　　B. 20　　C. 24　　D. 30

2. 无论是住宅还是公共建筑，建筑高度超过（　）m 时，均为超高层建筑。

A. 80　　B. 100　　C. 120　　D. 150

3. 民用建筑的合理使用年限主要是指建筑主体结构设计使用年限，设计使用年限分为（　）级。

A. 三　　B. 四　　C. 五　　D. 六

三、简答题

1. 建筑的基本属性是什么？
2. 建筑按使用功能分为哪几类？其中民用建筑分为哪些类型？
3. 什么是建筑的耐火极限？什么是燃烧性能？建筑有几个耐火等级？
4. 建筑的基本模数是什么？什么是分模数和扩大模数？

工程模拟训练

对校园建筑进行调研，并从建筑高度、主要承重结构材料两方面对其进行分类。

链接职考

[2006 年一级建筑师试题（单选题）]

1.“埏埴以为器，当其无，有器之用。凿户牖以为室，当其无，有室之用。故有之以为利，无之以为用。”这几句话精辟地论述了（　　）。

A. 空间与使用的辩证关系　　B. 空间与实体的辩证关系

C. 有和无的辩证关系　　D. 利益和功用的辩证关系

2. 在大的室内空间中，如果缺乏必要的细部处理，则会使人感到（　　）。

A. 空间尺寸变小　　B. 空间尺寸变大

C. 空间变得宽敞　　D. 空间尺度无影响

[2007 年一级建筑师试题（单选题）]

3. 近年来，我国建筑界和建设部重申的“建筑方针”，是指（　　）。

A. 实用、经济、美观　　B. 提高建筑质量

C. 坚持自主创新　　D. 传统性和时代性相结合

[2012 年一级建筑师试题（单选题）]

4.“埏埴以为器，当其无，有器之用。凿户牖以为室，当其无，有室之用。故有之以为利，无之以为用”是（　　）说的。

A. 孔子　　B. 庄子　　C. 老子　　D. 孟子

模块 2
建筑发展史

【模块概述】

中外建筑史课程，从古今中外的社会的、经济的、历史的、文化的角度介绍建筑产生、发展及变化的根源，通过分析优秀实例，使学生不仅掌握建筑、环境乃至城市的设计语言、规划手法，而且从文化的深层内涵了解设计思想、理论和方法，通过对历史背景概况、建筑技术、建筑类型、建筑风格的介绍，使学生了解建筑成就的丰富性，认识建筑的发展规律，为以后的学习和设计活动开拓思维，积累设计的素材。

本模块通过对中国古代建筑史、中国近现代建筑史、外国古代建筑史、外国近现代建筑史4个章节介绍在不同地域环境、不同历史条件、不同文化背景下建筑的形成与发展，通过建筑形式的不同反映历史过程中，使用者的生活状态与行为模式。

【知识目标】

1. 掌握中外各个历史时期的建筑特征；
2. 了解中外各个历史时期的建筑形成背景；
3. 学习建筑历史经验，了解建筑历史规律。

【技能目标】

1. 能够通过建筑特征识别中外各个时期的建筑；
2. 能够通过建筑形成背景梳理建筑发展过程；
3. 能够通过建筑实体、图片或影像识别中外古建筑。

【课时建议】

4～6课时

2.1 中国古代建筑史

2.1.1 中国古代建筑发展概况

1. 原始社会建筑

我国境内已知最早的人类住所是天然岩洞，这种住所不是真正意义的建筑，因为它并非人工构筑的产物，当先民们有意识地营造洞穴的时候，便是建筑真正的起源。穴居的平面形式大多为圆形或方形圆角，空间形式有竖穴、土壁横穴（类似于后来的靠崖窑）、地坑式窑穴，称为“全地穴式”穴居，后来发展为“半地穴式”，进而演化为原始地面房屋。稍后于穴居的是巢居，巢居用于地势低洼地带（南方地区较适宜），穴居用于地势高亢地带（北方地区较适宜）。黄河中游原始社会晚期的文化先后是母系社会的仰韶文化和父系氏族社会的龙山文化。

2. 奴隶社会建筑

在奴隶社会，我国初步形成了以夯土墙与木构架为主体的建筑构造方法。夏代代表性的宫殿遗址有河南偃师二里头宫殿遗址（图 2.1），即夏末都城——斟鄩。在夏代至商代早期，中国传统的院落式建筑群组合已经开始走向定型。

图 2.1 河南偃师二里头一号宫殿遗址

商代著名城址有郑州商城，尸沟乡遗址，湖北盘龙城遗址及后期的殷都遗址。尸沟乡遗址出现宫城、内城、外城的格局，宫殿区的主殿是迄今为止所知最大的早商单体建筑遗址。湖北盘龙城遗址是我国目前发现最早采用“前朝后寝”格局的宫殿建筑。

西周有代表性的建筑遗址是陕西岐山凤雏村西周遗址（图 2.2），是我国已知最早、形制最严整的四合院实例，二进院落，中轴对称，前堂后室，大门前有影壁。瓦的发明是西周在建筑上的突出成就，使西周建筑从“茅茨土阶”的简陋状态进入了比较高级的阶段，出现了半瓦当，此外还出现了铺地方砖和三合土（白灰＋砂＋黄泥）墙体抹面。

【知识拓展】

茅茨土阶

解释：古代的一种建筑构造形式。

茅茨就是用茅草做的屋顶，在古代人们还没有掌握用木材建造房屋的时候就用茅草堆砌成屋顶。土阶就是把素土夯实了，形成高高的方方的高台，然后把建筑建造在上面。

出处：汉·张衡《东京赋》：“慕唐虞之茅茨。思夏后之卑室。”《后汉书·班固传》：“扶风掾李育经明行著，教授百人，客居杜陵，茅茨土阶。”

“茅茨土阶”是中国建筑发展的原始阶段。

春秋时期，建筑上的重要发展是瓦的普遍使用和作为诸侯宫室用的高台建筑的出现。该时期宫殿建筑的特点是“高台榭，美宫室”。中国早在春秋时期已经开始用砖的历史。

3. 封建社会建筑

战国时各国纷纷“筑城以卫君，造郭以守民”，城市规模扩大，出现了一个城市建设的高潮，高台宫室很盛行。汉代是封建社会前期的建筑高潮，中国建筑作为一个独立的体系，到汉代已基本确立，木构架体系，院落式布局等特点已基本定型。汉代突出表现就是木构架建筑渐趋成熟，砖石建筑和拱券结构有了很大发展，后世常见的抬梁式和穿斗式两种主要木结构已经形成。多层木构架建筑已经普及，木架建筑的结构和施工技术有了巨大进步，但还没有解决大空间建筑的技术问题。

魏晋南北朝时期最突出的建筑类型是佛寺、佛塔和石窟（图 2.3）。中国的佛教由印度经西域传入内地，初期佛寺布局与印度相仿，仍以塔为主要崇拜对象，置于佛教中央，而以佛殿为辅，置于塔后。佛教传入初期（尤其是魏晋南北朝时期）一种重要的建筑文化现象，即将私宅捐为寺庙，是当时市井寺庙的重要源头。北魏时所建造的河南登封嵩岳寺密檐式砖塔，是现存我国最古老的佛塔。

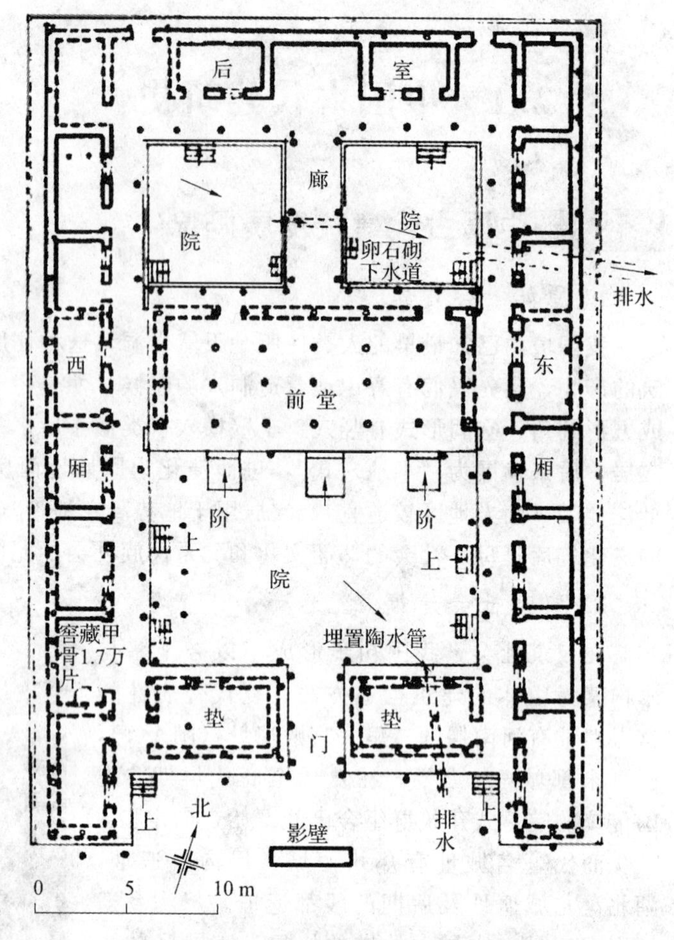

图 2.2　陕西岐山凤雏村西周建筑遗址平面

图 2.3　云冈、龙门、天龙山石窟总平面

魏晋时期石窟寺是在山崖上开凿出来的窟洞型佛寺。从建筑功能布局上看，在我国主要有三种布局：一是塔院型，即以塔为窟的中心；二是佛殿型，窟中以佛像为主要内容；三是僧院型，主要供僧众打坐修行之用。而我国自然山水式风景园林在秦汉时开始兴起，到魏晋南北朝时期有重大的发展。这一时期建筑上最突出的成就是琉璃瓦件的出现，创造了彩色的琉璃吻兽。

隋朝在建筑上的成就有都城大兴城和东部洛阳城的建设。大兴城是隋文帝时所建，是我们古代规模最大的城市；洛阳城是隋炀帝时所建。隋代留下的建筑物有著名的河北赵县安济桥，它是世界上最早出现的敞肩拱桥（或称空腹拱桥），大拱有 28 道石券并列而成，跨度达 37 m，负责建筑此桥的匠人是李春。

唐代中国建筑技术与艺术有巨大发展，其主要成就有：①宏大严整的城市规划，其都城长安是构图最为严整的里坊制城市典范。②建筑群处理日趋成熟。唐代宫殿、陵墓等建筑群体的布局突破了汉代重要礼制建筑纵横对称的形式，更加强纵轴方向的空间序列，这些特点对后世直至明清的建筑群体布局都有着深远的影响。③木建筑解决了大面积、大体量的技术问题，并已定型化。大明宫麟德殿面积相当于明清故宫太和殿的 3 倍。当时木架结构——特别是斗拱部分，构件形式及用料都已规格化。④设计施工水平提高。⑤砖石建筑进一步发展。主要是砖石佛塔增多。目前我国保存下来的唐塔全是砖石塔。唐塔砖石塔有楼阁式、密檐式与单层塔三种。

【知识拓展】

大明宫麟德殿

麟德殿是大明宫的国宴厅，也是大明宫中最主要的宫殿之一，建于唐高宗麟德年间（664—665年），毁于唐僖宗光启年间（886 年），使用和存在了约 220 年之久。

麟德殿规制宏伟，结构特别，堪称唐代建筑的经典之作。

麟德殿位于大明宫太液池西的一座高地上，它的遗址已被发掘，底层面积合计约达 5 000 m^2，由四座殿堂（其中两座是楼）前后紧密串联而成，是中国最大的殿堂。

宋朝建筑水平具体有以下几方面的发展：①城市结构和布局起了根本变化，取消了里坊制度和夜禁，取而代之的是开放的街巷制，形成商业城市的面貌。②木架建筑采用了古典的模数制，北宋，在政府颁布的建筑预算定额——《营造法式》中规定，把“材”作为造屋的尺度标准，即将木架建筑的用料尺寸分为八等，详细记录了当时的管式建筑做法共 3 272 条，都是可以操作的实际经验总结，并附有大量精致的图样，使后人得以全面了解宋代官式建筑的技术与艺术状况。著书人是将作监李诫。《营造法式》是王安石推行政治改革的产物，目的是掌握设计与施工标准，节约国家财政开支，保证工程质量。这本书不仅对北宋末年京城的宫廷建筑有直接影响，南宋时还影响江南一带，以后历朝的木构架建筑都沿用相当于以“材”为模数的办法，直至清代。③建筑群体空间组合方面，进一步发展了隋唐以来强调纵深轴线的做法，以便衬托出主体建筑，一些单体建筑的体量及屋顶组合复杂，显示了极高的建筑技艺。④建筑装修与色彩有很大发展，木架部分采用各种华丽的彩画，室内已主要采用木装修，《营造法式》列出的 42 种小木作制品充分说明宋代木装修的发达与成熟。⑤砖石建筑的水平达到新的高度，这时的砖石建筑主要仍是佛塔，其次是桥梁；园林兴盛，建造了大量的宫殿园林，“艮岳”更是皇家园林的经典之作。

元代在建筑上的一个重大成就就是都城的兴建，其规划设计人有刘秉忠和阿拉伯人也黑达尔，城市水系的设计者为郭守敬。元代的木结构建筑趋于简化，用料加工都比较粗犷，斗拱缩小，柱与梁多直接联络，常用砌上明造及减柱法。宗教建筑异常兴盛，代表者如山西洪洞广胜下寺（其正殿用减柱法，图 2.4）和永济永乐宫（其壁画是元代艺术的典范），藏传佛教建筑兴起。

明代的艺术成就主要表现在：明代的北京城是中国古代都城建设的集大成者，宫城紫禁城更是院落式建筑群的最高典范。砖已普遍用于民居砌墙，明以后普遍采用砖墙，由于明代大量应用空斗墙，从而节省了用砖量，推动了砖墙的普及。砖墙的普及为硬山建筑的发展创造了条件。明代砖的质量和加工的技术都有所提高；出现了砖砌的长城、无梁殿。木结构方面，经过元代的简化，到明代形成了新的定型的木构架，斗拱的结构作用减少，梁柱构架的整体性加强，构件卷杀简化。建筑群的布置更为成熟，南京明孝陵和北京明十三陵是善于利用地形和环境来形成陵墓肃穆气氛的杰出实例。官僚地主私园发达，出现了《园冶》这样的造园专著。著名工匠有蒯祥和徐杲，出现了《鲁班营造正式》的木工行业术书。

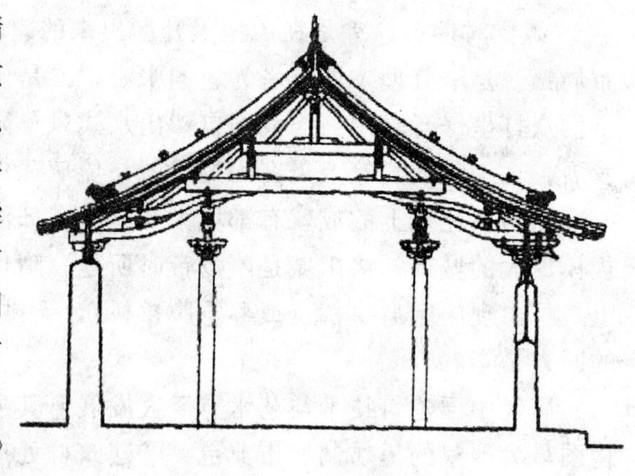

图 2.4　广胜下寺大殿剖面图

【知识拓展】

《园冶》

《园冶》，中国古代造园专著，也是中国第一本园林艺术理论的专著。明末造园家计成著，崇祯四年（公元1631年）成稿，崇祯七年刊行。全书共3卷，附图235幅，主要内容为园说和兴造论两部分。其中园说又分为相地、立基、屋宇、装折、门窗、墙垣、铺地、掇山、选石、借景10篇。该书首先阐述了作者造园的观点，次而详细地记述了如何相地、立基、铺地、掇山、选石，并绘制了两百余幅造墙、铺地、造门窗等的图案。书中既有实践的总结，也有作者对园林艺术独创的见解和精辟的论述，并有园林建筑的插图235幅。《园冶》是计成将园林创作实践总结提高到理论的专著，全书论述了宅园、别墅营建的原理和具体手法，反映了中国古代造园的成就，总结了造园经验，是一部研究古代园林的重要著作，为后世的园林建造提供了理论框架以及可供模仿的范本。同时，《园冶》采用以“骈四俪六”为其特征的骈体文，在文学上也有其一定的地位。

清代建筑园林达到了极盛期，皇家园林和私家园林都十分兴盛，其影响远及欧洲。藏传佛教建筑兴盛。顺治二年开始建造的西藏拉萨布达拉宫，既是达赖喇嘛的宫殿，又是一所巨大的佛寺。出现了汉、藏建筑样式相结合的新型建筑，如承德“外八庙”（清代康熙、乾隆两朝，在承德避暑山庄外建造了12座喇嘛庙，他们汲取或模仿了蒙、藏等少数民族的建筑形式，俗称“外八庙”。其中普陀宗乘寺模仿布达拉宫，达到一定效果）。提高群体与装饰设计水平，清代官式建筑在明代的基础上进一步定型化，出现了官方规范《工程做法》。改宋代的“材”模数系统为“斗口”模数系统，出现了“样式雷”“算房刘”等建筑世家。

2.1.2 城市建设

1. 总述

中国古代城市有三个基本要素：统治机构（宫廷、官署）、手工业和商业区、居民区。各时期的城市形态随着这三个要素的发展而不断变化，大致可分为四个阶段：①城市初生期，相当于原始社会晚期和夏、商、周三代。城市带有氏族聚落的色彩。②里坊制确立期，相当于春秋至汉。历史上第一个城市发展高潮期，产生了新的城市管理和布置模式。③里坊制极盛期，相当于三国至唐。开创了布局规划严整、功能分区明确的里坊制（里坊制：将宫殿以外的城区分割为若干封闭的“里”作为居住区，商业和手工业则限定在一些定时开闭的“市”中，“里”与“市”皆环以高墙，设里门和市门，实行夜禁制度）城市格局。④开放式街市期，相当于宋代以后，形成开放式的城市布局。中国古代都城的居住区划分单位在汉朝称为“里”，在唐朝称为“坊”。

中国古代城市建设在选址、防御、规划、绿化、防洪、排水等方面有丰富的经验：首先，对于都城的选址历朝都很重视，勘察地形与水文情况、主持营建。其次，古代都城设置城、郭来保护统治者的安全。其三，城市道路系统都采用以南北向为主的方格网布置。其四，从南北朝到唐朝城市居民依靠佛教寺院以及郊区的风景区作为其娱乐场所。两宋时期都城戏场单独成立“瓦肆”，包括各种技艺。金元以后戏台成为一种建筑类型被广泛采用。其五，历朝历代重视都城绿化。其六，设置望火楼、鼓楼等供报时或报警之用。其七，采用陶管、砖砌下水道、明沟以排泄雨水。

中国古代都城有城郭之制，所谓“筑城以卫君，造郭以守民”，二者职能明确：“城”是保护国君，“郭”是看管人民。所谓“内之谓城，城外为之郭”（《管子·度地》）就是这种做法。都城设三道城墙和城壕（明南京、北京则设四道），由内而外分别为宫殿（大内）、皇城（内城）和外城（郭）。中国古代都城的模式大致有三种类型：第一类是新建城市，如先秦时期诸侯城与王城；第二类是依靠旧城建设新城，如隋朝大兴城、元大都；第三类是在旧城基础的扩建，如明初南京城与北京城。作为全国政治文化中心，都城的建设特点是一切为封建统治服务，一切围绕皇帝和皇权所在的宫廷而展开，在建设程序上也是先宫城，再皇城，然后才是都城和外郭城；在布局上，宫城居于首要位置，其次是各种政权职能机构和王府、大臣府邸以及相应的市政建设，最后才是一般庶民住所以及手工业、商业地段。

中国古代城池从龙山文化时期开始便多为方形，后在《考工记》中被制定为理想的城市平面模式。当然在实际的城市建设中，由于地形及位置限制，以《考工记》王城图为范本的方形构图也会因地制宜进行变化调整。西安、洛阳、开封、南京、北京被称为中国五大古都，若加上杭州、安阳则为七大古都。

【知识拓展】

《考工记》

《考工记》是中国目前所见年代最早的手工业技术文献，该书在中国科技史、工艺美术史和文化史上都占有重要地位，在当时也是独一无二的。全书共 7 100 余字，记述了木工、金工、皮革、染色、刮磨、陶瓷六大类 30 个工种的内容，反映出当时中国所达到的科技及工艺水平。此外，《考工记》还有数学、地理学、力学、声学、建筑学等多方面的知识和经验总结。

2. 封建社会的城市建设

(1) 春秋战国

春秋战国时期掀起了中国城市建设史上的一个高潮，这个时期的城市特点是规模及形制不再受周礼的约束，各诸侯城往往违制而建，规模庞大，且城市形状多不规整；城、郭功能分区明确，城为政治活动中心，郭为经济活动中心；各功能分区规划用地比例的变化，具体表现为经济性用地增多，政治性用地减少，积极采取防御措施，加强城防建设。建筑高台之风盛行，争相建制离宫别馆。且城市文化并未完全抛弃周礼王城规划制度，仍以变通的形式体现以宫为中心，突出中轴，前朝后市的城市特点。

(2) 秦咸阳

秦代循着春秋战国时期的城市建设高潮，发展成为“秦制”。大咸阳的规划以咸阳为核心，进而扩展城郊系统，把环绕咸阳城两百里的两百多座宫观组织起来，形成宏伟的帝都模式。打破传统集中封闭的城郭形制，结合地理历史条件形成渭南渭北两个综合区，同时借咸阳城中轴线及渭河辅轴线将渭南渭北两区浑然一体地组织起来，并运用“体象天地”的观念部署城市；以渭水象征银河天汉，各宫比拟天体星座，用复道、甬道及桥梁为联系手段，将各宫参照天体星象组成一体，形成以咸阳宫为中心的宫城群（天宫意象）。

(3) 汉长安

汉长安城山水环抱，自然条件优良，继承秦制规划，实行大长安城的区域规划，即京城与城郊相结合的规划，形成以京城为核心的城市群，为封建社会城市规划奠定了基础，进一步革新了旧有的营国制度传统。强制迁富家聚居于城郊地陵周围，京城采用扩建模式，以秦咸阳离宫兴乐宫为基础增建未央宫、桂宫、北宫、建章宫，形成不完全规划的城池和城市布局。城内各宫分区布置，打破“泽中立宫”“左祖右社”及“前朝后寝”的传统手法，形式分散而自由，宫苑式园林化的布局手法特征明显。宫的比重扩大，城内面积大部分被宫殿区占据，居民的闾里应在外城中，长安设九市，城内四市城外五市，构成了长安城庞大的商业区，城市周围经济性分区偏于城北，政治性分区偏于城西城南、居住区的分布原则是“仕者近宫、工商近市”。有大规模的皇家苑区，城市、园林有机结合，并结合园林规划综合解决城市蓄水和漕运等问题，城南有大型礼制建筑群落，反映了周礼的复兴和儒家思想的重要地位。

(4) 曹魏邺城

三国时的曹魏邺城开创了一种布局规划严整、功能分区明确的里坊制城市格局，将全城作为棋盘式分割而形成十分规则的里坊，是已知中国最早的轮廓方正的都城，是里坊制走向成熟的重要标志。后来的隋唐长安很可能就是以它作为蓝本进行设计的。唐长安城堪称这类城市的典范。

(5) 南朝建康

南北朝时期，六朝古都建康是江南的政治、经济和文化中心。城市南北主轴明确，宫城偏于皇城北部，面朝后寝，皇城南设左祖右社，沿城市中轴对称，这些特点反映了其受《考工记》王城图的影响，官署多沿宫城南御街两侧布置，一直延伸到皇城外的太庙和太社。

(6) 北魏洛阳

北魏洛阳建置时间晚于南朝建康。魏孝文帝时期出于政治目的迁都于此，以南朝建康为蓝本建设了洛阳城，废弃了“后市”制度，根据里坊主要分布于皇城东西两侧的特点布置了对内的东市和西市，在外城正南设置了对外的四道市，形成了“三市制”的集中市制，分工明确，并形成一个有机整体。

(7) 隋大兴（唐长安）

隋唐长安（图 2.5）是中国古代也是世界古代规模最宏大的城市，它是里坊制城市高度成熟的经典之作，对当时国内地方政权以至东亚邻国的都城都产生了巨大的影响，长安城的规划继承了古代城市规划的传统，平面布局方正规整，每面开三门，左祖右社，与《考工记》中的布局相近。宫阙、官府与民居分区明确，使朝廷与民居“不复相参”。采用东西二市制，集中制市，一般居民住宅只向坊内开门，实行宵禁。隋唐时期佛教建筑颇多。

(8) 宋东京汴梁

宋代是中国城市建设史上重大的转折时期，该时期唐之前的封闭里坊制被废除，代之而起的是开放的街市制，由州扩建为都城，原州城变成皇城，又在外面加建外城，形成三级结构。其主要力量没有放在宫室的修建上，故宫城较小，而是着重解决城市发展中存在的实际问题，改善交通系统、扩大城市用地、疏通交通河道，注重防火和城市卫生及绿化等，适应了生产及生活发展提出的新要求。意为主体部分沿用旧城结构，故建筑密度大，城市为开放式的街巷结构，沿街为市，沿巷为居。

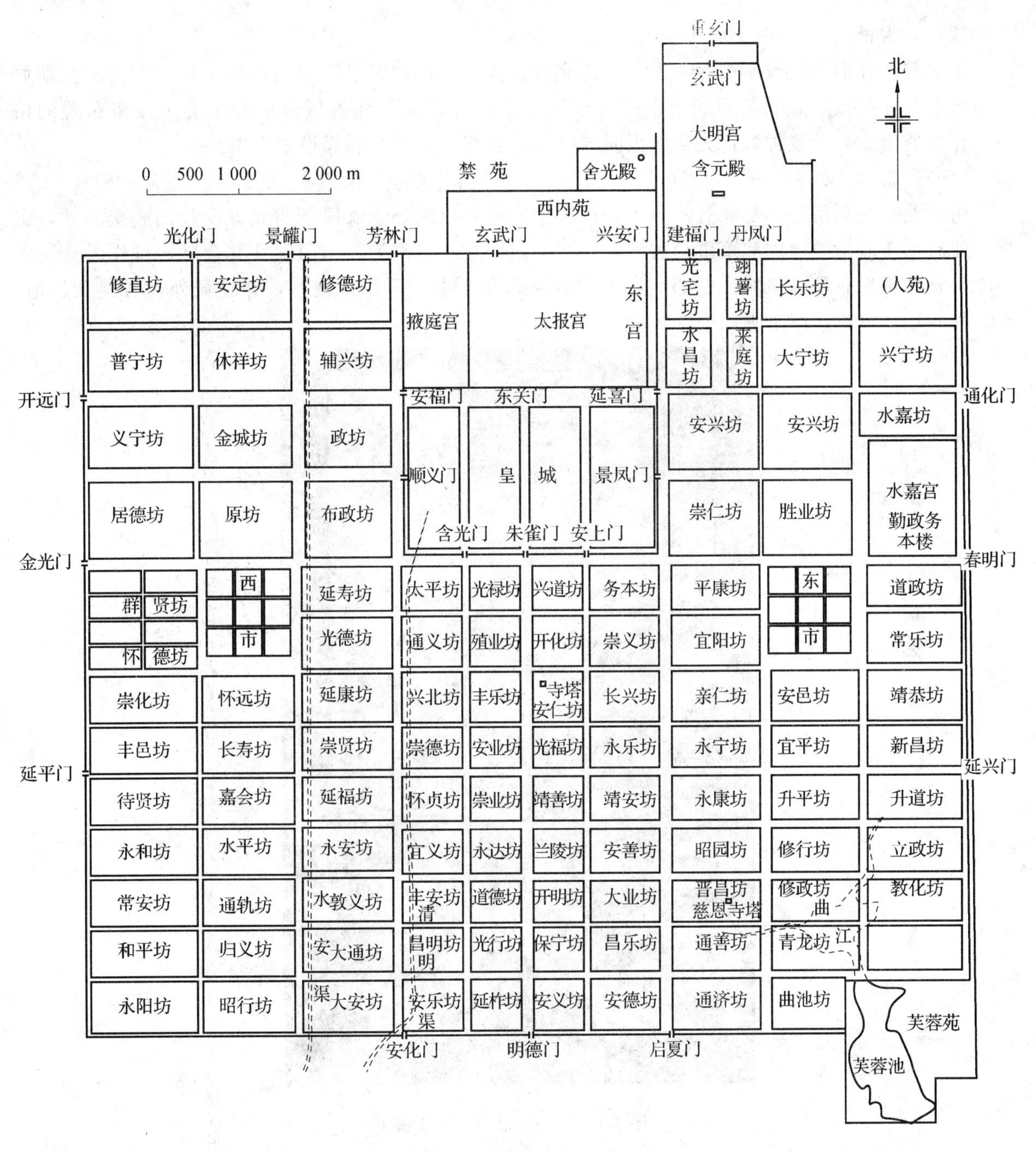

图 2.5　唐长安城复原平面图

【知识拓展】

里坊制

传承于西周时期的闾里制度，是中国古代主要的城市和乡村规划的基本单位与居住管理制度的复合体。汉代棋盘式的街道将城市分为大小不同的方格，这是里坊制的最初形态。开始是坊市分离，规格不一。坊四周设墙，中间设十字街，每坊四面各开一门，晚上关闭坊门。市的四面也设墙，井字形街道将其分为九部分，各市临街设店。到唐代后期，在如扬州等商业城市中传统的里坊制遭到破坏。坊市结合，不再设坊墙，由封闭式向开放式演变，此外夜市也逐渐兴盛。

（9）元大都

元大都依托旧城建设新城，一方面可以充分发挥旧城作为建设基地的作用，另一方面又使新城的布局不受原有设施的限制而能追求一种理想的效果，以太液池为城市中心来确定城市布置的格局，并在城市中心设置钟鼓作为全城报时的机构。大都市引水主要靠设置专渠从外城引入。

（10）明清北京

明清北京是利用元大都原有的城市进行改建，北京地区处于汉民族与北方少数民族交界处，定都于此有助于政治的稳固和军事的防护，城北、西、东北三侧为阴山山脉及其余脉，可作天然军事屏障，整体都城布局以皇城为中心，皇城内南端东建太庙、西建社稷坛，并在城外四方建天、地、日、月四坛。城市运用了强调中轴线的手法。如图 2.6 所示。

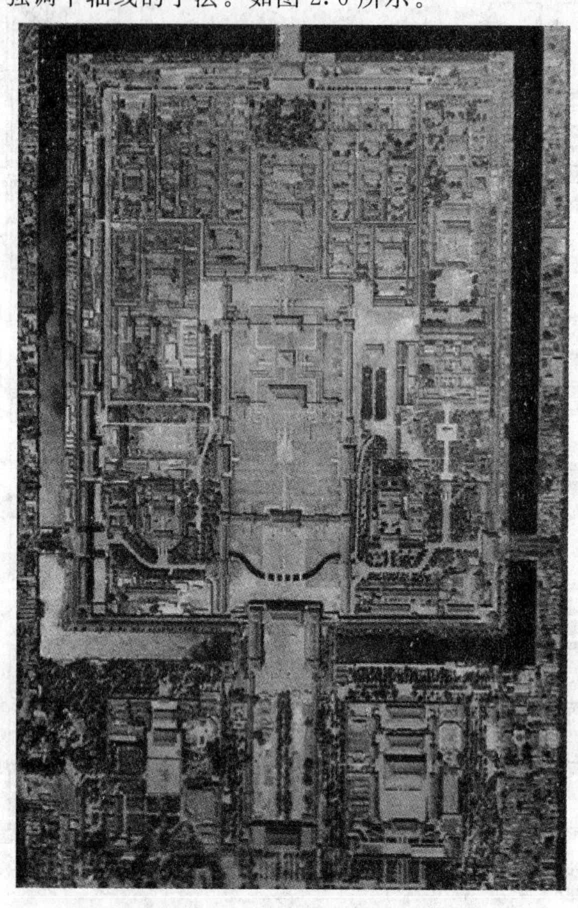

图 2.6　清中期北京城平面图

2.1.3 宫殿、坛庙、陵墓

1. 宫殿

中国古代宫殿建筑的发展大致有四个阶段：第一是“茅茨土阶”的原始阶段，在瓦没有发明之前，即使最隆重的宗庙宫室也用茅草盖顶、夯土筑基。夏商两代宫室正处于“茅茨土阶”时期。第二是盛行高台宫室的阶段，春秋战国时瓦广泛用于宫殿，与此同时，各诸侯国竞相建造高台，加上春秋战国时期建筑色彩已很富丽，配以灰色的筒瓦屋面，使宫殿建筑彻底摆脱了“茅茨土阶”时期的简陋状态。第三是宏伟的前殿和宫苑相结合的阶段，秦统一中国后，在咸阳建造了规模空前的宫殿，各宫之间布置有池沼、台殿、树木等，格局自由，富有园林气息。最后是纵向布置“三朝”的阶段，隋之后各宫城基本纵向布列“三朝”。

2. 坛庙

(1) 北京天坛

北京天坛(图 2.7)建于明永乐十八年,位于北京城正阳门外东侧。天坛分为内坛和外坛两部分,主要建筑物都在内坛。南有圜丘,皇穹宇,北有祈年殿,皇乾殿,由一座 30 m 宽的甬道相连接。天坛基址平面接近正方形,但两重墙北端的角均做成圆弧形,这体现了中国古代“天圆地方”的宇宙观。天坛建筑群中主要建筑物平面皆为圆形,屋顶形式为圆攒尖,这些都是以平面和空间造型来象征“天”的意向。明代大享殿三重檐攒尖顶的上、中、下檐分别用青、黄、绿色琉璃以象征天、地与万物。清代重檐三檐均用青色琉璃,象征“天”之意。

图 2.7 北京天坛祈年殿外观

(2) 太原晋祠

太原晋祠(图 2.8)建于北宋,位于山西太原西南郊悬瓮山麓。主殿供叔虞之母,称为圣母殿。圣母殿是宋代所留殿宇中最大的一座,殿身五间,副阶周匝,所以立面成为面阔七间的重檐,角柱升起特别高,檐口及正脊弯曲明显,斗拱已较唐代繁密,外貌显得轻盈富丽,和唐辽时期的凝重雄健的风格各有不同。

图 2.8 山西太原晋祠

3. 陵墓

西汉之前,帝王贵族用木材做墓室。战国末年,用大块空心砖代替木材做墓室壁体。汉代采用拱顶墓室。汉末年、唐、宋采用穹隆顶。明清时用石作拱券结构。

(1) 唐乾陵

乾陵是唐代帝陵“因山为陵”的代表,也是中国唯一的帝后合葬墓兼二帝合葬墓,乾陵位于乾县北凉山上。凉山分三峰,北峰居中为主,前方东西峰对峙且形体相仿,犹如门阙。两峰之间依势向上坡起的地段形成神道,乾陵地宫即在北峰,乾陵善于利用地形和运用前导空间与建筑物来陪衬主体。

(2) 明十三陵

明十三陵陵区北东西三面山峦环抱,十三陵沿山麓散布,环抱的地形造成内敛的完整环境,整个陵区结合自然地形,各陵彼此呼应,成为气象恢宏而肃穆的整体。诸陵各对山脉主峰,建筑轴线虽自然环境而生成,布置灵活生动;取消了唐宋推行的下宫制度,扩大了祭殿规模,形成前后三进院落的纵轴形制。其中长陵为十三陵中最宏伟之处。

2.1.4 住宅与聚落

1. 客家土楼

土楼（图 2.9）是客家人的住宅，主要分布于福建、广东、江西等地，土楼多用夯土砌筑，其土质多属“红墙”或“砖红性土壤”，质地黏重，有较大的韧性，糯米红糖是凝固剂，至今保存较好的最古者为明代土楼。土楼以祠堂为中心，是客家聚族而居的必需内容，供奉祖先的中堂位于建筑中央，基本居住模式是单元式住宅。出于防御的需求，土筑外墙高大厚实。因地处南方，注意防晒，檐口伸出较远。

2. 北京四合院

北京四合院是北方地区院落式住宅的典型，以常见的三进院为例（图 2.10）。前院较浅，以倒座为主，主要用作门房、客房、客厅，大门多设于东南角，靠近大门的一间多用于门房或男仆居室，大门以东的小院为塾，倒座西部小院内设厕所。前院属对外接待区，内院是家庭的主要活动场所，外院和内院之间以中轴线上的垂花门相隔，界分内外，内院正北是正房，是全宅地位和规模最大者，为长辈起居处，内院两侧为东西厢房，正房两侧较低矮的房屋叫耳房，由耳房、厢房组成的狭小空间称为“露地”，连接和包抄垂花门、厢房和正房的为抄手游廊，雨雪天亦可方便行走。后院的后罩居宅院的最北部布置厨、贮藏及仆役住房等，这种住宅形式体现强烈的封建宗法制度的影响和成熟尺度的空间安排。

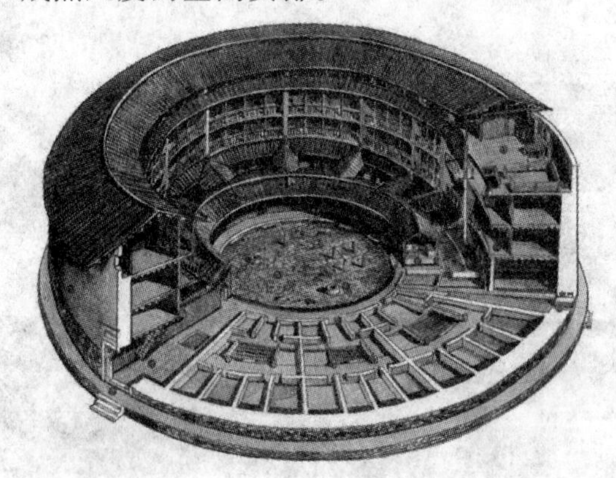

图 2.9 福建永定客家土楼承起楼

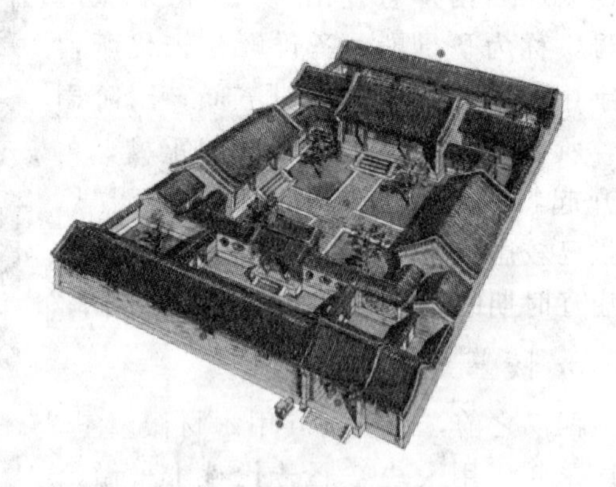

图 2.10 北京典型三进四合院

2.1.5 宗教建筑

1. 寺庙

(1) 山西五台山佛光寺大殿（图 2.11）

山西五台山佛光寺大殿建于唐代，面阔 7 间，进深 8 架椽，单檐四阿顶。大殿建于低矮的砖石基上，平面柱网由内外两圈柱组成，即金厢斗底槽，内外柱高相等，柱身都是圆形直柱，仅有上端略有卷杀，檐柱有侧脚及升起。斗拱中柱头铺作与补间铺作区别明显，柱头铺作外出七铺作，双抄双下昂，而补间铺作简洁。梁架分为天花下的明栿和天花下的草栿。梁架上用叉手、托脚。天花用小方格平棊。佛光寺大殿是我国现存的最大唐代木建筑。

图 2.11 山西五台山佛光寺大殿立面图

(2) 河北正定隆兴寺摩尼殿

河北正定隆兴寺摩尼殿建于北宋，面阔 7 间，进深 7 间，重檐歇山殿顶，四面正中都出龟头屋。外檐檐柱间砌以砖墙，内部大殿柱网由两圈内柱组成，面阔和进深方向的次间较梢间为狭。檐柱有侧脚及升起。下檐柱头铺作出双抄偷心造。殿内采光及通风欠佳。

(3) 天津蓟县独乐寺山门

天津蓟县独乐寺山门建于辽代，面阔 3 间，进深 2 间 4 攒。单檐四阿顶。平面有中柱一列，即"分心槽"。柱头铺作五铺作，梁架上用叉手、托脚。此门出檐深远。斗拱雄大，台基较矮。

(4) 天津蓟县独乐寺观音阁（图 2.12）

天津蓟县独乐寺观音阁，面阔 5 间，进深 4 间 8 攒。外观两层，内部三层，中间有一夹层。屋顶为九脊顶，台基为石建，平面为金厢斗底槽，内有 16 m 的辽塑观音像。柱子端部有卷杀，并有侧脚。上下层柱交接采用叉柱造和缠柱造的构造方式。上层和夹层檐柱较底层檐柱收进半个柱径，在外观上形成稳定感。夹层柱间施以斜撑，加强了结构的刚度。梁架分明栿和草栿两部分，仍用叉手和托脚。

(5) 西藏拉萨布达拉宫（图 2.13）

西藏拉萨布达拉宫始建于公元 8 世纪松赞干布王时期，后清顺治二年，五世达赖重建。布达拉宫是达赖喇嘛行政和居住的宫殿，也是一组最大的藏传佛教寺院建筑群。此宫依山而建，上部中央的红宫是整体建筑群的主体，也是达赖喇嘛接受参拜及其行政机构所在，红宫以东的白宫是达赖喇嘛的住所。

图 2.12　天津蓟县独乐寺观音阁

图 2.13　西藏拉萨布达拉宫

2. 塔刹

中国佛塔在类型上大致分为大乘佛教的阁楼式塔、密檐塔、单层塔、喇嘛塔和金刚宝座塔。楼阁式塔是我国传统的多层木构架建筑，它出现较早，数量最多，是我国佛塔中的主流，南北朝至唐宋是我国阁楼式塔的盛期。

(1) 山西应县佛宫寺释迦塔（图 2.14）

山西应县佛宫寺释迦塔建于辽代，是我国现存最早的楼阁式木塔，塔建在方形及八角形的两层砖石基上，塔身平面也是八角形，高九层（外观五层、暗层四层），共 67 m。底层内外两圈柱，即金厢斗底槽，包砌在土坯墙内，檐柱外设有回廊，即副阶周匝。各楼层间有斜撑，从而改善塔的刚性。

(2) 河南登封嵩岳寺塔（图 2.15）

河南登封嵩岳寺塔建于北魏，是我国现存最早的密檐式砖塔。塔平面为十二边形，是我国塔中的孤例。建有密檐 15 层，高 40 m。塔下为低平台基，塔身分为两段，下层塔身平素，上层塔身密檐出挑都用叠涩，末用斗拱。塔身外轮廓有缓和收分，呈略凸之曲线。

图 2.14　山西应县佛宫寺释迦塔

图 2.15　河南登封嵩岳寺塔

(3) 山东历城神通寺四门塔

山东历城神通寺四门塔建于隋，全由石建，平面方形，中央各开一圆拱门。塔式中有方形塔心柱，柱四面皆刻佛像。塔檐挑出叠涩 5 层，上收四角攒尖顶，全高 13 m。

(4) 河南登封会善寺净藏禅师塔

河南登封会善寺净藏禅师塔建于唐，全由砖砌，平面为八角形，单层重檐，全高 9 m 多，南面辟圆拱门。唐代大多为方形平面，八角的很少。此塔是国内已知最早的八角形塔。

(5) 北京妙应寺白塔

北京妙应寺白塔建于元，是尼泊尔工匠阿尼哥的作品。高 53 m，塔建在凸字形台基上，台上再设须弥座两层，座上置覆莲与水平线脚数条，承以肥短的塔肚子、塔脖子、十三天（相轮）与金属宝盖，塔体白色与上部金色宝盖相辉映，外观甚为壮伟。

(6) 北京正觉寺塔

北京正觉寺塔建于明，是金刚宝座塔的最典型实例。它是在由须弥座和 5 层佛龛组成的矩形平面高台上再建 5 座密檐方塔。台座南面开一高大圆拱门，由此入内，循梯登台，台上中央密檐塔较高，13 层；四角的较小，11 层。

2.1.6 园林与风景建设

我国自然山水风景园林在秦汉时期开始兴起，到魏晋南北朝时期为转折期。中国园林主要有四种类型：皇家园林、私家园林、寺观园林、风景区及山林名胜。

1. 皇家园林

皇家园林（帝王苑囿）大多利用自然山水加以改造而成，一般占地很大，气派宏伟，包罗万象，历史上著名者有秦汉的上林苑、汉的甘泉苑、隋的洛阳西苑、唐的长安禁苑、宋的艮岳等。明清时期的皇家园林主要有北京西苑（中海、南海、北海）、西郊三山五园、承德避暑山庄等。皇家园林又可分为大内御苑、行宫御苑和离宫御苑。

2. 私家园林

私家园林有宅园、别墅园等类型，苏州、扬州、南京的园林最为人称道，如著名的苏州四大名园（宋代的沧浪亭、元代的狮子林、明代的拙政园（图 2.16）、清代的留园）。

3. 寺观园林

寺观园林，指佛寺、道观、历史名人纪念性寺庙的园林。寺庙园林狭者仅方丈之地，广者则泛指整个宗教圣地，其实际范围包括寺观周围的自然环境，是寺庙建筑、宗教景物、人工山水和天然山水的综合体。一些著名的大型寺庙园林，往往历经成百上千年的持续开发，积淀着宗教史迹与名人历史故事，题刻下历代文化雅士的摩崖碑刻和楹联诗文，使寺庙园林蕴含着丰厚的历史和文化游赏价值。

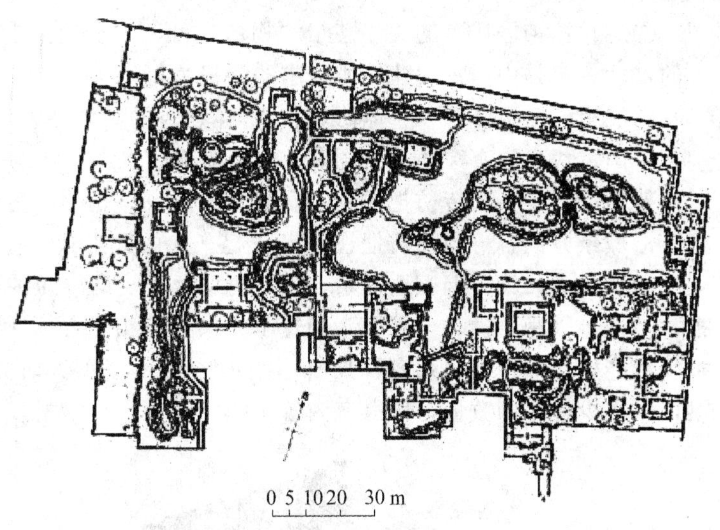

图 2.16 江苏苏州拙政园平面图

4. 风景区及山林名胜

中国古代对自然景观进行艺术加工是全方位的，除了以人工造景的园林，还有利用自然山水进行开发、治理的各种景域。风景建设以自然山水为基础，人为加工只是对自然的因顺、疏理，以使人们能充分享受自然之美，而绝不能用人造之物来破坏自然景观。

2.1.7 中国古代建筑的特征

中国古代建筑的建造特征：

①使用木材作为主要建筑材料，取材方便，易于加工，富有自然意趣和人情味。

②保持构架制原则，以柱、梁屋架等组成结构骨架与墙体等围护结构，分工明确，内部空间可自由分隔，门窗设置不受限制，具有较大的灵活性和适应性。

③创造斗拱这一独特的结构形式。

④采用模数制的方法，各种构件可标准化批量制作并进行现场拼装，大大加快了施工速度，并有助于各种工作之间的整体协调。

⑤有较好的整体性能，抗震效果良好。

⑥单体建筑标准化，其外观均由阶基、屋身、屋顶三部分组成，屋顶形式为显示建筑特点的重要标志，因此形成外部轮廓特征明显，迥异于其他建筑体系的特质。

⑦重视建筑组群平面布局，中国古代建筑组群的布局原则是内向含蓄的、多层次的、力求均衡对称。

⑧运用色彩装饰手段，木结构建筑的梁柱框架，需要在木材表面施加油漆等防腐措施，由此发展成中国特有的建筑油漆彩画，但木构架建筑有诸如破坏生态环境，不易形成大跨度空间，耐久性、防腐性差等缺点，且易于失火。但从建筑与环境的关系来看，中国古代建筑注重基址的选择，甚至出现了风水术。讲求与环境的和谐，采用因地制宜的手法来营造建筑。

中国古代建筑的文化特征：

①注重人与自然的亲和关系，强调天人合一的时空意识。

②淡于宗教而浓于伦理的文化传统，使得中国古建筑具有鲜明的人文性和社会性。

③具有“亲地”和“恋木”的倾向，建筑不同于西方的石构建筑体系，不盲目追求高峻而是遵循“百尺为形”的人性化尺度，以“和”为美而非以“崇高”为美。

④具有鲜明的“人本主义”和“实用理性”精神，一般性建筑不求完事永存但求满足现世需要，以木构架为主流的建筑传统可以反映这种文化心理，而陵墓、佛塔等一些有永恒含义的建筑则用砖石建造。

⑤对“精神居住”的关注甚于“物质空间”，物质空间是有限的，而其所表达的文化意境是无限的，后者正是中国古代建筑所追求的终极目标。

⑥注重建筑群体的“整体协调”，单体建筑的“个性表达”服从前者。

中国古代建筑有穿斗式（图 2.17）、抬梁式（图 2.18）、井干式三种不同的结构形式。穿斗式木构架的特点是：用传枋把柱子串联起来，形成一榀榀的房架；将檩条直接搁置在柱头上，以柱承檩；沿檩条方向，再用斗枋把柱子串联起来，由此形成了一个整体框架。抬梁式木构架的特点是：柱上搁置梁头，梁头上搁置檩条，梁上再用矮柱支起较短的梁，如此层叠而上，梁的总数可达 3～5 根。当柱上采用斗拱时，则梁头搁置于斗拱上，相比之下，穿斗式木构架用料少，整体性强，山面抗风性能好，但柱子排列密，只有当室内空间尺度不大时才能使用；而抬梁式可采用跨度较大的梁，以减少柱子的数量，取得室内较大的空间，消耗木材较多，所以适用于宫殿、庙宇等建筑。

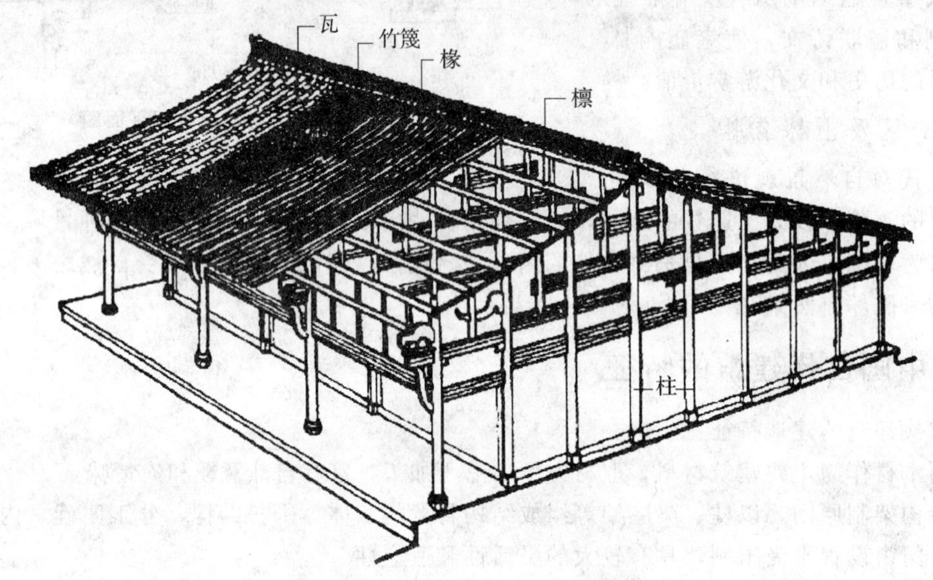

图 2.17　穿斗式木构架示意图

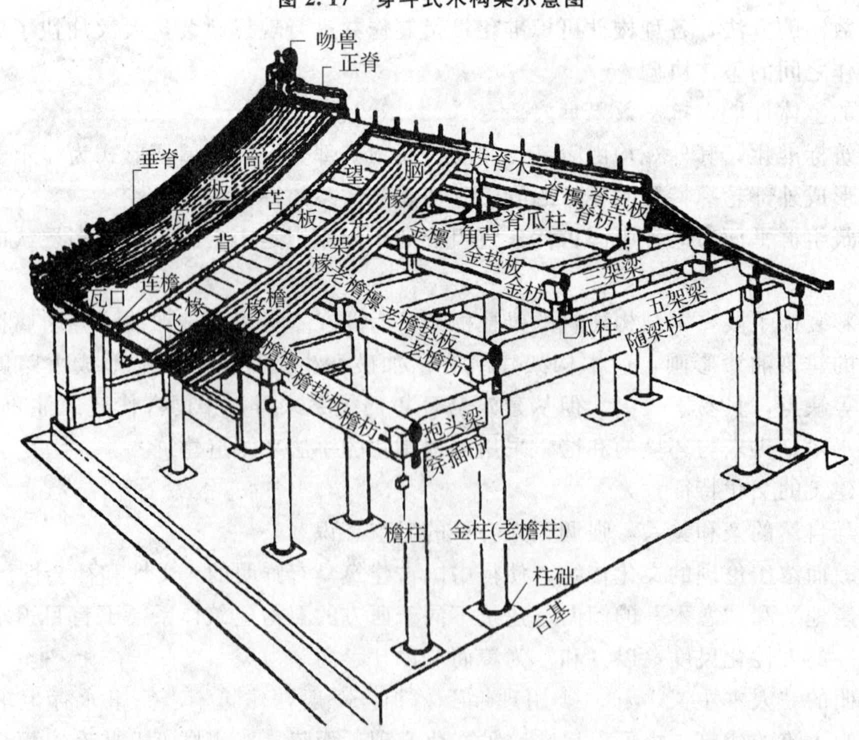

图 2.18　清式抬梁式木构架示意图

斗拱（图 2.19）是中国木构架建筑特有的结构部件，其作用是在柱子上伸出悬臂梁承托出檐部分的重量，唐宋以前，斗拱的结构作用十分明显，布置疏朗，用料硕大；明清以后，斗拱的装饰作用加强，排列丛密，用料变小，远看檐下斗拱犹如密布一排雕饰品，但其结构作用仍未丧失。

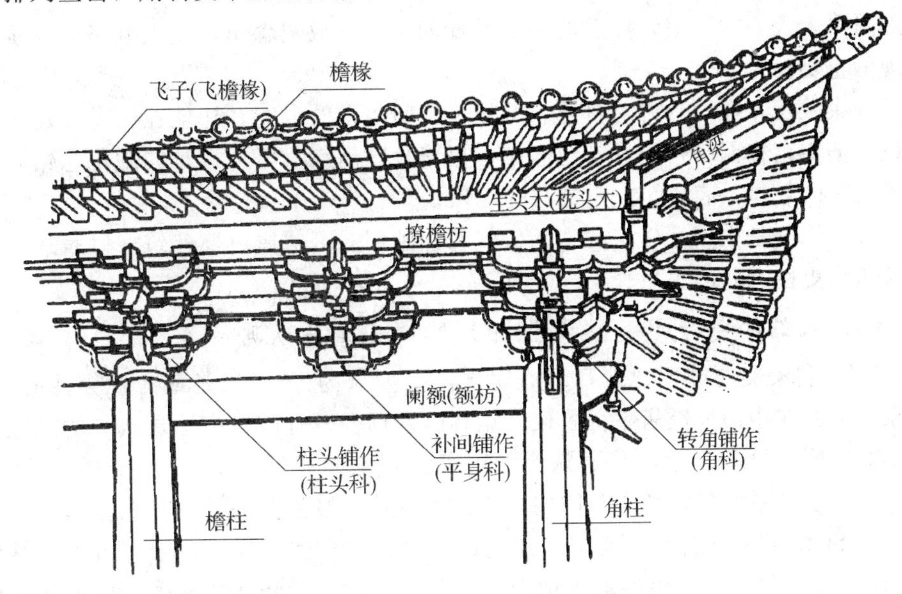

图 2.19　宋式斗拱承托屋檐示意图

庭院围合方式大致有三种：一是主房与院门之间用墙围合；二是主房与院门之间用廊围合，通常称之为“庭院”；三是主房前两侧东西相对各建厢房一座，前设院墙与院门，通常称之为“三合院”；四是主房前两侧东西相对各建厢房一座，前设院墙与院门，通常称之为“四合院”。

2.2　中国近现代建筑史

2.2.1　新中国建筑师大量涌现的三个时期

1. 新中国成立初期的十年——民族自尊高涨的中国建筑师

1949 年 10 月 1 日，中华人民共和国成立。同年，天津营造服务社、华北建筑公司、水茂建筑公司、华东建筑工程公司、中共中央直属机关修建办事处等多家公办建筑设计机构相继成立。一些建筑师在设计中强调了中国传统建筑的“大屋顶”之美，另一些建筑师在设计中强调了中国建筑的民族风格和地域特色，这些全国各地的优秀建筑和他们的建筑师，是那个时代中国建设的缩影。就全国而言，建筑设计蓬勃发展的第一个高潮是首都“十大建筑”的胜利完成。

1959 年国庆工程竣工后，在全国引起了广泛的影响，在解放思想的号召下掀起了一次创作和建设的高潮，人民大会堂、中国革命历史博物馆、中国人民革命军事博物馆、全国农业展览馆、北京火车站、北京工人体育场、民族文化宫、民族饭店、钓鱼台国宾馆、华侨大厦——北京 20 世纪 50 年代的“十大建筑”，时至今日它们仍然是中国建筑业的骄傲。

2. 改革开放初期的二十年——激情澎湃的中国建筑师

有人说，中国建筑之所以“千篇一律”“千城一面”，是没有受到现代主义的洗礼，20 世纪 70、80 年代中国正年富力强的中年建筑师，也就是在新中国成立后到“文化大革命”前夕这段时间毕业的一代建筑师，是在与外界（现代主义建筑盛行的西方资本主义国家）基本隔绝的状态下成长的，几乎没踏出过国门。在 20 世纪 80、90 年代有几位建筑师凭借其建筑创作的实力在业内树立了较为广泛的影响力。

马国馨以其周密的思考和涉猎知识的渊博先后驾驭了北京奥林匹克体育中心、首都国际机场T2新航站楼两个重大的国家级工程，两个作品兼顾国家形象与大众文化认同。

彭一刚的著作《中国古典园林分析》用细腻的“天大派”钢笔画来描述和分析中国多个著名园林景观，是那时深入人心的好书，此后看到他设计的甲午海战纪念馆，使人领略到建筑意蕴以及环境、气势表现的重要性。

东南大学齐康教授，在设计中对材质、植被、空间暗示的考究，让他在纪念性建筑的设计上独树一帜，他设计的南京梅园新村周恩来纪念馆、侵华日军南京大屠杀遇难同胞纪念馆，在建筑之外用环境塑造了凝重的气氛，表达了一定的思想深度。

西安建筑师张锦秋是中国女建筑师中的佼佼者，她创立了“唐风”建筑，以表达现代建筑与其所处的西安城市历史性之间的关系。

3. 21世纪以来的十年——急速与世界接轨的中国建筑师

2007年获得普利策奖的英国建筑师理查德·罗杰斯认为：“建筑是最有社会性的艺术。”1998年4月，国家大剧院在中国大饭店举行了设计竞赛的发标会，打破了中国建筑界的沉寂，一场面向全世界的方案竞赛终于开始。业界普遍认为，国家大剧院方案的诞生，是“合作设计时代”的原点，合作设计成为引进各国建筑师参与国内建筑工程设计全过程服务的一种典范形式。上海浦东的金茂大厦（美国SOM建筑设计公司与上海建筑设计研究院合作）洋溢着中国古塔的神韵，中方顾问建筑师邢同和强调：“在设计中追求‘情牵东方’的风韵，关注从传统内涵中寻找时代气息的创新，从文化含量科技进步中去创造个性化。”

2008年北京奥运会建筑获得了全世界的关注，不论是中外建筑师合作设计的“鸟巢”“水立方”，还是由中国建筑师原创的奥林匹克公园中心区、国家体育馆、奥运会北京射击馆，都实现了奥运建筑加速中国建筑师国际化的进程。

2.2.2 地域文化的探索

1. 江南风

冯纪忠设计的上海松江方塔园借鉴江南民风，将宋塔、明壁、清殿三个不同时代的建筑经过合理地规划加以整合，体现江南建筑的文化内涵——典雅朴素、宁静明洁，做到建筑少而建筑性强。

2. 西域风

王小东认为，中国建筑的出路不在于模仿西方国家，而在于自己，2005年以建筑创作的个人成就获得国际建筑协会颁发的罗伯特·马修奖（改善人类居住环境奖），他的作品——新疆国际大巴扎用砖雕、拱券、高塔，成功表现了中亚建筑的迷人之处。

3. 城市风

20世纪80年代，吴良镛教授提出应保存北京传统城传统肌理，倡导城市建设的有机更新。他根据其理论设计的菊儿胡同住宅，获得了世界人居奖，在老北京院落构架的基础上，吸取南方住宅“里弄”和北京“鱼骨式”胡同体系的特点，以通道为骨架进行组织，向南北发展形成若干“进院”，向东西扩展出不同“跨院”，由此突破了北京传统四合院的全封闭结构，改善了邻里关系。

4. 民居风

作为几千年中国优秀建筑传统载体，成为中国建筑师探索建筑民族性、地域性的生活源泉。

2.2.3 中国当代建筑设计师

1. 普利兹克奖首位中国籍得主——王澍（图 2.20）

普利兹克建筑奖颁奖典礼，评委会主席帕伦博勋爵的致辞（节选）

这是一个很难达到的平衡点，但在王澍的作品中，评选委员会第一次看到了真正的中国建筑风格，因为其作品所具有的引人注目的原创性，既着眼于未来，又从过往中吸取了意义和价值。如果说王澍的建筑作品深深扎根于中国悠久高贵的文化传统和地方特色，那么这些作品也以王澍的独特建筑语言向世界发出了重要的信号，直指每个人的内心。

这种建筑语言既细腻又丰富，既古老又传统，既是即兴而作又被细致琢磨；就像任何一个时代文化中的伟大建筑，对时代精神进行了表达和指引。王澍的作品也给我们重要的启示：实用不等于妥协，平凡不等于平庸，真正的现代是以最大的限度挖掘这个时代的可能性。或许就像诗人 T. S. Eliot 所说："只有真诚的创新才是真正的传统。"总之，王澍设计的建筑，调和了庄严与亲和，过去与未来，华仪与构造，公共与私密。

图 2.20　王澍及其作品

王澍的硕士学位论文《死屋手记》批判了当时的整个中国建筑学界，他在答辩时把论文贴满了答辩教室的墙壁，语出惊人："中国只有一个半建筑师，杨廷宝算一个，齐老师（齐康）算半个。"虽然论文全票通过，但学位委员会认为他过于狂妄而没有授予他学位。直到一年后经过重新答辩，王澍才获得硕士学位。

2. 2011 年度国家最高科学技术奖——吴良镛（图 2.21）

中国科学院和中国工程院两院院士、著名建筑与城乡规划学家、新中国建筑教育奠基人之一、人居环境科学创建者吴良镛，荣获 2011 年度国家最高科学技术奖。

图 2.21　吴良镛及其作品

吴良镛，城市规划及建筑学家，教育家，1944 年毕业于重庆中央大学。他长期致力于中国城市规划设计、建筑设计、园林景观规划设计的教学、科学研究与实践工作。教学上注重理论联系实际，倡导建筑与城市规划相结合。为北京、桂林、三亚、深圳等城市的规划，特别是旧城区改造整治规划设计工作作出重要贡献。其专著《广义建筑学》对建筑学与社会学、经济学等多学科的综合研究进行了重要的理论探索。

作为中国“人居环境科学”研究的创始人，吴先生认为，当今科学的发展需要“大科学”，人居环境包括建筑、城镇、区域等，是一个“复杂巨系统”，在它的发展过程中，面对错综复杂的自然与社会问题，需要借助复杂性科学的方法论，通过多学科的交叉从整体上予以探索和解决。他举例说：“过去我们以为建筑是建筑师的事情，后来有了城市规划，有关居住的社会现象都是建筑所覆盖的范围。现在我们城市建筑方面的问题很多，要解决这些问题，不能就事论事，头痛医头、脚痛医脚。可通过从聚居、地区、文化、科技、经济、艺术、政策、法规、教育、甚至哲学的角度来讨论建筑，形成‘广义建筑学’，在专业思想上得到解放，进一步着眼于‘人居环境’的思考。”

1989 年，吴良镛汇集数十年在建筑学、城市规划学的理论研究与实践心得，出版了 15 万字的专著——《广义建筑学》。这本分为聚居论、地区论、文化论、科技论、政法论、业务论、教育论、艺术论、方法论及广义建筑学构想 10 章的学术著作，是中国第一部现代建筑学系统性理论著作，是他对建筑学进行广义的理性探讨和观念更新的研究成果。该书出版后，引起中国建筑界的广泛关注，被推荐为“一本建筑师的必读书”。1991 年，被授予国家教委科学进步一等奖。

1999 年，国际建协第 20 次世界建筑师大会在北京召开，会上通过了由吴良镛教授起草的《北京宪章》。作为对宪章的诠释，吴教授同时发表了《世纪之交的凝思：建筑学的未来》一书，在建筑学发展历史的关键时刻提出了一些崭新的观点，与近年来在国际设计领域广为流传的两种倾向，即崇尚杂乱无章的非形式主义和推崇权力至上的形式主义，形成了强烈对比。非形式主义反对所有的形式规则，形式主义则把形式规则的应用视为理所应当；尽管二者的对立如此鲜明，但它们却是源于同一学说，认为任何建筑问题都是孤立存在的，并且仅仅局限于形式范畴。

2.3 外国古代建筑史

2.3.1 古代埃及、两河流域建筑

1. 古代埃及

古埃及建筑史有 4 个主要时期：第一，古王国时期，公元前三千纪。这时候，氏族公社的成员还是主要劳动力，作为皇帝陵墓的庞大的金字塔就是他们建造的。第二，中王国时期，公元前 21—前 18 世纪。手工业和商业发展起来，出现了一些有经济意义的城市。第三，新王国时期，公元前 16—前 11 世纪。皇帝崇拜和太阳神崇拜结合，皇帝的纪念物也从陵墓完全转化为太阳神庙。第四，希腊后期和罗马时期。建筑发生了很大变化，有了许多希腊、罗马因素，出现了新的类型、形制和样式。

第一座石头的金字塔是萨卡拉第三王朝（公元前 2780—前 2180）的建基皇帝昭赛尔的金字塔（图 2.22），大约建于公元前 3 000 年。

图 2.22　萨卡拉的昭赛尔金字塔

2. 两河流域

山岳台（图 2.23）当地居民崇拜天体，但从东部山区来的居民带来了崇拜山岳的信仰，他们认为山岳支承着天地，神住在山里，山是人与神之间交通的道路，山里蕴藏着生命的源泉，雨从山里来，山水注满了河流。它们同时也可以成为聚落的标志，引导荒漠中的行旅。后来，当地居民的天

体崇拜也采用了这种高台建筑物，它的形制同天体崇拜的宗教观念相合，人们在高台上，最接近日月星辰，可以在高台上向它们祈祷，和天体沟通。

2.3.2 欧洲“古典时代”的建筑

欧洲人把古希腊和古罗马称作“古典时代”。古希腊和古罗马的文明辉煌灿烂，在许多方面都达到很高水平。虽然欧洲的文明并不只有古希腊一个起源，但古希腊文明的成就最高，远远超过了其他的早期文明，所以欧洲以后两千多年在文化的各个领域里都可以追溯到古希腊，以致古希腊文明几乎成了欧洲文明唯一的源泉。

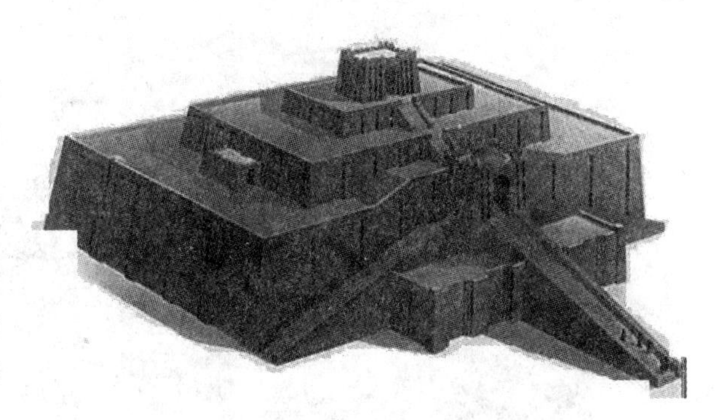

图 2.23　乌尔的山岳台

到 19 世纪，欧洲甚至发生过“古典复兴”建筑的潮流，包括希腊复兴和罗马复兴。古希腊和古罗马文化对全人类的影响是深远而巨大的，在世界上独一无二。它们的建筑成就，同样也是古代文明最重要的遗产，直到现代，它们的价值仍然常青不衰。古典时代还留下了一部建筑学的教科书——《建筑十书》。这本书中所提出来的建筑的“三原则”：适用、安全和美观，就是人文精神和科学精神在建筑创作中的概括。

1. 希腊文明

公元前 8 世纪起，在巴尔干半岛、小亚细亚西岸和爱琴海的岛屿上建立了很多小小的奴隶制城邦国家。它们向外移民，又在意大利、西西里和黑海沿岸建立了许多国家。它们之间的政治、经济、文化关系十分密切，虽然从来没有统一，但总称为古代希腊。

古风时期，手工业和商业发达起来，新的城市产生。这一时期古希腊的宗教定型了，英雄一守护神崇拜从泛神崇拜凸显出来，形成了一些有全希腊意义的圣地。在这些圣地里，形成了希腊圣地的代表性布局。神庙改用石头建造了，并且形成了一定的形制。同时，“柱式”也基本定型了。

古典时期是希腊文化的极盛时期。这一时期，有一些商业手工业发达的城邦。圣地建筑群和神庙建筑完全成熟，建造了古希腊圣地建筑群的艺术最高代表——雅典卫城；建造了古希腊神庙艺术的最高代表——雅典卫城中的帕提农（Parthenon）庙。柱式也在这些建筑中成就了最完美的代表作品。古希腊文化在欧洲光辉的地位就是这一时期奠定的。

公元前 8—前 6 世纪，是初期奴隶制产生时期，也是希腊人向外大移民的时期，在这个时期里，建筑历史的主要内容是：圣地建筑群和庙宇形制的演进，木建筑向石建筑的过渡和柱式的诞生。两种柱式石造的大型庙宇的典型形制是围廊式，因此，柱子、额枋和檐部的艺术处理基本上决定了庙宇的面貌。长时期里，希腊建筑艺术的种种改进，都集中在这些构件的形式、比例和相互组合上。公元前 6 世纪，它们已经相当稳定，有了成套的做法，这套做法以后被罗马人称为“柱式(Ordo)”。

雅典的成就在这一时期居于全希腊的首位。卫城（图 2.24）在雅典城中央一个不大的孤立的山冈上，山顶石灰岩裸露，大致平坦，高于四周平地 70～80 m。东西长约 280 m，南北最宽处约 130 m。雅典卫城的建筑特征为：利用地势，自由灵活；考虑角度问题，以求建筑观瞻表现做到最佳；按祭祀路线组织空间，周边式布局；建筑与雕刻交替成为建筑构图的中心；两种柱式混合运用，使用了叠柱式取得空间合适的比例结构；建筑单体形体简单，群体丰富，内部空间简单、小，而外部空间丰富、大；主从关系清晰分明，对比且和谐；体现了建筑时空观思想，步移景异。

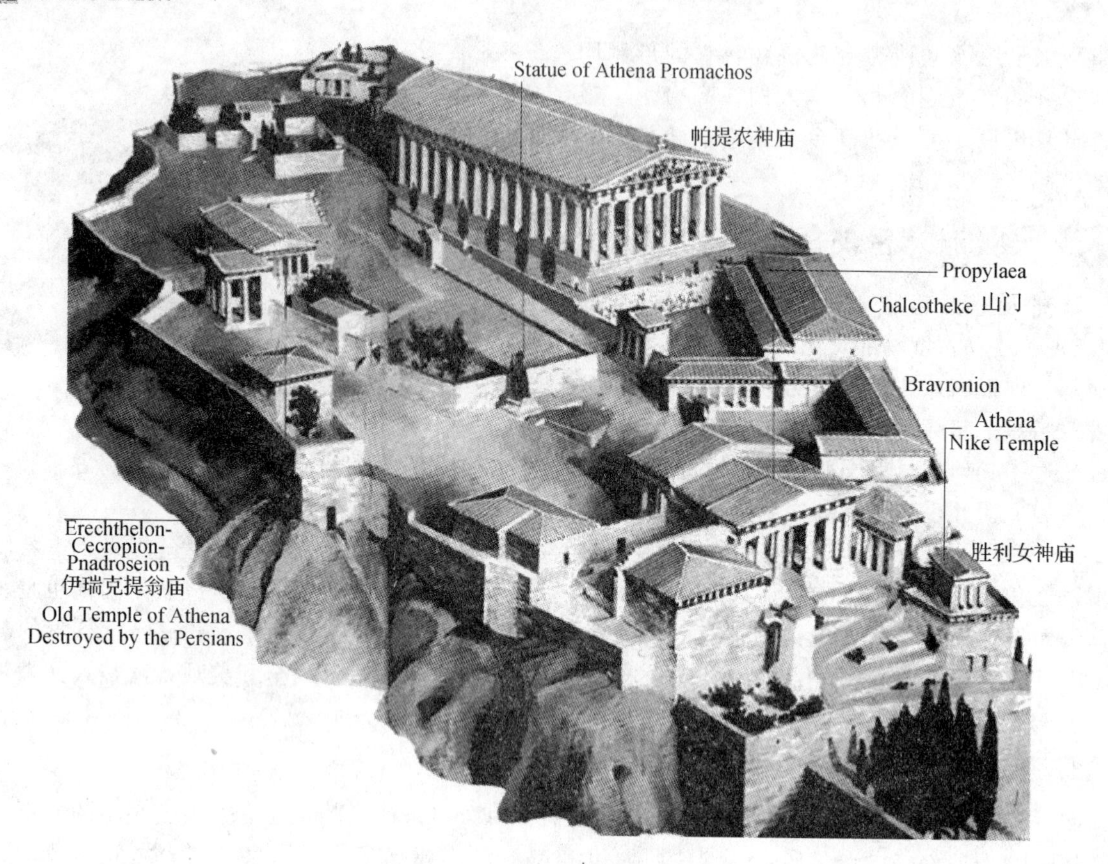

图 2.24　雅典卫城复原效果图

【知识拓展】

胜利女神庙是波希战争后第一个着手设计的建筑物，它的命意、选址、构图、装饰，都是为了点明卫城庆祝卫国战争胜利的主题，把这胜利的纪念永恒地保存下去。

帕提农神庙：帕提农原意为“处女宫”，是守护神雅典娜的庙，卫城的主题建筑物。始建于公元前447年，前438年完工并完成圣堂中的雅典娜像。公元前431年完成山花雕刻。其主要设计者是伊克底努（Iktinus），卡里克拉特参加了设计，雕刻由费地和他的弟子创作。

伊瑞克提翁庙：伊瑞克提翁是传说中的雅典人的始祖。他的这座庙是爱奥尼式的，建于公元前421—前406年，由建筑师皮武欧设计。它在帕提农之北将近40 m，基址本是一块神迹地，有南北向和东西向的断坎相交成直角，断坎之下有相传雅典娜手植的橄榄林，有波赛顿和雅典娜争夺对雅典的保护权时盛怒，用三叉戟顿地而成的井，有传说中的雅典人始祖开刻洛普斯（Cecropus）的墓。断坎落差很大，在这儿造庙，匠师们表现了极大的勇于创新的精神和绵密的构图能力。

2. 古罗马建筑

罗马本是意大利半岛中部西岸的一个小城邦，公元前5世纪起实行自由民的共和政体。公元前3世纪，罗马统一了全意大利，包括北面的伊达拉里亚人和南面的希腊殖民城邦。接着向外扩张，到公元前1世纪末，统治了东起小亚细亚和叙利亚，西到西班牙和不列颠的广阔地区。北面包括高卢（相当于现在的法国、瑞士的大部以及德国和比利时的一部分），南面包括埃及和北非。公元前30年起，罗马建立了军事强权的专政，成了帝国，国力空前强大，在文化上，成了这个地区所有古代文明成就的继承者，在经济上，它掌握着这个地区丰盈的财富。有大量的奴隶为罗马帝国的发达服役。

券拱技术是罗马建筑最大的特色，最大的成就，是它对欧洲建筑最大的贡献，影响之大，无与伦比。为了突破承重墙的限制，提出了几个新的方案。最有效的方案，是公元 1 世纪中叶开始使用的十字拱。

罗马人继承了希腊的柱式，根据新的条件把它大大地加以发展。早在公元前 4 世纪，受在意大利境内的希腊城邦的影响，罗马人已经使用柱式，并且创造了一种最简单的柱式——塔斯干柱式（Toscan Ordre）。公元前 2 世纪，罗马文化希腊化之后，柱式广泛流行。以后，匠师们为了解决柱式同罗马建筑的矛盾，发展了柱式。柱式到了罗马时代，多数已经不是结构构件，也不再是建筑风格的赋予者，而仅仅是一种装饰品，比希腊柱式退步了。维特鲁威的《建筑十书》就用很大的篇幅研究了柱式。古罗马建筑的主要作用在于两点：其一为军事帝国的侵略服务；其二为奴隶主最腐朽、最野蛮的生活服务。

【知识拓展】

《建筑十书》

本书提出建筑学的基本内涵和基本理论，建立了建筑学的基本体系；主张一切建筑物都应考虑"实用、坚固、美观"，提出建筑物的"均衡"的关键在于它的局部。此外，在建筑师的教育方法修养方面，特别强调建筑师不仅要重视才更要重视德。这些观点直到今天仍有指导意义。本书撰于公元前 32—前 22 年间，分 10 卷，是现存最古老且最有影响的建筑学专著。书中关于城市规划、建筑设计基本原理和建筑构图原理的论述总结了古希腊建筑经验和当时罗马建筑的经验。

2.3.3 欧洲中世纪建筑

1. 圣・索菲亚大教堂（图 2.25）

圣・索菲亚大教堂的结构体系为帆拱结构，既集中统一又曲折多变的内部空间，内部灿烂夺目的色彩效果。与罗马万神庙相比，产生了延展的复合的空间，比起古罗马万神庙单一的、封闭的空间，是结构上重大的进步，建筑空间组合也取得了重大进步。

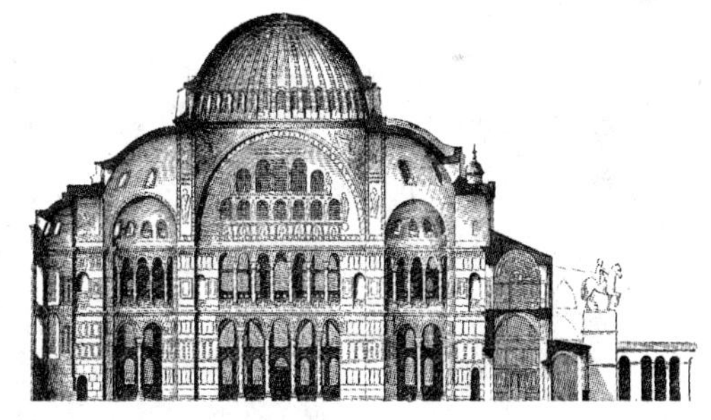

图 2.25　圣・索菲亚大教堂

2. 罗马风建筑特点

早期基督教教堂平面主要流行巴西利卡式、拉丁十字式和集中式 3 种形式，由西向东形成轴线明确的矩形空间。教堂入口西立面是造型设计的重点，建筑结构上创造了飞扶壁，肋受拱与束柱，结构形式上对后来建筑影响很大。

图 2.26　哥特式教堂

哥特式教堂（图 2.26）使用骨架券作为拱顶的承重构件，其余填充维护部分减薄，使拱顶减轻；骨架券把拱顶荷载集中到每间十字拱的四角，因而可以用独立的飞券在两侧凌空越过侧廊上方，在中厅每间十字拱 4 角的起脚抵住它的侧推力；全部使用两圆心的尖拱尖券。15 世纪以后，英国发展为"垂直式"哥特建筑，法国发展为"辉煌式"哥特建筑。

2.3.4 欧洲资本主义萌芽和绝对君权时期的建筑

1. 意大利文艺复兴建筑

意大利文艺复兴建筑是继哥特建筑出现之后出现的建筑风格，15 世纪出现于意大利一度传播于欧洲其他地区，形成带有各自特征的各国文艺复兴建筑，因为以复兴古典文化为目的，称为"文艺复兴"运动。意大利文艺复兴时期的三个建筑历史阶段，早期以意大利佛罗伦萨为中心，早期文艺复兴标志是伯鲁乃列斯基佛罗伦萨主教堂（图 2.27）穹顶。

图 2.27 佛罗伦萨主教堂

文艺复兴时期，设计在城市上追求庄严对称，涌现出许多理想的城市方案。广场主题明确，周围有建筑陪衬，人本主义为建筑的指导思想，提倡古罗马风格，古典柱式成为建筑造型构图主题。设计不拘泥于内部功能，而从体型光彩变化出发，创造新的形式与风格；米开朗基罗开创了追求新颖奇特的手法主义，后发展为"巴洛克"。梁柱结构与拱券结构混合使用，大型建筑外墙用石材，内墙用砖料，下层用石材，上层用砖料。这一时期的理论著作有阿尔伯蒂的《论建筑》，帕拉第奥的《建筑四书》以及维尼奥拉的《五种柱式规范》等。

【知识拓展】

巴洛克

标新立异，追求新奇——这是巴洛克建筑风格最显著的特征。波浪形曲面形成动态建筑。利用透视或增加层次来夸大距离，体积感强，建筑部件断折、不完整，形成不稳定形象，柱子不规则排列。增强立面空间凸凹起伏和运动感，室内运用曲线曲面形成不稳定组合，产生光影变化。大量使用贵重材料，精细加工装饰，以显示高贵富有。不注意结构逻辑，采用一些非理性组合手法以产生特殊效果。充满欢乐气氛，提倡世俗化，反对神化，提倡人权。

威尼斯圣马可广场（图 2.28）集宗教、市政、公共活动及休闲娱乐于一体，被誉为"欧洲最漂亮的客厅"。其位于威尼斯中心广场，南濒亚得里亚海，避开城市交通。两个梯形广场垂直对角相连，呈非对称式，主广场在圣马可教堂的正面，周围是下有券柱式的新旧市政大厦，次广场在主教堂的南面，总督府和圣马可图书馆之间，南端的两根柱子划分了广场与海面的界限，是视觉中心的限定。

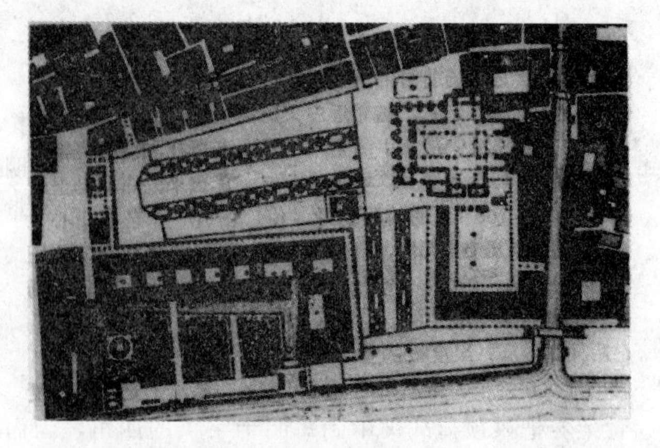

图 2.28 圣马可广场

2. 法国古典主义建筑

法国古典主义建筑平面趋于规整，但形体

仍复杂。古典时期为体现法国王权尊严秩序，崇尚古典柱式，在总体布局、建筑平面立面造型上强调轴线对称、主从关系，采用了左右分5段，上下分3段，都以中央一段为主的立面构图，建筑端庄严谨、华丽。晚期建筑讲究装饰，出现了洛可可风格。但建筑理论有其进步意义，相信存在客观的、可以认识美的规律，并对比例作了深入讨论，促进对建筑形式美的研究。提出了真实性、逻辑性等一些理性原则，体现出简捷、和谐、合理，但其局限性在于只从中央集权宫廷建筑立论，研究的只是古罗马帝国纪念性建筑，傲慢否定一切民间民族建筑传统，忽视中世纪哥特建筑伟大成就，十分片面。但它对形式美的认识是形而上学的，没有看到形式内部的矛盾性，脱离历史、功能等具体条件，没有审美社会性。且反对创作中的个性、热情和表现，只着意于数的和谐。比例又是僵硬的，一成不变。

洛可可风格出现于法国古典主义后期，建筑上主要表现在室内装饰上，极尽变化，排斥一切建筑母题，偏好圆形和曲线，一切围绕柔美来构图，尽可能避免出现方角。装饰题材有自然主义倾向，常用蚌壳、涡卷、水草及其他植物等曲线形花纹，模仿植物自然形态。装饰材料爱用质感温软的木材；装饰颜色爱用娇艳的颜色，喜爱闪烁的光泽，墙面多用线脚繁复的镶板和玻璃镜面，喜欢张挂绸缎的幔帐和水晶。洛可可风格反对古典主义艺术逻辑性、理性，提倡柔美、细腻、纤巧，但其手法过于刻意，往往脂粉气过浓，堆砌柔美有余，自然韵雅不足。

2.3.5 欧美资产阶级革命时期建筑

17世纪唯理主义的“理性”认为君主是社会理性的体现者，拥护专制制度，倾向于古罗马帝国的文化，唯理主义是二元论的，有浓厚的玄学色彩，唯理主义者标榜先验的几何学比例及清晰性、明确性，轻视感情、性格、自然。启蒙运动的“理性”是批判的理性，认为最合乎理性的社会是“人人在法律面前一律平等”的社会，是公民有权自由地处理私有财产和自由地思想的社会，倾向于共和时代罗马公民政治理想和英雄主义，建筑的理性是功能，是真实，是自然，启蒙主义者宣扬唯物主义和科学，既反对神学统治，也反对“天赋观念”和“先验理性”，他们的认识论以经验感觉为基础，坚信他们是认识的来源，而17世纪唯理主义者否认感性经验的可靠性。

2.4 外国近现代建筑史

2.4.1 复古思潮——古典复兴、浪漫、折中

1. 古典复兴

18世纪60年代到19世纪末欧美建筑古典复兴流行主要由于新兴资产阶级的政治需要，起源于法国的启蒙运动鼓吹资产阶级人性论，“自由”“平等”“博爱”是其主要内容，用来作为资本主义制度的口号，正是由于对民主、共和的向往，唤起了人们对古希腊、古罗马的礼赞，新兴的资产阶级厌恶巴洛克与洛可可的建筑风格上大量使用烦琐装饰与贵重金属，厌恶专制制度。试图借用古典外衣扮演进步角色，因而希腊罗马古典建筑遗产成为当时创作的源泉。另一方面也是由于考古发掘进展的影响。发掘出来的希腊罗马艺术珍品传遍欧洲，德国人温克尔曼的《古代艺术史》曾热烈推崇希腊艺术，对当时起了很大影响，在这些著作实物中，人们看到古希腊艺术的优美典雅和古罗马艺术的雄伟壮丽。

2. 近代折中主义建筑思潮

近代折中主义建筑思潮是19世纪上半叶兴起的一种创作思潮，也称“集仿主义”；资产阶级革命后复古的“革命”意义消失，商品经济、广告与猎奇成为当时社会的主流现象。工业化尚未左右形式创造，对各历史阶段与地区的不同建筑艺术了解更多，建筑迎合各种需要，无固定风格，讲求比例、节奏等形式美，具体表现在不同建筑较纯正地模仿不同风格，各种风格被赋予特定含义，在一栋建筑中常杂合各种风格的局部。

2.4.2 芝加哥学派

芝加哥学派对19世纪末20世纪初的建筑探新运动的作用在于，高层办公楼是一种新类型，新类型必定有它的新功能，芝加哥学派突出了功能在建筑设计中的主要地位，明确了结构应利于功能的发展和功能与形式的主从关系，既摆脱了折中主义的形式束缚，也为现代建筑摸索了道路探讨了新技术在高层建筑中的应用，并取得一定的成就，使芝加哥成了高层建筑的故乡，使建筑艺术反映了新技术的特点，简洁的立面符合新时代工业化的精神。

2.4.3 德意志制造联盟

德国在19世纪末的工业水平迅速地赶上了老牌资本主义国家的英国和法国，而跃居欧洲第一位。当时的德国，一片欣欣向荣，它不仅要求成为工业化的国家，而且希望能成为工业时代的领袖。它乐于接受新东西，只要对自己的工业发展有利便吸取。为了使后起的德国商品能够在国外市场上和英国抗衡，1907年出现了由企业家、艺术家、技术人员等组成的全国性的“德意志制造联盟”(图2.29)，它的目的在于提高工业制品的质量，以求达到国际水平。

图2.29　德意志制造联盟科隆展览会办公楼

2.4.4 现代主义大师

1. 格罗皮乌斯与包豪斯

格罗皮乌斯是现代建筑大师和建筑教育家，现代主义运动的倡导者之一，包豪斯的创办人。他强调建筑走工业化道路，主张用工业化方法供应住房机构。积极提倡建筑设计与工艺的统一，艺术与技术的结合，讲究功能、技术和经济效益。这些观点首先体现在法古斯工厂和1914年德国科隆展览会展出的办公楼中。两栋建筑均为框架结构，外墙与支柱脱开，作为大片连续轻质幕墙。强调三大美术一体，将美术、雕塑、绘画有机融合。他对功能的重视还表现为按空间的用途、性质、相互关系来组织和布局，按人的生理要求、人体尺度来确定空间的最小限度，强调造型与功能的协调性，包括井然有序的平面和良好的比例。

其设计观点充分体现在包豪斯校舍(图2.30)中，把建筑物实用功能作为建筑设计的出发点，采用灵活的不规则的构图手法。没有突出的中轴线，形成纵横交错变化丰富的总体效果。按照现代建筑材料和结构的特点，运用建筑本身的要素取得建筑艺术效果。采用钢筋混凝土框架结构和砖墙承重结构，达到朴素、经济、实用的效果，是现代建筑的里程碑。

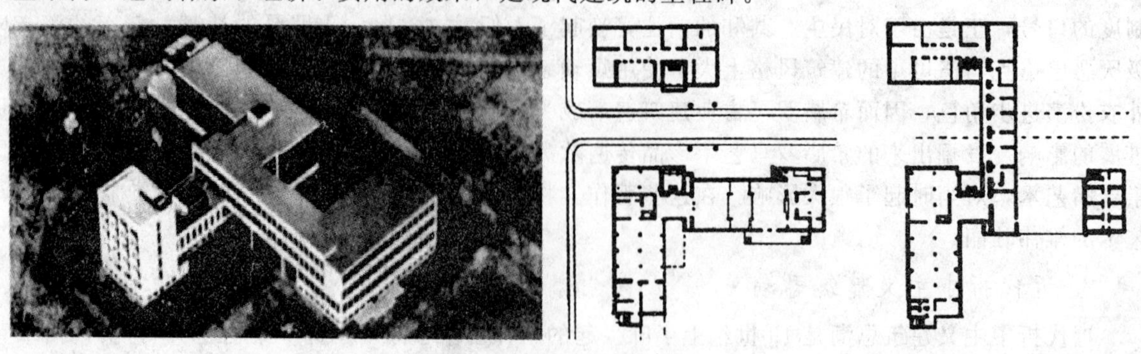

图2.30　包豪斯校舍

2. 勒·柯布西耶

勒·柯布西耶（图 2.31）是现代建筑运动的激进分子和主将，也是20世纪最重要的建筑师之一。从20世纪20年代开始，直到去世为止，他不断以新奇的建筑观点和建筑作品，以及大量未实现的设计方案令世人感到惊奇。勒·柯布西耶是现代建筑师中的一位狂飙式人物。

柯布西耶作为现代主义建筑的主要倡导者，提出了新建筑的五个特点：其一，底层架空、独立支柱。其二，屋顶花园。其三，自由平面。其四，横向长窗。其五，自由立面。这些都是由于框架结构的梁柱成为骨架，墙体不再承重以后产生的建筑特点。柯布西耶充分利用这些特点，对建立和宣传现代建筑风格影响很大，他的革新思想和独特见解是对学派建筑思潮的有力冲击。萨伏伊别墅（图 2.32）、巴黎瑞士学生宿舍是这一时期的代表作。

图 2.31　勒·柯布西耶

图 2.32　萨伏伊别墅

勒·柯布西耶倡导机器美学，1923年出版了《走向新建筑》，书中提出住宅是“居住的机器”。他认为建筑应像机器一样符合实际的功能，强调功能与形式之间的逻辑关系，反对附加装饰。建筑应该像机器一样可以放置在任何地方。强调建筑风格的普遍适应性。建筑应像机器一样高效，强调建筑和经济之间的关系。1926年提出了新建筑的五个特点，它的革新思想和独特见解是对学院派建筑思潮的有力冲击，萨伏伊别墅实现的建筑理想是将阳光、空气、绿地和新建筑5点完美结合，同时也是机器美学的经典作品。提出了一套建筑体系——板柱承重体系。1928年柯布西耶与格罗皮乌斯、密斯凡德罗、S·基甸组织了国际现代建筑协会CIAM。

3. 密斯·凡德罗

在外国现代著名建筑师中，密斯·凡德罗（图 2.33）成为一个建筑师的经历是比较少见的，他没有受过正规学校的建筑教育。他的知识和技能主要是在建筑实践中得来的。

密斯的贡献在于通过对钢框架结构和玻璃在建筑中应用的探索，发展了一种具有古典式的均衡和极端简洁的风格，其作品特点是整洁和骨架几乎露明的外观，灵活多变的流动空间以及简练而制作精致的细部。1928年密斯提出“少就是多”，集中反映了他的建筑观点和艺术特色。“少就是多”首先体现在空间层面上，早期作品如巴塞罗那国际博览会德国馆（图 2.34）表现为以较少的空间限定实现丰富多样的空间变化，后期作品如芝加哥湖滨公寓表现为以“全面空间”的开敞性内部空间适应功能的各种可能性，其次表现为结构体系的简化，主要表现为精简结构构件的类型，以清晰的结构逻辑实现单纯、浑然的技术之美，使技术升华为艺术，最后表现为建筑形式的净化，方盒子的简明形体，钢和玻璃组成重复的立面格构，使外观形成了秩序简明的密斯风格。

图 2.33　密斯·凡德罗

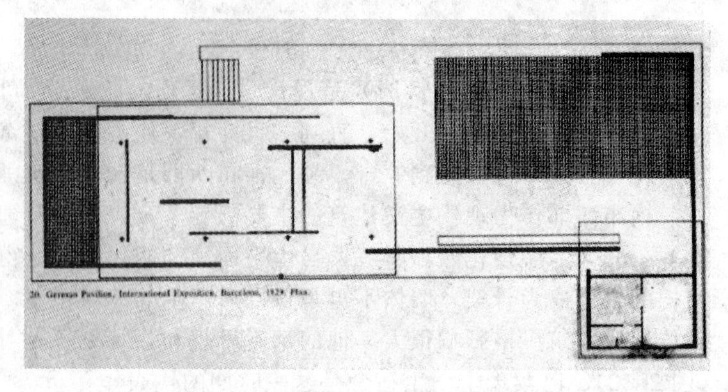

图 2.34　巴塞罗那国际博览会德国馆

密斯提倡流动空间，现代建筑以空间为主题，这个理论的提出是对现代主义建筑的重要贡献，它打破了封闭空间，在空间的流动中体验功能平面，其代表作巴塞罗那国际博览会德国馆，隔墙有玻璃和大理石两种，位置灵活，形成半封闭半开敞空间，室内外相互穿插，形体处理简单，没有任何线脚，不同构件和不同材料之间不作过渡性处理。简单明确，干净利索，突出材料的固有颜色、纹理和质感。范思沃思住宅中完全是一个长方形的玻璃盒子，中间有一个小的封闭空间，其他地方全部是开敞的，白色钢铁构架，巨大的玻璃幕墙，简单到无以复加的地步，是密斯“少就是多”思想的完美体现，也是他国际主义风格达到一个新高度的标志。而和菲利普·约翰逊合作设计的西格拉姆大厦是国际主义风格的顶峰。

密斯以“少就是多”为理论依据，以“全面空间”“纯净空间”“模数构图”为特征设计方法与手法，其设计原则是“功能服从空间”。密斯垄断了世界建筑面貌长达 20 年之久，但必须明确指出的是密斯的设计和国际主义风格是工业化时代的产物，任何拿后工业化的价值和审美标准批判他的方式都是毫无意义的。

4. 赖特

图 2.35　赖特及其作品

赖特（图 2.35）是 20 世纪美国的一位最重要的建筑师，在世界上享有盛誉。他设计的许多建筑受到普遍的赞扬，是现代建筑中有价值的瑰宝。赖特对现代建筑有很大的影响，但是他的建筑思想和欧洲新建筑运动的代表人物有明显的差别，他走的是一条独特的道路。

赖特提倡草原式住宅，这类住宅大多坐落在郊外，用地宽阔，环境优美，建筑从实际生活出发，在布局、形体以至取材上，特别注重同周围自然环境的配合，形成了一种具有浪漫主义闲情逸致及田园诗般的典雅风格。草原式住宅追求表里一致，建筑外形反映内部空间，注意建筑自身比例和材料的运用，力图摆脱折中主义的束缚。它既具有美国的传统风格，又突破了传统建筑的封闭性，以及适合美国中西部草原地带气候和地广人稀的特点。

2.4.5 战后思潮

在第二次世界大战的数年中，各国政治与经济条件的不同，思想和文化传统的不一和对于建筑本质与目的的不同看法使各地建筑发展极不平衡，建筑活动与建筑思潮也很不一致。

1. 理性主义

它是对理性主义进行充实与提高，结合技术发展和文化研究进步，在现代建筑基本原理基础上的普遍倾向。主要代表有格罗皮乌斯和他的 TAC 协和建筑事务所（哈佛大学研究生中心、西柏林汉莎区国际住宅展览会高层公寓楼、何塞昆西社区学校）、塞尔特（皮博迪公寓、哈佛大学本科生科学中心）、斯塔宾斯（普西图书馆）、凡艾克（阿姆斯特丹儿童之家（图 2.36））、赫茨贝格（中央贝赫保险公司总部大楼）。

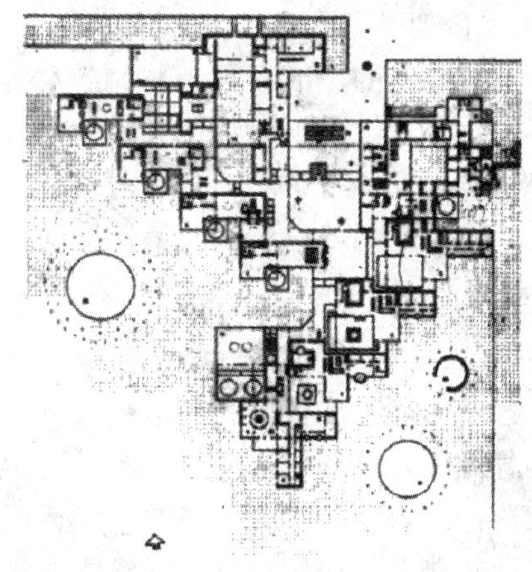

图 2.36 阿姆斯特丹儿童之家

2. 粗野主义

粗野主义追求混凝土等材料脱模后不加装饰的粗糙的表面和粗大构件碰撞的效果，主要代表是柯布西耶（马赛公寓（图 2.37（a）)，印度昌迪加尔行政中心建筑群）、史密斯夫妇（亨斯特顿学校（图 2.37（b））、谢菲尔德大学设计方案）、斯特林、戈文（兰根姆住宅、莱斯特大学工程馆、剑桥大学历史系图书馆）、鲁道夫（耶鲁大学建筑与艺术系大楼）、丹下健三。

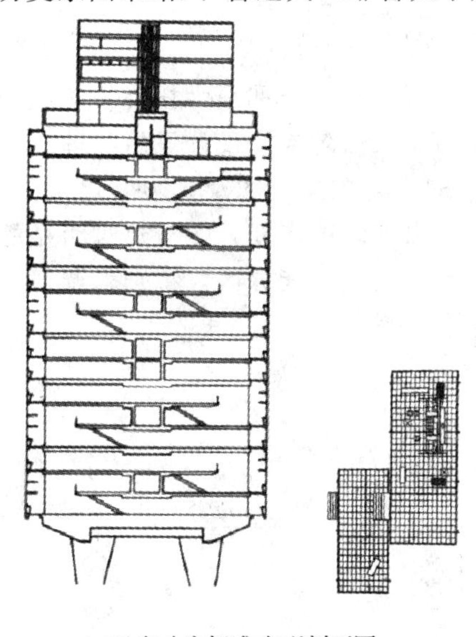

(a)马赛公寓标准户型剖面图

(b)亨斯特顿学校

图 2.37 粗野主义建筑范例

3. 讲求精美的倾向

讲求技术精美的倾向，追求钢和玻璃盒子形式简洁、晶莹透明、施工精确的效果，主要代表是密斯、小沙里宁（通用汽车技术中心）。

4. 高技派

高技派运用最新材料、设计方法与建造手段，追求新技术表现效果、新的建筑观。例如光亮表面、机器形象，极端网格化单元表面、建筑设备化、单元可替换、高技术下的其他象征性形象。高技派所倡导的高效、节能、灵活等思想，同“可持续发展”的生态环境大趋势相符，使未来建筑更倾向于用高技术手段解决，以表现其中的美感。

5. “人情化”与地域性倾向

以阿尔托为代表的第二次世界大战后“人情化”与地域性倾向设计方法是战后现代建筑中比较

"偏情"的方面，既要技术又讲形式，而在形式上又强调自己的特点。突破技术范畴而进入人情、心理的领域，重视人们的生活和心理感情。传统材料结合新结构、新材料，处理方式亲和、多样。空间有层次、变化丰富，建筑体量符合人体尺度，建筑化整为零，重视细部。丰富并推进了现代建筑探索与发展的步伐，并与讲求"个性与象征"的倾向一道被称为"有机的"建筑或"多元论"建筑。与"重理"的建筑相补充，以"偏情"的创作倾向为现代建筑的创作注入了新鲜的血液。

6. "个性与象征"倾向

20世纪50～60年代"个性与象征"倾向的设计手法，主要是一种设计方法而不是一种格式，其基本精神是建筑可以有多种目的而不是方法，设计人不是预先把自己的思想固定在某些原则或格式上，而是按着对任务与环境特性的了解，产生能适应多种要求而又内在统一的建筑。其设计手法大致有以下三种：①运用几何图形构图；②运用抽象的、象征的图形构图；③运用具体的、象征的图形构图。丰富并推进了现代建筑发展探索的步伐，并与讲究"人情化"与地域性的倾向一道被称为"有机的"建筑或"多元论"建筑，与"重理"的建筑相补充，以"偏情"的创作倾向为现代建筑的创作注入了新鲜的血液。

7. 后现代主义

后现代主义的主要特征在于重新确立历史传统的价值，采用古典建筑元素，建筑形式有独立存在的联想及象征含义，采用装饰，追求隐喻与象征，走向多元、大众与通俗文化，具有开放性与折中性，主张二元论。

8. 白色派与纽约五人组

白色派是以纽约五人组（艾森曼、格雷夫斯、格瓦斯梅、海杜克、迈耶）为核心的建筑创作组织。建筑作品以白色为主，具有一种超凡脱俗的气派和明显的非天然效果，设计思想和理论原则深受风格派和柯布西耶的影响，对纯净的空间、体量和阳光下的立体主义构图及光影变化十分偏爱。建筑形式纯洁，局部处理干净利落，在规整的结构体系中，突出空间的多变，赋予建筑明显的雕塑风味。基地通过建筑与环境的对比寻求协调，一般不顺从地段，注重功能分区，特别强调公共空间与私密空间的严格区分。

【重点串联】

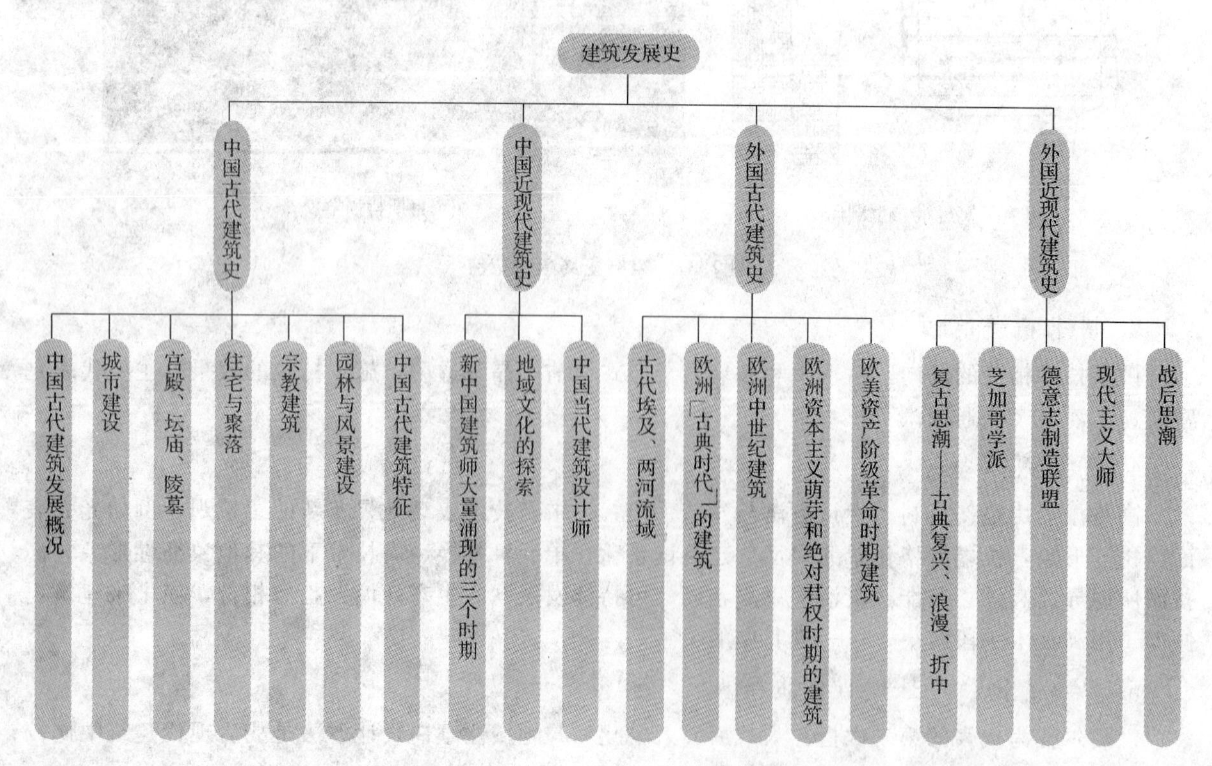

拓展与实训

基础能力训练

1. 请简述中国古代建筑的建筑特征、文化特征、装饰特征。
2. 请简述中国各朝代的建筑特征。
3. 请简述雅典卫城的布局形式特色。
4. 请简述勒·柯布西耶先生在第二次世界大战后与 20 世纪 20～30 年代相比建筑创作思路和风格的改变。

链接职考

[2001 年建筑设计（知识）第一套题 37 题]

1. 我国现存最早的唐代木建筑是（　　）。

A. 山西五台佛光寺大殿　　B. 山西五台南禅寺

C. 河北正定降兴寺　　D. 西安大明宫麟德殿

[2001 年建筑设计（知识）第一套题 45 题]

2. 元大都为了解决城市用水问题，忽必烈采用了（　　）的意见，将昌平、西山的丰富泉水引入城中。

A. 刘秉忠　　B. 也黑迭尔

C. 马可·勃罗　　D. 郭守敬

[2001 年建筑设计（知识）第一套题 42 题]

3. 福建、广东一带的土楼住宅有方形、圆形两类，形成这种土楼住宅的主要原因是(　　)。

A. 封建宗法制度　　B. 防火要求

C. 安全防卫要求　　D. 就地取材

[2001 年建筑设计（知识）第一套题 49 题]

4. 古罗马时期最杰出的穹顶建筑实例是（　　）。

A. 阿维努斯浴场　　B. 万神庙

C. 罗马庙　　D. 卡拉卡拉浴场

[2001 年建筑设计（知识）第一套题 53 题]

5. 欧洲古典主义时期建筑的代表作品是（　　）。

A. 巴黎圣母院　　B. 威尼斯总督府

C. 佛罗伦萨比萨斜塔　　D. 巴黎卢浮宫

模块 3 建筑法规

【模块概述】

建筑法规是法律体系的重要组成部分，它直接体现国家组织、管理、协调城市建设、乡村建设、工程建设、建筑业、房地产业、市政公用事业等各项建设活动的方针、政策和基本原则。

建筑法规是调整国家管理机关、企业、事业单位、经济组织、社会团体，以及公民在建筑活动中所发生的社会关系的法律规范的总称。建筑法规的调整范围主要体现在三个方面：一是工程建设管理关系，即国家机关正式授权的有关机构对工程建设的组织、监督、协调等职能活动；二是工程建设协作关系，即从事建筑活动的平等主体之间发生的往来、协作关系，如发包人与承包人签订工程建设合同等；三是从事建筑活动的主体内部劳动关系，如订立劳动合同、规范劳动纪律等。建筑活动通常具有周期长、涉及面广、人员流动性大、技术要求高等特点，因此在建筑活动的整个过程中，必须贯彻工程建设质量与安全原则、符合国家工程建设安全标准原则、遵守法律法规原则、不得损害社会公共利益和他人的合法权益原则、合法权利受法律保护的原则。

建筑法规是工程建设管理的依据。建筑法规通过各种法律规范规定建筑业的基本任务、基本原则、基本方针，加强建筑业的管理，充分发挥其效能，为国民经济各部门提供必需的物质基础，为国家增加积累，为社会创造财富，推动社会主义各项事业的发展，促进社会主义现代化的建设。

【知识目标】

1. 了解建筑法的表现形式和作用；
2. 理解建筑法规的概念；
3. 理解《中华人民共和国建筑法》（以下简称《建筑法》）的立法宗旨和适用范围；
4. 掌握建筑法规确立的基本制度；
5. 掌握工程项目的基本建设程序。

【技能目标】

1. 熟悉掌握《建筑法》的适用范围；
2. 清楚知道建筑法规确立的基本制度；
3. 会进行可行性研究，能够熟练地把握工程项目的建设程序；
4. 能够从事相关的工作内容。

【课时建议】

4 课时

3.1 建筑法规的表现形式和作用

3.1.1 建筑法规的表现形式

所有法律都有其内在的统一联系，并在此基础上构成国家的法律体系。建筑法的法律体系是我国法律体系中的一个组成部分，是由与建筑活动有关的法律、法规、规章等共同组成的有机联系的统一整体。建筑法规的表现形式主要有宪法、法律、行政法规、部门规章、地方性法规和规章、技术规范及国际公约、惯例和国际标准等。

1. 宪法

宪法是国家的根本大法，是我国最主要的法律表现形式。由于宪法规定的是国家和社会生活中的最根本、最重要的问题，具有最高的法律地位和法律效力，是制定其他法律、法规的依据，一切法律、行政法规和地方性法规都不得同宪法相抵触。宪法也是建筑法规的立法依据，在宪法中规定了国家基本的建设方针和原则。

2. 法律

建筑法律指由全国人民代表大会及其常务委员会制定颁布的属于国务院建设行政主管部门业务范围的各项法律，它们是建筑法规体系的基础与核心。目前我国的建筑法律主要包括《建筑法》《中华人民共和国招标投标法》《中华人民共和国安全生产法》《中华人民共和国城乡规划法》等。

3. 行政法规和部门规章

建设行政法规指国务院制定颁布的属于建设行政主管部门业务范围的各项法律。行政法规的效力仅次于宪法和法律。根据宪法和法律规定，国务院所属各部、各委员会有权发布规范性命令、指示和规章，其效力仅次于行政法规。建筑活动中适用的行政法规和规章主要有《中华人民共和国招标投标法实施条例》《建设项目用地预审管理办法》《民用建筑节能条例》《中华人民共和国公路管理条例》《建设工程勘察设计资质管理规定》《全国建设工程造价员管理办法》《工程监理企业资质管理规定》等。

4. 地方性法规和规章

地方性法规是指地方各级国家权力机关及其常设机关为执行和实施宪法、法律和行政法规，根据本行业的具体情况和实际需要，在法定权限内制定的规范性文件。地方性法规通常称为办法、规定、规则等。地方各级国家权力机关及其常设机关、地方各级人民政府制定和发布的决定、命令、决议等规范性文件，也是法律的表现形式。地方性法规和规章只是在其所管辖的行政区内具有法律效力。

5. 技术规范

技术规范是有关使用设备工序，执行工艺过程以及产品、劳动、服务质量要求等方面的准则和标准。当这些技术规范在法律上被确认后，就成为技术法规。它们是建筑业工程技术人员从事经济技术作业、建筑管理监测的依据。

其中建筑设计规范是建筑法规重要的组成部分，是由政府或立法机关颁布的对新建建筑物所作的最低限度技术要求的规定。我国现行的建筑设计规范包括建筑设计、建筑物理、建筑电气、建筑暖通与空调等方面标准规范共计 116 个。建筑设计规范的内容和体例一般分为行政实施部分和技术要求部分。行政实施部分规定建筑主管部门的职权，设计审查和施工、使用许可证的颁发，争议、上诉和仲裁等内容。技术要求部分主要包括：建筑物按用途和构造的分类分级；各类（级）建筑物的允许使用负荷、建筑面积、高度和层数的限制等；防火和疏散，有关建筑构造的要求；结构、材料、供暖、通风、照明、给排水、消防、电梯、通信、动力等的基本要求。建筑设计规范是广大工程建设者必须遵守的准则和规定，在提高工程建设科学管理水平，保证工程质量和安全，降低工程造价，缩短工期，节能、节水、节材、节地，促进技术进步，建设资源友好型社会等方面起到了显著的作用。

6. 国际公约、惯例和国际标准

国际公约（International Convention）是指国际有关政治、经济、文化、技术等方面的多边条约。国际惯例的形成与发展是一个循序渐进的过程。它植根于参与国际交往的行为主体的长期反复实践。其中包括《国际建筑公约条例》，本公约适用于一切建筑活动，即建造、土木工程、安装与拆卸工作，包括从工地准备工作直到项目完成的建筑工地上的一切工序、作业和运输。凡批准本公约的会员国在与最有代表性的有关雇主组织和工人组织（如存在此类组织）磋商后，可对存在较重大特殊问题的特定经济活动部门或特定企业免于实施本公约或其某些条款，但应以保证安全卫生的工作环境为条件。本公约还适用于由国家法律或条例确定的独立劳动者。

3.1.2 建筑法规的作用

建筑活动是由多方主体参加的活动，如果没有统一的建筑活动行为规则和基本的活动程序，没有对建筑活动各方主体的管理和监督，建筑活动就处于无序的状态。建筑活动中存在的问题较多，如建筑市场主体行为不规范、建筑质量问题突出、建设行政主管部门不认真履行监督管理职责、玩忽职守等，这些问题的存在影响建筑活动的正常运行，需要有相应的措施来解决。建筑法规的立法宗旨在于加强对建筑活动的监督管理，维护建筑市场秩序，保障建筑工程的质量和安全，促进建筑业的健康发展。其主要的作用表现如下：

1. 规范指导建筑行为

对法律的运用所追求的基本目的是实现某种社会秩序，而这一目的是通过具体的、规范人们行为的规则来实现的。建筑法规是从事具体的建筑活动应当遵守的行为规则。建筑法规要确立和维护建筑活动秩序，首先要确立适用于建筑主体的行为规则。法律规范或以禁止的方式规定哪些行为不能做，或以积极义务的方式规定哪些行为必须做，或授予一定的权利，以这三种基本的规范手段来规范人们的行为，确保社会处于有序状态。建筑法规同样是以这样的方式，规定建筑活动主体的权利和义务，规范和指导其建筑行为；这些规定同时也是评价建筑行为是否合法的评价标准。

2. 保护合法建筑行为

建筑活动的主体应当遵守法律、法规，不得损害国家利益、社会公共利益和他人合法权益。同时，建筑活动主体的合法权益应当受到法律的保护，任何单位和个人都不得妨碍和阻挠依法进行的建筑活动。建筑法规从保护建筑活动主体合法权益的目的出发，规定了从事建筑活动应当遵守的法律、法规；发包单位和承包单位应当全面履行合同约定的义务；招投标活动应遵循公开、公正、公平竞争的原则等，建筑工程监理、建筑安全生产、建筑工程质量等方面，也体现了对从事建筑活动当事人合法权益予以保护的内容。

3. 处罚违法建筑行为

谴责、制裁、惩罚、警戒违法行为是法律规范作用的重要内容，对违法建筑行为给予应有的处罚，是以强制制裁手段保护法律制度的实施。当义务人不履行法定义务、权利人的合法权益受到侵犯时，就要通过国家强制力作用，制裁违法者，排除不法侵害，恢复和维护被破坏的法律秩序。在建筑活动中的违法建筑行为，根据责任主体所应负的法律责任的性质不同，以及实施法律制裁的机关和手段不同，处罚方式也有所不同。我国建筑法规对违法的建筑行为，规定的制裁方式有：行政制裁、民事制裁、刑事制裁等。

3.2 建筑法概述

3.2.1 建筑法的概念

建筑工程安全生产管理必须要坚持安全第一、预防为主的方针，建立健全安全生产的责任制度和群防群治制度。建筑工程设计应当符合国家规定、制定的建筑安全规程和技术规范，保证工程的安全性能。建筑施工企业在编制施工组织设计时，应根据建筑工程的特点制定相应的安全技术措施，对专业性比较强的工程项目，应当编制专项安全施工组织设计，并采取安全技术措施。为了加强对建筑活动的监督管理，维护建筑市场秩序，保证建筑工程的质量和安全，促进建筑业健康发展，制定了建筑法。

建筑法是指调整建筑活动的法律规范的总称。建筑活动是指各类房屋及其附属设施的建造和与其配套的线路、管道、设备的安装活动。

建筑法有狭义和广义之分。狭义的建筑法是指《建筑法》，经 1997 年 11 月 1 日第八届全国人大常委会第 28 次会议通过；2011 年 4 月 22 日第十一届全国人大常委会第 20 次会议《关于修改〈中华人民共和国建筑法〉的决定》修正。《建筑法》分总则、建筑许可、建筑工程发包与承包、建筑工程监理、建筑安全生产管理、建筑工程质量管理、法律责任、附则，共 8 章 85 条，自 1998 年 3 月 1 日起施行。《建筑法》是我国制定的第一部规范建筑活动的法律，将建筑活动纳入法制的轨道，为协调建筑活动中的经济关系提供了有利的法律保障。我国《建筑法》适用于一切从事建筑活动的主体和各级依法负责对建筑活动实施监督管理的政府机关，即从事建筑工程勘察、设计、施工、监理等活动的各类企事业单位和建设行政主管部门及其他有关部门。《建筑法》重在确立建筑市场活动的基本规则，坚持体现社会主义市场经济要求的原则，强调建筑活动各方当事人的平等地位，提倡公开、开放的建筑市场，坚持公正、平等竞争的原则，以维护建筑市场的正常秩序，保护有关当事人的合法权益；同时针对建筑活动中存在的建筑市场混乱、工程质量低下、安全事故多发等突出的问题加以规范，以规范建筑市场行为为起点，以建筑工程质量和安全为主线，保障整个建筑活动的顺利进行。广义的建筑法，除《建筑法》之外，还包括与建筑活动相关的法律法规，如《中华人民共和国招标投标法》《中华人民共和国安全生产法》《建筑工程质量管理条例》《建筑业企业资质管理规定》等，这些法律法规的先后颁布，为建筑工程质量和安全提供了法律保障，对加强建筑活动的监督管理、维护建筑市场秩序，使建筑业向健康有序的方向发展，起到积极的推动和保障作用。

建筑法由五大基本制度组成，共 8 章，并有 12 项具体制度相配套，构成了该法的基本框架。学习贯彻建筑法，首要的也是最根本的是要正确理解和掌握建筑法所确立的各项制度。

3.2.2 建筑法的立法目的

《建筑法》第 1 条规定：“为了加强对建筑活动的监督管理，维护建筑市场秩序，保证建筑工程的质量和安全，促进建筑业的健康发展，制定本法。”此条规定了我国《建筑法》的立法目的。

1. 加强对建筑活动的监督管理

建筑活动是一个由多方主体参加的活动。没有统一的建筑活动行为规范和基本的活动程序，没有对建筑活动各方主体的管理和监督，建筑活动就是无序的。

为保障建筑活动正常、有序地进行，就必须加强对建筑活动的监督管理。

2. 维护建筑市场秩序

建筑市场作为社会主义市场经济的组成部分，需要确定与社会主义市场经济相适应的新的市场秩序。但是，在新的管理体制转轨过程中，建筑市场中旧的经济秩序被打破后，而新的经济秩序尚未完全建立起来，以致造成某些混乱现象。制定《建筑法》就要从根本上解决建筑市场混乱状况，确立与社会主义市场经济相适应的建筑市场管理，以维护建筑市场的秩序。

3. 保证建筑工程的质量与安全

建筑工程的质量与安全，是建筑活动永恒的主题，无论是过去、现在还是将来，只要有建筑活动的存在，就有建筑工程的质量和安全问题。

《建筑法》以建筑工程质量与安全为主线，作出了一些重要规定：

①要求建筑活动应当确保建筑工程质量和安全，符合国家的建筑工程安全标准。

②建筑工程的质量与安全应当贯彻建筑活动的全过程，进行全过程的监督管理。

③建筑活动的各个阶段、各个环节，都要保证质量和安全。

④明确建筑活动各有关方面在保证建筑工程质量与安全中的责任。

4. 促进建筑业健康发展

建筑业是国民经济的重要物质生产部门，是国家重要支柱产业之一。建筑活动的管理水平、效果、效益，直接影响到我国固定资产投资的效果和效益，从而影响到国民经济的健康发展。为了保证建筑业在经济和社会发展中的地位和作用，同时也是为了解决建筑业发展中存在的问题，迫切需要制定《建筑法》，以促进建筑业的健康发展。

3.3 建筑法规确立的基本制度

建筑法规是规范建筑活动的法律规范的总称，以规范建筑市场行为、保障建筑工程质量和安全为重点内容，确立了建筑活动的一些基本制度。

3.3.1 建筑许可制度

建筑许可是指建设行政主管部门根据建设单位和从事建筑活动的单位、个人的申请，依法准许建设单位开工或确认单位、个人具备从事建筑活动资格的行政行为。需要指出的是，申请是许可的必要条件，也就是说没有申请，就没有许可。

建筑许可的行为主体是建设行政主管部门，不是其他行政机关，也不是其他的公民、法人或非法人组织。建筑许可是为了对建筑工程的开工和从事建筑活动的单位和个人的资质资格实施行政管理，其最终目的是保障建筑工程质量。建筑许可是一种依申请而做出的行政行为。作为申请建筑许可的个人、组织，必须具备相应的法律、法规、规章规定的条件，才能提出许可申请。建筑许可是一种要式行政行为，必须有特定的形式要件，这种特定的形式要件主要是许可证、资格证、资质证书等。建筑许可的事项与条件必须是法定的和公开的。

由于建筑业在国民经济和社会发展中的地位和作用，加之建筑工程建设周期长、投资规模大、专业技术性强，对工程建设活动进行事前的审查控制是非常必要的。为了加强对工程建设活动的监督管理，在建筑立法中，确立了建筑工程报建、建筑工程施工许可、从业单位的资质许可和专业技术人员执业资格许可的法律制度。

3.3.2 建筑工程发包与承包制度

建筑工程发包、承包，是指经济活动中，作为交易一方的建设单位，将需要完成的建筑工程勘察、设计、施工等工作全部或者其中一部分工作交给交易的另一方勘察、设计、施工单位去完成，并按照双方约定支付报酬的行为。其中，建设单位是以建筑工程所有者的身份委托他人完成勘察、设计、施工、安装等工作并支付报酬的公民、法人或其他组织，是发包人，又称甲方；以建筑工程勘察、设计、施工、安装者的身份向建设单位承包，有义务完成发包人交给的建筑工程勘察、设计、施工、安装等工作，并有权获得报酬的企业是承包人，又称乙方。

建筑工程发包、承包制度，是建筑业适应市场经济的产物。建筑工程勘察、设计、施工、安装单位要通过参加市场竞争来承揽建设工程项目。这样，可以激发企业活力，改变计划经济体制下建筑活动僵化的体制，有利于建筑业健康发展，有利于建筑市场的活跃和繁荣。

建筑工程发包人或总承包单位将建筑工程发包或分包时，要具有发包资格，符合法律规定的发包条件。建筑工程发包、承包的内容涉及建筑工程的全过程，包括建设项目可行性研究的承发包、工程勘察设计的承发包、建筑材料及设备采购的承发包、工程施工的承发包、工程劳务的承发包、工程项目监理的承发包等。但是在实践中，建筑工程承发包的内容较多的是建筑工程勘察设计、施工的承发包。建筑工程发包、承包活动是一项特殊的商品交易活动，同时又是一项重要的法律活动，因此，承发包双方必须共同遵循交易活动的一些基本原则，依法进行，才能确保活动的顺利、高效、公平地进行。

3.3.3 建设工程监理制度

按照我国有关规定，在工程建设中应当实行项目法人责任制、工程招标投标制、建设工程监理制、合同管理制等主要制度。这些制度相互关联、相互支持，共同构成了建设工程管理制度体系。项目法人责任制是实行建设工程监理制的必要条件，建设工程监理制是实行项目法人责任制的基本保障。建设工程监理是指具有相应资质的工程监理企业，接受建设单位的委托，承担其项目管理工作，并代表建设单位对承建单位的建设行为进行监控的专业化服务活动。其特性主要表现为监理的服务性、科学性、独立性和公正性。

我国的建设工程监理制于1988年开始试点，1997年《建筑法》以法律制度的形式作出规定，国家推行建筑工程监理制度，从而使建设工程监理在全国范围内进入全面推行阶段。从法律上明确了监理制度的法律地位。实行建设监理制度是我国建设领域的一项重大改革，是我国对外开放、国际交往日益扩大的结果。通过实行建设监理制度，我国建设工程的管理体制开始向社会化、专业化、规范化的先进管理模式转变。这种管理模式，在项目法人与承包商之间引入了建设监理单位作为中介服务的第三方，进而在项目法人与承包商、项目法人与监理单位之间形成了以经济合同为纽带，以提高工程质量和建设水平为目的的相互制约、相互协作、相互促进的一种新的建设项目管理运行机制。这种机制为提高建设工程的质量、节约建筑工程的投资、缩短建筑工程的工期创造了有利条件。

实行监理的建设工程由建设单位委托具有相应资质条件的监理单位实施监理。建设工程监理只能由具有相应资质的监理单位来承担，建设工程监理的行为主体是监理单位。建设单位与其委托的监理单位应当订立书面监理合同。也就是说，建设工程监理的实施需要建设单位的委托和授权，工程监理的监理内容和范围应根据监理合同来确定。建设工程监理的依据包括工程建设文件，有关的法律法规、部门规章和技术标准、规范、规程，建设工程委托监理合同和有关的建设工程合同。建设工程监理适用于建设工程投资决策阶段和实施阶段，但目前主要是建设工程施工阶段。

3.3.4 建筑安全生产管理制度

为了加强建设工程安全生产监督管理，保障人民群众生命和财产安全，根据《建筑法》《中华人民共和国安全生产法》，制定了《建设工程安全生产管理条例》。主要包括：建设单位的安全责任，勘察、设计、工程监理及其他有关单位的安全责任，施工单位的安全责任，监督管理，生产安全事故的应急救援和调查处理等。

建设单位、勘察单位、设计单位、施工单位、工程监理单位及其他与建设工程安全生产有关的单位，必须遵守安全生产法律、法规的规定，保证建设工程安全生产，依法承担建设工程安全生产责任。建设单位应当向施工单位提供施工现场及毗邻区域内供水、排水、供电、供气、供热、通信、广播电视等地下管线资料，气象和水文观测资料，相邻建筑物和构筑物、地下工程的有关资料，并保证资料的真实、准确、完整。

3.3.5 建筑工程质量监督制度

建筑工程质量直接关系到国民经济的发展和人民生命财产的安全，因此，加强建筑工程质量的管理是一个十分重要的问题。建筑活动中的决策、设计、材料、机械、施工工艺、管理制度及参建人员素质等都直接或者间接影响着工程质量。建筑活动中的各个阶段紧密衔接，互相制约，每个阶段均对工程质量产生重要的影响。目前我国的工程质量管理包括：国家对建筑工程质量的监督管理，即由建设行政主管部门及其授权机构实施的对工程建设全过程和各个环节的监督管理；建设单位和工程承包单位对工程的质量管理。为了保证建筑工程质量监督的有效进行，建筑法规结合建筑活动的各个阶段、各个环节，在建筑工程质量管理方面确立了相关制度，包括：工程质量标准化制度、企业质量体系认证制度、工程质量监督制度、工程质量责任制度、工程竣工验收制度、工程质量保修制度、工程竣工验收备案制度、工程质量事故报告制度，以及工程质量检举、控告、投诉制度。

3.4 工程项目建设程序

工程项目建设程序是工程建设全过程中各项工作都必须遵循的先后顺序。一项建设工程从提出设想到决策，经过设计、施工，直至投产或交付使用，整个过程中有其内在的规律。按照现行规定，对于我国一般大中型及限额以上的项目，将建设程序划分为以下几个阶段。

1. 项目建议书阶段

项目建议书是投资人向政府提出建设某一项目的建议性文件，是对拟建项目的初步设想。其作用是推荐一个拟进行建设的项目，供政府选择并确定是否进行下一步工作。

项目建议书是建设程序中最初阶段的工作，是投资决策前对拟建项目的大概设想。它主要是从拟建项目的必要性和宏观可能性考虑，即从宏观上衡量拟建项目是否符合国民经济的长远规划、部门和行业发展的规划以及地区发展规划的要求，并初步拟建项目的可行性。

(1) 项目建议书

项目建议书通常包括以下内容：

① 拟建项目提出的必要性和依据。

② 产品方案、拟建或建设地点的初步设想。

③ 资源情况、建设条件和协作条件的初步分析。

④ 投资估算和资金筹措设想。

⑤ 项目进度的初步安排。

⑥ 经济效益和社会效益的初步估计。

(2) 项目建议书的审批

大中型基本建设项目、限额以上更新改造项目，委托有资格的工程咨询、设计单位初评后，经省级主管部门初审后，报国家发改委审批；其中特大型项目（总投资 4 亿元以上的交通、能源、原材料项目、2 亿元以上的其他项目），由国家发改委报国务院审批。小型基本建设项目、限额以下更新改造项目由国务院主管部门或地方发改委审批。

项目建议书批准后，并不表明项目正式成立，而只是反映国家同意该项目进行下一步工作，即进行可行性研究。

2. 可行性研究阶段

可行性研究是指在项目决策之前，通过调查、研究、分析与项目有关的工程、技术、经济等方面的条件和情况，对可能的多种方案进行比较论证，同时对项目建成后的经济效果进行预测和评价的一种投资决策分析研究方法和科学分析活动。其目的就是要论证建设项目在技术上是否先进、实用、可靠，在经济上是否合理，在财务上是否盈利。通过对多种方案进行比较，提出评价意见，推荐最佳方案。它为决定建设项目是否成立提供依据，从而减少决策的盲目性，使项目的确定具有切实的科学性。可行性研究大体可概括为市场研究、技术研究和经济研究 3 项内容。

可行性研究的成果是可行性研究报告。批准的可行性研究报告是项目的最终决策文件。可行性研究报告经有关部门审查通过后，拟建项目正式立项。

3. 设计工作阶段

项目立项以后，就可以通过招标或直接委托具有相应资质的勘察设计单位进行勘察设计工作。一般项目进行两阶段的设计，即初步设计和施工图设计。技术上比较复杂而又缺乏经验的项目，可按三阶段进行设计，即初步设计、技术设计和施工图设计。

4. 建设准备阶段

建设准备阶段的内容主要包括：征地、拆迁和“七通一平”（通给水、通排水、通电、通信、通路、通燃气、通热力和场地平整）等工程；组织设备、材料订货；报请监督；委托工程监理；择优选定施工单位等。同时，在工程开工前，建设单位还应向工程所在地县级以上的人民政府建设行政主管部门申请领取施工许可证或开工报告。

申请领取施工许可证时，应具备下列条件：

①已经办理用地批准手续。

②已经取得规划许可证。

③已经确定建筑施工企业。

④已经确定监理单位。

⑤需要拆迁的，其拆迁进度应符合施工要求。

⑥有满足施工要求的施工图样及技术资料。

⑦有保证工程质量和安全的具体设施。

⑧建设资金已经落实。

5. 施工阶段

施工阶段的主要任务就是按设计进行施工安装，建成工程实体。在此阶段，施工单位按照计划、设计文件的规定，编制施工组织设计，进行施工，将建设项目的设计变成可供人们进行生产和生活活动的建筑物、构筑物等固定资产。

6. 建设项目投产准备阶段

建设项目竣工之前，在全面施工的同时，建设单位要做投产前的各项生产准备工作，以保证及时投产，并尽快达到生产能力。其主要内容包括组建管理机构，制定有关制度和规定；招聘并培训生产管理人员，组织有关人员参加设备安装、调试、工程验收；签订供货及运输协议；进行工具、器具、备品、备件等的制造或订货；其他需要做好的有关工作。

7. 竣工验收阶段

当建设项目按设计文件的规定内容全部施工完成并满足质量要求以后，建设单位即可组织勘察、设计、施工、监理有关单位进行竣工验收。建设项目竣工验收、交付生产和使用，应达到下列标准。

①生产性工程和辅助公用设施已按设计要求建完，并能满足生产要求。

②主要工艺设备已安装配套，经联动负荷试车合格，构成生产线，形成生产能力，能够生产出设计文件中规定的产品。

③职工宿舍和其他必要的生产福利设施能适应投产初期的需要。

④生产准备工作能适应投产初期的需要。

竣工验收后，建设单位应及时向建设行政主管部门或其他部门备案并移交项目档案。

8. 建设项目后评价

建设项目后评价是工程项目竣工投产、生产经营一段时间后，对项目的立项决策、设计、施工、竣工投产、生产运营等全过程进行系统总结、评价的一种技术经济活动，是固定资产投资管理的一项重要内容。通过建设项目后评价达到肯定成绩、总结经验、找出差距、研究问题、吸取教训、提出建议、改进工作、不断提高项目决策水平和投资效果的目的。

【重点串联】

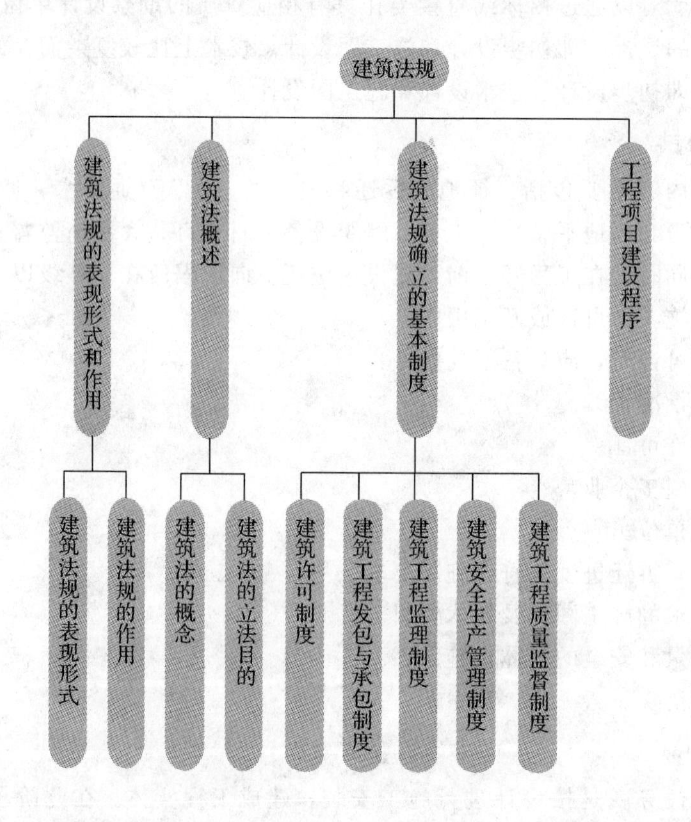

【知识链接】

法的形式即法的渊源，是指法律规范的来源，即法之源。法的渊源一般有实质意义与形式意义两种不同的解释。在实质意义上，法的渊源指法的内容的来源，如法渊源于经济或经济关系。形式意义上的法的渊源，也就是法的效力渊源，指一定的国家机关依照法定职权和程序制定或认可的具有不同法律效力和地位的法的不同表现形式，即根据法的效力来源不同，而划分法的不同形式。在我国，对法的渊源的理解，一般指效力意义上的渊源，主要是各种制定法。

建筑防火规范是为了预防建筑火灾、减少火灾危害、保护人身和财产安全制定的，适用于厂房、仓库、甲乙丙类液体储罐（区）、可燃和助燃气体储罐（区）、可燃材料堆场、民用建筑、城市交通隧道等新建、扩建和改建的建筑；不适用于炸药厂房（仓库）、花炮厂房（仓库）的建筑防火设计。人民防空工程、石油和天然气工程、石油化工企业、火力发电厂与变电站等的建筑防火设计，当有专门的国家现行标准时宜从其规定。当同一建筑物内设置有多种使用功能场所时，不同使用功能场所之间应进行防火分隔，其他防火设计应根据规范的相关规定确定。建筑防火设计遵循国家的有关方针政策，针对建筑和火灾特点，从全局出发，统筹兼顾，做到安全适用、技术先进、经济合理。高层建筑的防火设计应立足自防自救，采取更加可靠的防火措施。建筑高度超过 250 m 的建筑，其防火设计应提交国家消防主管部门组织专题研究、论证。建筑防火设计除应符合规范的规定外尚应符合国家现行有关标准的规定。现行的防火设计规范要紧跟时代步伐，与时俱进，才能更有效地防止和减少建筑火灾危害，保护人身和财产安全。

有关建筑术语

1. 建筑法律责任（Construction of legal liability）

建筑法律责任是指建筑法律关系中的主体由于违法建筑法律规范的行为而依法应当承担的法律后果。建筑法律责任具有国家强制性，法律责任的设定能够保证法律规定的权利和义务的实现。

2. 建筑活动（Construction activities）

建筑活动是指各类房屋建筑及其附属设施的建造和与其配套的线路、管道、设备的安装活动。

3. 建筑工程施工许可（Construction permit system）

建筑工程施工许可是指由国家授权的有关行政主管部门，在建设工程开工之前对其是否符合法定的开工条件进行审核，对符合条件的建设工程允许其开工建设的法定制度。

4. 从业资格制度（Professional qualification system）

从业资格制度是指对具有一定专业学历和资历并从事特定专业技术活动的专业技术人员，通过考试和注册确定其执业的技术资格，获得相应文件签字权的一种制度。

拓展与实训

基础能力训练

1. 建筑法规有哪些表现形式？
2. 建筑法规中确立了哪些基本制度？
3. 工程项目为什么必须遵循法定的建设程序？
4. 我国工程项目建设程序包括哪几个阶段，各阶段的主要内容是什么？
5. 某高校要建设一座行政办公楼，该高校在申请领取施工许可证时，应当具备哪些条件？

链接职考

建设工程法规是建造师考试的重要科目之一，包括建设工程法律制度、合同法、建设工程纠纷的处理等内容，涵盖了工程建设过程中涉及的主要法律法规。

建造师职业资格制度起源于 1834 年的英国，近 30 年在美国得到进一步的深化和发展。目前，世界上成立了国际建造师协会，成员有美国、英国、印度、南非、智利、日本、澳大利亚等 17 个国家和地区。我国人事部、建设部于 2002 年 12 月 5 日联合发布了《关于印发〈建造师执业资格制度暂行规定〉的通知》（人发［2002］111 号），规定必须取得建造师资格并经注册，方能担任建设工程项目总承包及施工管理的项目施工负责人。该《暂行规定》为我国推行建造师制度奠定了基础。

1. 因项目开发，某房地产公司必须在申领施工许可证前，先办妥建设用地管理和城市规划管理方面的手续，在此阶段最后取得的是该项目的（　　）。
   A. 用地规划许可证　　B. 国有土地使用权批准文件
   C. 工程规划许可证　　D. 土地使用权证
2. 若建设单位将建筑工程肢解发包，应当承担的法律责任包括（　　）。
   A. 有违法所得的，予以没收　　B. 责令整改
   C. 吊销资质证书　　D. 处以罚款
   E. 责令停业整顿
3. 国家规定必须实行监理的基础设施项目，其项目总投资额在（　　）万元以上。
   A. 1 000　　B. 2 000
   C. 3 000　　D. 4 000
4. 下列与工程建设相关的法规，属于民法的是（　　）。
   A. 建筑法　　B. 环境保护法
   C. 合同法　　D. 安全生产法
5. 经济法是调整国家在经济管理中发生的经济关系的法律，包括（　　）。
   A. 建筑法　　B. 招标投标法
   C. 反不正当竞争法　　D. 税法
   E. 安全生产法

模块 4
建筑设计原理

【模块概述】

建筑设计既为营造建筑实体提供依据，也是一种艺术创作过程；既要考虑人们的物质生活需要，又要考虑人们的精神生活要求。建筑通常是根据一系列已知条件进行设想和实施的。从本质上讲，这些条件可以是纯功能性的，或者说他们也许在不同程度上反映了社会、政治和经济的氛围。无论如何，已有的一系列条件（问题）远不能令人满意，于是就需要一系列完美的新条件。这样一来，建筑的创作活动就是一个从问题找到答案的过程，或者叫作“设计过程”。

【知识目标】

1. 建筑空间的类型；
2. 掌握建筑空间组合的处理手法；
3. 建筑环境的类型、形态和构成；
4. 场地设计的概念、内容、基本原则、相关规范、一般知识和场地总平面设计要点；
5. 建筑造型及形式美的基本原则。

【技能目标】

1. 能够列举并区分空间的基本要素；
2. 了解建筑空间的类型；
3. 了解建筑环境的类型、形态和构成；
4. 了解建筑造型及形式美的基本原则；
5. 了解场地设计的概念、内容、基本原则、相关规范、一般知识和场地总平面设计要点。

【课时建议】

6 课时

建筑通常是根据一系列已知的条件进行设想（设计）和实施（建造）的。从本质上讲，这些条件可以是纯功能性的，或者说他们在不同程度上反映了社会的、政治的和经济的氛围。无论如何，已有的一系列问题远不能令人满意，于是就需要一系列完美的新答案。这样一来，建筑的创作活动就是从提问题到找答案的过程，或者叫设计过程。

作为一项设计创作活动，建筑不仅仅满足任务书纯功能上的要求，同样重要的是，空间和形式要素的安排和组合，决定建筑物如何激发人们的积极性，引发反响，形成不同的情感感受。这就是建筑形态设计研究的范畴。

介绍这些形式和空间的要素本身并不是目的，而是把它们当成解决问题的手段，以符合功能上、意图上以及与周围关系上所提出的条件，这是从建筑的角度上看问题。打个比方，在构成单词和扩展词之前，人们必须先学会字母；在造句之前，必须先学会句法和语法；在学会写文章之前，必须懂得作文的方法。一旦掌握了这些基本要素，就可以随心去写。道理是一样的，在表达建筑的意义之前，必须要首先认识形式与空间的基本要素，理解在某一设计构思的发展过程中，如何运用和组织这些要素。

4.1 建筑空间

建筑空间是人们凭借着一定的物质材料从自然空间中围隔出来的人工环境。人们创造建筑空间有着双重的目的，最根本的目的是要满足一定的使用功能要求，还要满足一定的审美要求。对于使用功能要求而言，就是要符合功能的规定性，也就是该围隔空间必须具有确定的量（大小、容量）、确定的形（形状）和确定的质（能避风雨、御寒暑、具有适当的采光通风条件）；就审美要求而言，则是要使该围隔符合美的法则，即具有统一和谐而又富有变化的形式和艺术表现力。

建筑是由许多空间组合而成的，包括内部空间和外部空间，这些空间相互作用，相互联系，关系密切。

4.1.1 建筑空间的类型

根据分类标准的不同，建筑空间可分为很多类型。

1. 按功能分类

就功能性质而言，建筑空间具有私密与公共空间、专用与通用空间、集中与分散活动空间等类型。

公共空间泛指对公众开放的空间，包括公共道路、广场、河流、绿地等建筑外部空间，以及公共建筑等。半公共空间是介于公共空间与私密空间之间的过渡空间，如住宅之间的庭院、商店前后的绿地等。私密空间是由个人、家庭或社会暂时或永久占有的空间。

专用空间是专供某一集团或某一特定行为活动服务的空间，有时也是一种私密空间。共用空间是没有明确归属权与占有权的空间，经常是一种公共空间。通用空间则是可以适应多种行为活动需求的空间，但不一定是公共空间。

集中活动空间指满足集体交往活动需要的空间，如教室、会议室与展览室等，它经常是一种公共活动空间。分散活动空间指满足个人活动或集体分散活动需要的空间，如教研室、办公室、诊疗室等，有时也是一种专用活动空间。

2. 按形式分类

就形式构成而言，建筑空间按照构成条件、构成方式、构成效果等标准可以分为开敞与封闭空间、静态与动态空间、单一与复合空间等。

①开敞与封闭空间：由于空间限定围合方式及程度的不同，分别给人以视觉和心理上的开敞

感、封闭感。开敞空间在使用上不一定就是公共空间，开敞空间与公共空间的主要区别在于空间的控制和管辖机制不同。

②静态与动态空间：分别给人以视线与心理上的滞留感和流动感。静态空间有视觉与心理上的驻留地、落脚点。动态空间没有明显的中心感，但有较强的位移趋向。空间的静态或动态取决于空间使用性质和空间分隔组织。如休息空间一般是静态空间、交通空间一般是动态空间，通过家具、灯具布置等变化，可使相对静态的空间转变为动态空间（巴塞罗那德国馆）。

③单一与复合空间：单一空间是一个由地面、墙体、屋顶等实体构件围合限定而形成的简单空间，空间结构及组织简单。复合空间是一个由若干单一空间相互包容、交叉或穿插而形成的复合空间，空间结构及组织复杂，但形态相对完整和稳定。空间结构与空间的构成方式有关，空间组织与空间的组织方式有关。

4.1.2 单一功能建筑空间

1. 主要功能空间

建筑的主要功能空间是建筑物的核心部分，不同类型的建筑物，其主要使用空间的使用要求不同。如住宅中的起居室、卧室；医院建筑中的病房楼；教学楼中的教室、办公室；商业建筑中的营业厅；影剧院中的观众厅等。主要使用空间是构成各类建筑形态的基本空间。

2. 辅助使用空间

建筑的辅助使用空间指的是为保证建筑物主要使用功能而设置的，与主要使用空间相比，则属于建筑物的次要部分，如公共建筑中的卫生间、储藏间、设备间及其他服务型房间；住宅建筑中的厨房、厕所、衣帽间、封闭阳台等。

3. 交通联系空间

交通联系空间指的是将各种功能使用空间联系成一个整体的空间，如走廊空间和楼梯空间。交通联系空间一般可分为：水平交通、垂直交通和枢纽交通三种基本空间形式。

4.1.3 建筑内部空间组合

建筑是由许多空间组合而成的，在了解了建筑空间的类型和单一功能空间基本知识的前提下，我们将在这一章开始掌握建筑内部空间组合设计的一些基本知识。理解并掌握内部空间组合的方法对我们顺利完成一幢建筑物的设计有很大帮助。

1. 建筑空间组合的基本原理

建筑空间组合是建筑设计中的一个重要环节，必须遵循一定的原则才能达到比较满意的效果。建筑内部空间组合的基本原则如下：

(1) 功能分区明确

为实现某一功能而相互组合在一起的若干空间会形成一个相对独立的功能区（图 4.1，图 4.2），一幢建筑往往有若干个这样的功能区，例如大学校园的食堂一般可以分为餐厅、厨房等几个功能分区。各功能分区由若干房间组成，例如餐厅又可以包括雅间及大堂等空间。在内部空间组合设计上，应使各功能分区明确、不混杂，以减少干扰，方便使用。

(2) 流线组织简洁、明确

交通流线组织是建筑空间组合中十分重要的内容，流线的组织布置方式在很大程度上决定了建筑空间布局和基本体型。

所谓简捷就是距离短，转折少；所谓明确，就是使不同的使用人员能很快辨别并进入各自的交通路线，避免人流混杂，譬如学校医院门诊部设计就需要使学生能快捷明确地前往不同的科室进行医治。

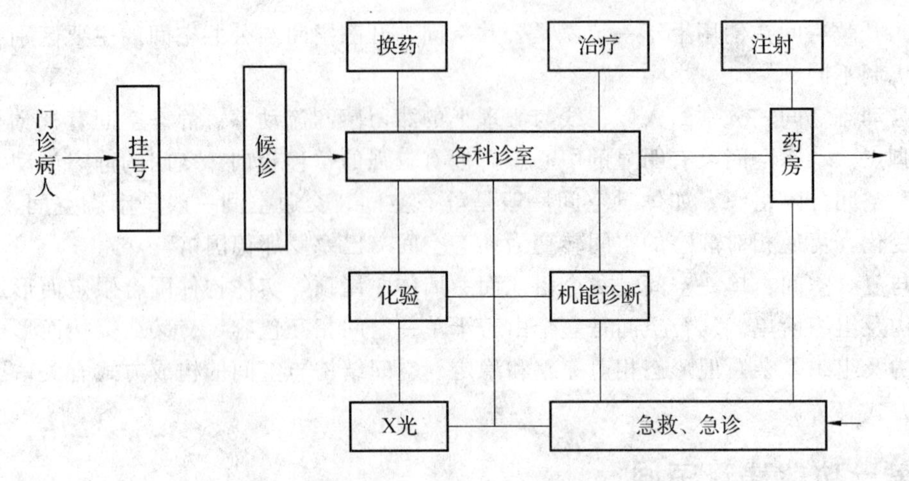

图 4.1 门诊部组成关系及门诊部病人流程图

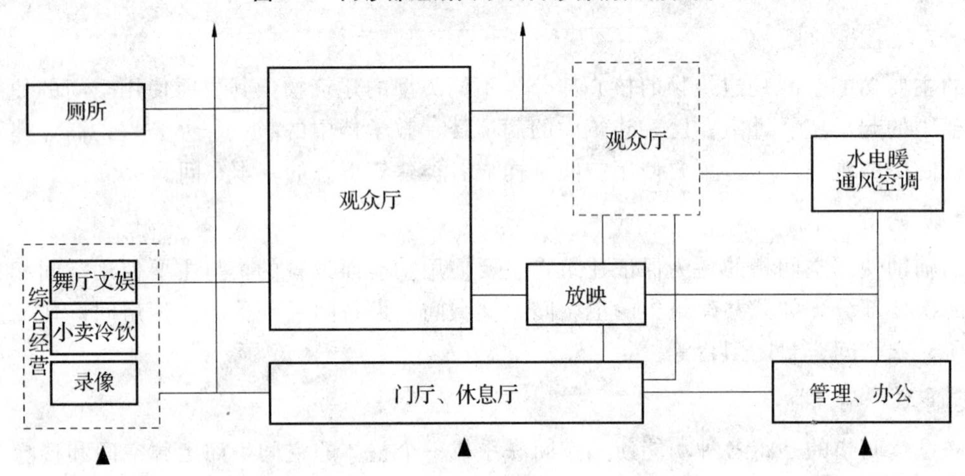

图 4.2 影剧院功能关系图

(3) 内部使用环境质量良好

为了提高建筑的环境质量，建筑设计应保证相应空间的通风、采光、日照、卫生等环境因素都达到一定的标准。譬如校园建筑中的学生宿舍设计就必须考虑使超过半数的宿舍房间能获得足够的日照，而像养老院建筑中的老人公寓及疗养院等建筑对日照通风的要求就更高了。

(4) 空间布局紧凑、有特色

在满足使用要求的前提下，建筑空间组合应妥善安排辅助面积，减少交通面积，使空间布局紧凑。

(5) 符合工程技术恰当合理的原则

建筑工程技术主要包括了建筑设计及结构、设备布置等，合理的空间布局不仅体现为空间紧凑及优美，更需要保证结构选型的合理及设备布置的适当，几个方面应相互影响、相互作用、融为一体。譬如在学校建筑中的报告厅及影剧院设计，结构布置的合理性就可以体现出来，如果柱网布置过于密集和规整，在使用过程中就会阻挡学生及教师的视线，给使用者带来不便。

(6) 满足消防等规范要求

建筑内部空间组合还应该符合有关层数、高度、面积等方面的消防规定，此类规定对于建筑内部空间设计存在一定的影响。例如两个同样面积的建筑空间，定义为高层建筑空间的布置所要遵循的消防要求就比非高层建筑严格很多。

2. 建筑空间组合方式

建筑空间组合包括两个方面：平面空间组合和竖向空间组合，它们之间相互影响，所以设计时应统一考虑。

(1) 建筑平面空间组合的类型

平面上，两个相邻空间之间的连接关系是建筑空间组合方式的基础，大致可分为以下四种类型。

①包含。

一个大空间内部包含一个小空间。两者比较容易融合，但是小空间不能与外界环境直接产生联系。这种组合方式中的小空间，在同学们做建筑设计的时候要格外注意，它容易产生俗称的“黑房间”，也就是没有直接采光和通风的内部空间，导致不符合相关规范要求。

②相邻。

一条公共边界分隔两个空间。这是最常见的平面空间组合类型，两个建筑空间之间可以相互联系、交流，也可以完全隔离，互不关联，这取决于公共边界的表达形式。

③重叠。

两个空间之间有部分区域重叠，其中重叠部分的空间可以成为两者的共享空间，也可以与其中一个空间合并成为其一部分，还可以自成一体，起到衔接两个空间的作用。

④连接。

两个空间通过第三方过渡空间产生关联。两个空间的自身特点，比如功能、形状、位置等，可以决定过渡空间的地位与形式。

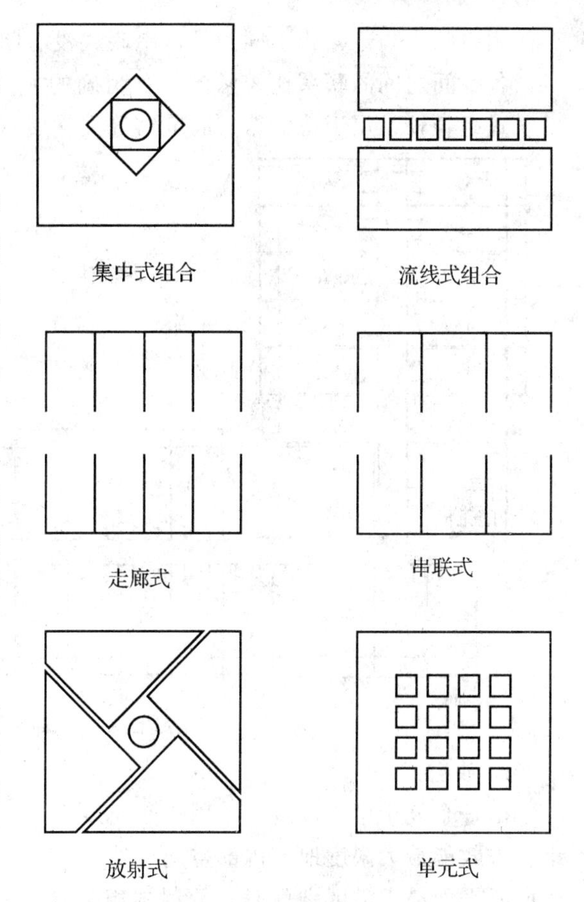

图 4.3 建筑平面空间组合的基本方式

(2) 建筑平面空间组合的基本方式（图 4.3）

① 集中式组合。

集中式组合是指在一个主导性空间周围组织多个空间，其中交通空间所占比例很小的组合方式。如果主导性空间为室内空间，则可称为“中庭式”，如果主导空间为室外空间，则可称为“庭院式”。在集中空间组合中，流线一般为主导空间服务，或者将主导空间作为流线的起始点和终结点。这种空间组合常用于影剧院、交通建筑以及某些文化建筑中。

② 流线式组合。

没有主要空间，各个空间都具有自身独立性，并按流线次序先后展开的组合方式。按照各空间的交通联系特点，又可以分为走廊式、串联式和放射式。

a. 走廊式：

各使用空间独立设置，互不贯通，用走廊相连。某宿舍平面图（走廊式）如图 4.4 所示。走廊式特别适用于学校、医院、宿舍等类型的建筑。走廊式又可以分为连廊式、外廊式和内廊式三种。

连廊式在联系两端空间的同时，可以使建筑空间组合更为丰富。

外廊式的优点是可以使房间的朝向更好，采光更好。缺点是导致建筑产生更多的交通面积，经济性较差。

内廊式的优点是使得房间的进深较大，可以节省交通面积，提高经济性。缺点则是导致部分房间通风采光较差。

b. 串联式：

各个使用空间按照功能要求一个接一个的相互串联，一般需要穿过一个内部使用空间到达另一个使用空间。与走廊式不同的是，串联式没有明显的交通空间。这种空间组合节约了交通面积，同时，各空间之间的联系比较紧密，有明确的方向性；缺点是各个空间独立性不够，流线不够灵活。串联式组合较常用于博物馆、展览馆等文化展示建筑。

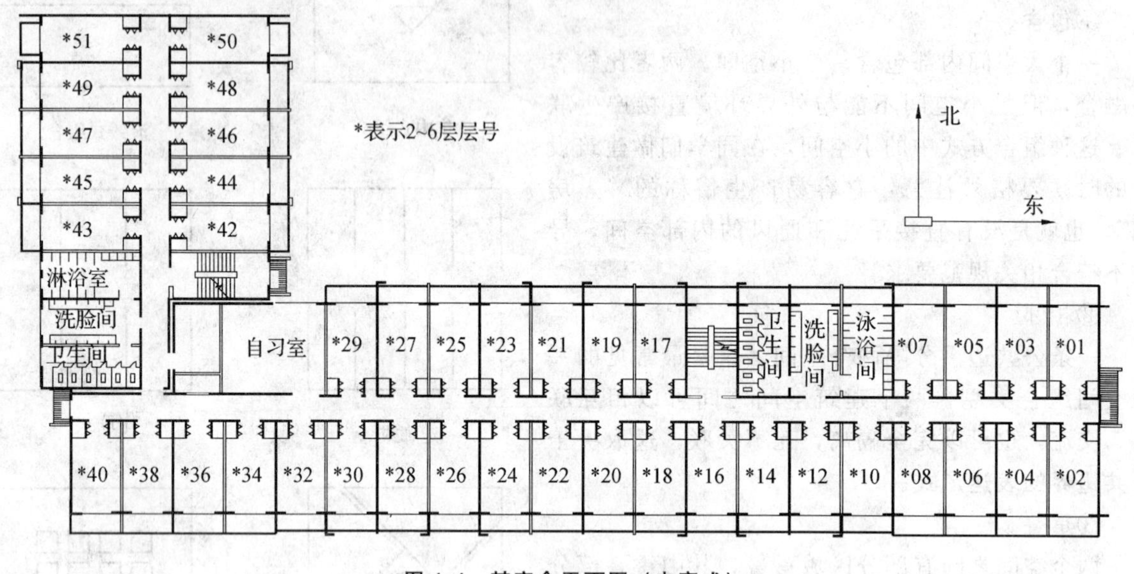

图 4.4　某宿舍平面图（走廊式）

c. 放射式：

由一个处于中心位置的使用空间通过交通空间呈放射性状态发展到其他空间的组合方式。这种组合方式能最大限度地使内部空间与外部环境相接触，空间之间的流线比较清晰，它与集中式组合的向心平面最大的区别就是，放射式组合属于外向型平面，处于中心位置的空间不一定是主导空间，可能只是过度缓冲空间。放射式组合较常用于展览馆、宾馆或对日照要求不高的地区的公寓楼。

d. 单元式：

先将若干个关系紧密的内部使用空间组合成独立单元，然后再将这些单元组合成一栋建筑的组合方式。这种组合方式中的各个单元有很强的独立性和私密性，但是单元内部空间的关系密切。单元式组合常用语幼儿园和城市公寓住宅中。另外，在一栋建筑中，尤其是功能复杂、规模较大的建筑中，并不会只单一地运用一种平面空间组合方式，必定是多种组合方式的综合运用。

(3) 建筑竖向空间组合的基本方式

① 单层空间组合。

单层空间组合形成单层建筑，在竖向设计上，可以根据各部分空间高度要求的不同而产生许多变化。单层空间组合具有灵活简便、施工工艺相对简单的特点，但同样由于占地多、对场地要求高等原因，一般用于人流量、货流量大，对外联系密切或用地不是特别紧张地区的建筑。

② 多层空间组合。

多个空间在竖向上的组合可以分别形成底层、多层、高层建筑。此类竖向组合方式比较多样，主要的方式有叠加组合、缩放组合、穿插组合等几种。

a. 叠加组合：

此类组合方式主要应做到上下对应、竖向叠加，承重墙（柱）、楼梯间、卫生间等都一一对齐。这是一种应用最广泛的组合方式，教学楼、宿舍、普通公寓楼等都是按照这种方式进行组合设计的。

b. 缩放组合：

缩放组合设计主要是指上下空间进行错位设计，形成上大下小的倒梯形空间或下大上小的退台空间。此类空间组合在与外部环境的协调处理上较好，容易形成具有特色的建筑空间环境，在山地建筑设计中较为多见。

c. 穿插组合：

穿插组合主要是指若干空间由于功能要求不同或设计者希望达到一定的空间环境效果，在竖向组合时，其所处位置及空间高度也就有所不同，这样就形成了各空间相互穿插交错的情况。这样的竖向组合在建筑空间设计里是较为常见的，如剧院观众厅、图书馆中庭空间、大型购物商场等大体量空间。

当然，一幢完整的建筑，其内部空间在竖向组合上也是由多种组合方式来实现的，丰富优美的内部空间是我们进行建筑设计的出发点之一，我们应熟练运用此类方法。

(4) 建筑空间组合的处理手法

①多个相邻建筑空间之间的处理手法。

a. 分隔与围透：

各个空间的不同特性、不同功能、不同环境效果等的区分归根到底都需要借助分隔来实现，一般可以分为绝对分隔和相对分隔两大类。

(a) 绝对分隔（图 4.5）：

顾名思义，绝对分隔就是指用墙体等实体界面分隔空间。这种分隔手法直观、简单，使得室内空间较为安静，私密性好。

图 4.5 绝对分隔

同时，实体界面也可以采取半分隔方式，比如砌半墙、墙上开窗洞等，这样既界定了不同的空间，又可满足某些特定需要，避免空间之间的零交流。

(b) 相对分隔（图 4.6）：

采用相对分隔来界定空间，又可以称为心理暗示，这种界定方法虽然没有绝对分隔那么直接和明确，但是通过象征性同样也能达到区分两个不同空间的目的，并且比前者更具有艺术性和趣味性。可以分为以下几种方法：

利用空间的标高或层高不同来分隔空间；

利用空间大小或形状不同来分隔空间；

图 4.6 相对分隔

利用线形物体来分隔空间，譬如通过一排间隔并不紧密的柱子来分隔两个空间，这样可使两个空间具有一定的空间连续性和视觉延伸性；

利用空间表面色彩和材质的不同来分隔空间；

利用具体事物来分隔空间，例如通过家具、花卉、摆设等具体实物来界定两个空间，这种方法具有相当大的灵活性和可变性。

总之，空间之间的关系都可以用围和透来概括，不论是内部空间之间，还是内部空间和外部环境之间。绝对分隔可以总结为“围”，相对分隔可以称之为“透”。“围”的空间容易使人感觉封闭、沉闷，但是它具有良好的独立性和私密性，给人一种安全感。“透”的空间则容易让人觉得心情畅快，通透，但它的缺点就是私密性不够。所以，在建筑空间组合中，我们应该针对建筑类型、空间的使用功能、结构形式、位置朝向、气候特点等因素来决定空间是以围为主还是以透为主。例如分布在西藏、内蒙古和青海地区的藏传佛教建筑，为了营造宗教的神秘氛围，建筑内部空间往往以围为主。而位于苏州的明清江南私家园林则是用透的方式来突显文人的闲情逸致。

b. 对比与变化：

两个相邻空间可以通过比较明显的差异变化来体现各自的特点，让人从一个空间进入到另一个空间时产生强烈的感官刺激从而获得某种特殊效果。

(a) 高低对比（图 4.7）：

若由低矮空间进入高大空间，通过对比，后者就显得更加雄伟，反之同理。

(b) 虚实对比：

由相对封闭的围合空间进入到开敞通透的空间，会使人有豁然开朗的感觉，进一步引申，可以理解为空间明暗的对比。

(c) 形状对比（图 4.8）：

两个空间的形状对比，既可以表现为水平方向上地面轮廓的对比，也可以表现为垂直方向上墙面形式的对比，以此打破空间的单调感。

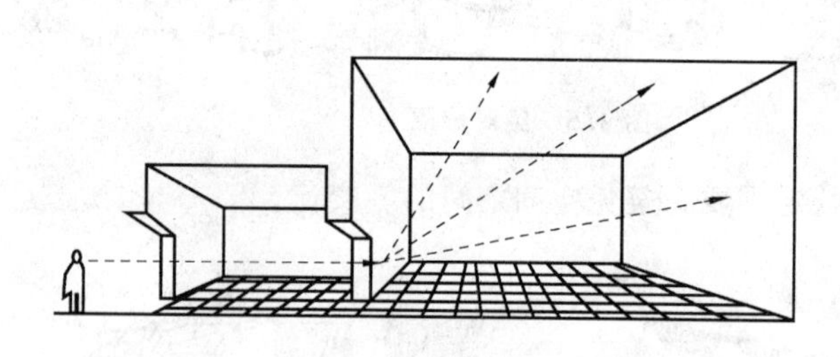

图 4.7 高低对比

图 4.8 形状对比

c. 重复与再现：

重复的艺术表现手法是与对比相对的，某种相同形式的空间重复连续出现，可以体现一种韵律感、节奏感和统一感，但运用过多容易产生单调感和审美疲劳。

重复是再现手法中的一种，再现还包括相同形式的空间分散于建筑的不同部位，中间以其他形式的空间相连接，起到强调那些相似空间的作用。

d. 引导与暗示：

虽然一栋复杂的建筑之中包含各种主要、次要和交通空间，但是流线还需要一定的引导和暗示才能实现当初的设计走向，比如外露的楼梯、台阶、坡道等很容易暗示竖向空间的存在，引导出竖向的流线，利用顶棚、地面的特殊处理引导人流前进的方向，狭长的交通空间能引导人流前进，空间之间适时增开门窗洞口能暗示空间的存在等。

e. 衔接与过渡：

有时候两个相邻空间如果直接相接，会显得生硬和突兀，或者使两者之间模糊不清，这时候就需要一个过渡空间来交代清楚。

过渡空间本身不具备实际的功能使用要求，所以过渡性空间设置要自然低调，不能太抢眼，也可以结合某些辅助功能如门廊、楼梯等，在不知不觉中起到衔接作用。

f. 延伸与借景：

在分隔两个空间时，有意识地保持一定的连通关系，这样，空间之间就能相互渗透产生互相借景的效果，增加空间层次感。例如增开窗洞口的苏州博物馆。

3. 空间序列

前面我们对几种空间之间的处理手法进行了说明和分析，但它们仅仅只是解决了相邻空间组合的问题，具有自身的独立性和片面性，如果没有一个整体的空间组织秩序，就不会体现出建筑整体的空间感和特点。所以说，要想使建筑内部的空间集群体现出有秩序、有重点、统一完整的特性，就需要在一个空间序列组织中把分隔、围合、通透、对比、重复、引导、过渡、延伸等各种单一的处理手法综合运用起来。

空间序列组织主要考虑的就是主要人流的路线，不同使用功能的建筑内部空间集群的人流路线是不同的。比如展览馆的主要人流路线就是参观者的参观路线，这个流线就要求展厅之间的排序要流畅和清晰，各个展厅空间需要得到强调，其他过渡空间则一带而过。又比如剧院的主要人流路线就是观众的进出场路线，由于一个剧院中的各个演出厅之间的关系不大，只需要相应的人流能便捷地到达相应演出厅，这时的空间序列组织只需要重点考虑入口大厅到达某一演出厅的流线，演出厅之间的流线可以不用强调。

一般来说，沿着主要人流相应展开的空间序列都会经历引导、起伏、压抑、高潮等过程，最主要的就是高潮部分，不然整个空间就会显得松散、没有重点。怎样使得空间合理有序，并突出高潮，具体手法不外乎上一小节提到的那些方法。

4. 建筑空间的形态构思和创造

空间之所以给人不同的感觉，是因为人特有的联想赋予了空间不同的性格。通常，平面规整的空间显得比较单纯、朴实、简洁，而曲面的空间给人感觉丰富、柔和、抒情，垂直竖长的空间给人崇高、庄严、肃穆、向上的感觉，水平开敞空间给人开阔、舒展、宽广的感觉，倾斜的空间则给人不安、动荡的感觉。总之，不同的空间形式带来不同的空间气氛，我们应根据需要选择适当的空间形态进行建筑创作。

图 4.9　古罗马万神庙

除了以上单一的空间形态之外，在有特殊需要的时候，我们还可以借助一些其他类型的空间来带给人不同的感受，如古罗马万神庙（图 4.9）那样的穹隆结构，半球形顶界面，中间高四周低，给人向心、内聚和收敛的感受。反之，如果空间顶面四周高中间低，如悬索结构，则给人离散、扩散和向外延伸的感受。另外，弯曲、弧形或环状空间会产生一种导向感，诱导人们沿着空间轴向的方向前进。

现代建筑最常用的长方体空间，主要通过长方体三边的不同比例来创造所需的空间感受，如平面面积大而高度较小的空间平展、压抑，二高度很高平面面积较小的空间显得神秘、向上，某一水平方向上特别长的空间导向性明确等。不同比例的长方体空间构成了人们最常使用的大部分民用建筑空间。

除了改变长方体三边的比例，我们还可以通过改变长方体三边的方向、弧度和角度来实现不同的空间效果。在这方面美国建筑师弗兰克·盖里无疑是最有名的建筑师之一。他于 1997 年在西班牙毕尔巴鄂设计的古根海姆博物馆（图 4.10）就是这样一个将长方体三边改变到极致的案例之一。建筑的外观打破了我们常规的对现代建筑长宽高的概念，由奇特的不规则的曲线塑造而成。这种造型同时带来的丰富的内部空间感受，充分调动起了人们的艺术激情。

由于人们对不同空间有着不同感受，我们可以通过对不同空间的设计和组织来满足不同的物质要求和精神要求。例如理查德·迈耶设计在罗马设计的千禧教堂（图 4.11），其整体造型以一系列正方形和四个圆形为基础，三个巨大的、半径相同的混凝土壳体挑出地面，围合成教堂中殿的弧面，象征着神圣的三位一体。这种非对称的组合方式完全不同于古希腊帕提农神庙和古罗马万神庙的方形或者圆形的单一对称空间，也不同于中世纪和文艺复兴时期的拉丁十字式和集中式复合连续的平面。他以新的造型和空间组织来解释旧的建筑，给人们留下了深刻的印象。

图 4.10　毕尔巴鄂古根海姆博物馆

图 4.11　千禧教堂

4.2　建筑环境

环境是一个客观、独立存在的大系统，其存在时间比人类长久，其系统内容设计天文地理、风土民情、工程技术等知识；当环境被作为一种社会资源而加以利用时，建筑师、景观师应善待环境；各种环境景观是一种物质表象，其设计及法中隐含着设计理念，建筑师应善于学习前人的理念，善于借鉴前人的方法。

本小节主要包括环境类型、环境形态、环境建构三个部分。

4.2.1　环境类型

1. 环境概念

在社会科学中，环境一般指作用于有机生物体的外界影响力的总和，也是人们认知、体验和反映的外界事物的总体。

为了便于理解，我们以日常生活为例说明环境的概念。例如人们在选购住所时，除了考虑房价和房屋户型、结构之外，更关注房屋所处的位置、交通条件，以及商业、医疗、文教、休闲娱乐等公共服务设施配置等问题，这些问题影响着人们的日常生活；人们离家外出时，一般都会考虑目的地、交通方式、出行时间及天气状况等问题，这些问题同样影响着人们的日常生活。这些影响因素都可以归为环境的一部分。

2. 环境分类

环境是一个外延宽泛、综合性强的概念，不同的范畴会产生不同的分类。

(1) 按环境系统分类

从广义上讲，环境包括物质环境与非物质环境两大类。自然环境、人工环境为物质环境；政治环境、经济环境、文化环境等为非物质环境。

从狭义上讲，环境有生态环境、生活环境、心理环境三种类型：

生态环境是生物所需要的生存条件，包括自然生态及人工生态。自然界的空气、阳光、水体、土地及原生植物等构成自然生态；自然状态下的气候、土地、水体、绿地等经过人工改造，形成人工生态。

生活环境即人类的物质生活环境，包括居住环境、经济环境（如商业网点）、文化教育环境（如中小学校、幼儿园、文化活动中心等）、基础设施环境（如给水排水、电力电信、煤气、垃圾及污水处理等）、游憩环境（园林公园、健身抗体中心等）、治安环境等。

心理环境是人们视觉作用下的精神生活环境。阴暗、肮脏、不安全的环境没有人喜欢；安宁、卫生、舒适、优美的环境被人们普遍接受，启发人们对"田园风光""民族风情"等景象的遐想和憧憬。

(2) 按环境景观分类

环境是一种视觉景观。从景观形态学的角度讲，环境大致可分为自然景观、人文景观和人工景观三类。

①自然景观（图4.12）。

未加以人工修饰的自然环境经常构成一种自然景观。自然景观包括了山岳、湖泊、沙漠、森林、草原、花鸟鱼虫等形态。

图4.12 自然景观

②人文景观。

在一定的社会环境中，各种文物古迹以及各种文艺创作、民俗风情、节日庆典等社会活动，综合构成一种人文景观。

名胜古迹（如古城池、古建筑、古园林等）是人类社会发展的"见证"，特殊工艺品（如石窟壁画、碑牌题咏、字画雕刻等）是人类社会文明的"载体"，具有历史纪念意义和艺术观赏价值，需要给予保留和保护。

民俗风情是人类社会物质与精神文明的一个重要组成部分。我国地域广博、民族众多，不同地区的民族歌舞、逸闻传说、地方节庆、宗教礼仪、生活习俗、民间工艺、饮食服饰、庙会集市等，共同构成地域风情，成为宝贵的社会资源。

③人造景观。

道路、广场、建筑及构筑设施是城市、乡村中最常见的人文景观。在城市、社区、居住区中，广场、道路、建筑及构筑设施分别以"点"、"线"、"面"或"体"的形式存在；这些"点"、"线"、"面"、"体"是环境形态的构成要素，可标识环境的"量（即面积、体积、容量）"、"形（即形状、形式、形态）"和"质（即性能、功能、品质）"，因此被称为环境的"地标"，而其中的广场与建筑及构筑设施被称为"景观节点"、道路被称为"景观视廊"。

(3) 按环境工程分类

环境工程是一个系统工程，包括道路桥梁工程、建筑设施工程、园林绿化工程等。

①道路桥梁工程。

道路和桥梁是空间环境的联系纽带。道路有主次、宽窄之分，还有土草路、水泥路、沥青柏油路、沥青砂混凝土陆等形式；桥梁有水桥、旱桥（或过街桥）之分，还有直桥、拱桥、折桥、曲桥、悬桥、浮桥等形式。

各种道路、桥梁具有划分空间、组织交通、引导视线、构筑景观等作用。在风景园林中，道路、桥梁还可以起到景观点和景观驻足点的作用。

②建筑设施工程。

建筑设施工程包括游憩类、服务类、公用类和管理类四大类。

游憩类建筑设施包括亭、廊、榭、舫、厅、堂、楼、阁、斋、馆、轩等，为科普展览、文体娱乐、旅游观光等活动提供服务。

服务类建筑设施包括售票房、接待室、小卖部、摄影部、餐厅茶室、宾馆等。这类建筑设施虽然体量不大，但与人群关系密切，融使用功能与形式艺术为一体，在环境中起着重要作用。

公共类建筑设施包括停车场、电话亭、饮水站、厕所卫生间、果皮箱、路标标志牌、市政基础设施等。

管理类建筑设施包括办公室、广播站、医疗卫生站、治安执勤站、变配电室、垃圾站、污水处理站、门卫等。

③园林绿化工程。

园林绿化工程可划分为山水工程、山石工程、水景工程、绿化种植工程和灯光音响工程等。

山水工程包括陆地工程和水体工程两部分。陆地分为平地、坡地、山地三类。经过人工改造后有绿地、砖石地、混凝土地等形式。水体有河流、湖泊、溪涧、泉水、瀑布等各种形态。静态水给人明净、开朗、安宁、或幽深的感受，动态水给人欢快、清新、多变的感受。自然水经人工改造后呈自然型、规则型、自然与规则混合型三种形态。

山石工程最初源于我国传统的山水造园。古代主要是山石堆叠及孤置赏石，近代是土泥灰塑山，现代则主要是水泥塑石。

水景工程包括驳岸、闸坝、落水、喷泉等工程。开辟水面需要设置驳岸，以防止陆地被水体淹没、维持陆地与水体的稳定关系。驳岸有土基草坪护坡、砂砾卵石护坡、自然山石驳岸、条石砌筑驳岸和钢筋混凝土驳岸等。闸坝可以蓄水、泄水、控制水流。落水由水体高差引起，有直落、分落、断落、滑落等形式。喷泉又叫喷水，有直射、半球、花卉等涌泉形式，常与水池、雕塑等结为一体。

绿化工程包括水体营造、绿地铺设、植物配置等工程。环境绿化对于净化空气、改善小气候、降低噪音、美化环境等具有重要作用。

3. 环境的作用及意义

人们体验环境、评价环境，从而认知环境存在的价值及其建设意义。

(1) 环境作用

环境有大小之分。

就大环境而言，空气、阳光、水是人类生存的基本条件。大自然中的水体、草地、植被，经过合理利用及规划布局后，可改善环境质量及人居条件，积极发挥调节气温、湿润空气、净化和过滤空气尘埃、美化环境等作用。

就小环境而言，道路、广场、建筑与构筑设施是容纳社会活动的“容器”。道路承载和传递物流及信息流；广场为人群交往提供机会；建筑为社会生活提供庇护，并以其形象标识其功能及形式；构筑设施限定和围合环境。不同的环境为人们提供不同的生活选择。

(2) 环境建设意义

环境可独立存在，也可与人、建筑设施融合为有机整体。

利用、改造、创造环境是人类的本能。人们建设环境的目的在于使用环境，通过体验和评价环境，从而认知环境存在的价值及其建设意义。

据调查，城市中某些生活密度小、建筑层数低、交通条件好的环境，是人们愿意聚居的地方；相应的，建筑密度高、容积率大、交通繁忙、建筑设施杂乱的环境往往不受人们欢迎。环境大而内容设置不当，令人索然无味；环境功能配套齐全、尺度宜人，使人乐而忘返。

另外，美国、英国和日本等国家的社会学者发现，社区居民乔迁新居后的首要工作是以围墙、栅栏界定住所范围，之后再以花草、树木美化家园环境，以此向外宣告自己的存在；投入时间、精力和财力装点家园的住户，入住社区的时间更长久、更关爱社区的建设和发展。课件，空间领域行为是从人们建设环境开始的。

社区的公共广场、花园、水池等是居民熟悉和经常使用的交往空间，居民在此相互认识的交往，建立起“远亲不如近邻”的邻里关系，并将维护环境卫生、社会治安等视为自己的责任和义务，社区意识或社区文化由此逐步形成。课件，环境建设对促进邻里交往、和谐和稳定社会人际关系具有积极作用。

环境影响人类生活，同时反映社会时代文明。环境品质建构是环境建设的核心。当前人居环境建设正向着“回归自然”、“回归历史”、“高技术与高情感相结合”方向发展，环境建设工作者需要整体把握人、建筑、环境三者关系，综合运用文化、技术和经济手段，构建高品质人居环境。

4.2.2 环境形态

环境形态是环境形式的一种时空状态表现。道路、广场、建筑及构筑设施等是人工环境的主要形式。园林与公园、步行街与广场、庭园与庭院等属于公共环境、公共交往空间，分析此类空间环境的特点，对于环境建构具有指导意义。

1. 园林与公园

园林是种植花草树木供人游赏休息的风景区，公园是供公众游览休息的园林；园林与公园有一定的共性与差异性，园林以塑造自然景观为主，公园兼顾自然景观与人造景观的塑造。

2. 步行街与广场

街道是城市空间节点的“连接线”，承担组织人流、车流的功能；在缺少户外活动场地的情况下，街道经常被人们用作购物、餐饮、娱乐等活动场所，也就是步行街。广场是城市空间“节点”，也是城市、城镇居民进行集会、游行、娱乐等活动的场所。步行街与广场是城市、城镇居民的必不可少的户外活动空间。

3. 庭园与庭院

庭园是附属于建筑、种植花草树木的花园，庭院是单独使用、封闭管理的花园。二者空间环境规模小、内容组织与结构形式相对简单，多属于居住区、学校、企事业机关单位的内部花园。

4.2.3 建筑环境与总体布局

建筑设计中所涉及的环境范围很大，包括物质环境、社会环境和精神环境。物质环境从住宅一直延伸到城市和自然，社会环境从个人延伸到家庭和社区，精神环境则从外部延伸到个体自身。关注建筑总体环境，综合分析内部外部等综合因素进行环境设计是建筑师工作的重要环节。

建筑环境的合理性可以从场地设计中得到解决。

4.3 建筑功能

4.3.1 建筑功能概念

建筑功能即建筑的使用要求，如居住、饮食、娱乐、会议等各种活动对建筑的基本要求，是决定建筑形式的基本因素。建筑各房间的大小、相互间联系方式等等，都应该满足建筑的功能要求。在古代社会，由于人类居住等活动分化不细，建筑功能的发展也不是十分成熟。如中国古代木构架大屋顶式建筑形式几乎可以适用于当时所有功能的建筑。居住、办公、娱乐等功能建筑是随着人类社会的发展和生活方式的变化而产生并发展变化的。各种建筑的基本出发点应是使建筑物表现出对使用者的最大关怀。如设计一个图书馆，不仅考虑它的性质和容量，还要考虑它的管理方式是闭架管理还是开架管理，因为使用要求关系到图书馆的空间构成、各组成部分的相互关系和平面空间布局。此外，还要考虑使用者的习惯、爱好、心理和生理特征。这些都关系到建筑布局、建筑标准和内部设施等。20 世纪 60 年代起，行为科学和心理学开始被引入建筑学，使建筑功能的研究更细致，更深入本质。之后，随着新技术革命的发展，还向建筑提出信息功能和工作功能的要求。例如办公楼功能关系如图 4.13 所示。

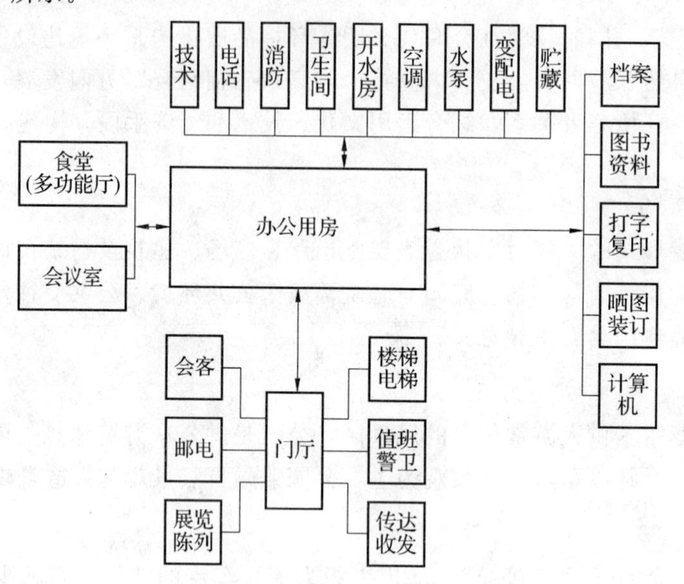

图 4.13　办公楼功能关系

4.3.2 功能分区

分区明确、联系方便，并按主、次，内、外，闹、静关系合理安排，使其各得其所；同时还要根据实际使用要求，按人流活动的顺序关系安排各分区的位置。医院功能关系如图 4.14 所示。

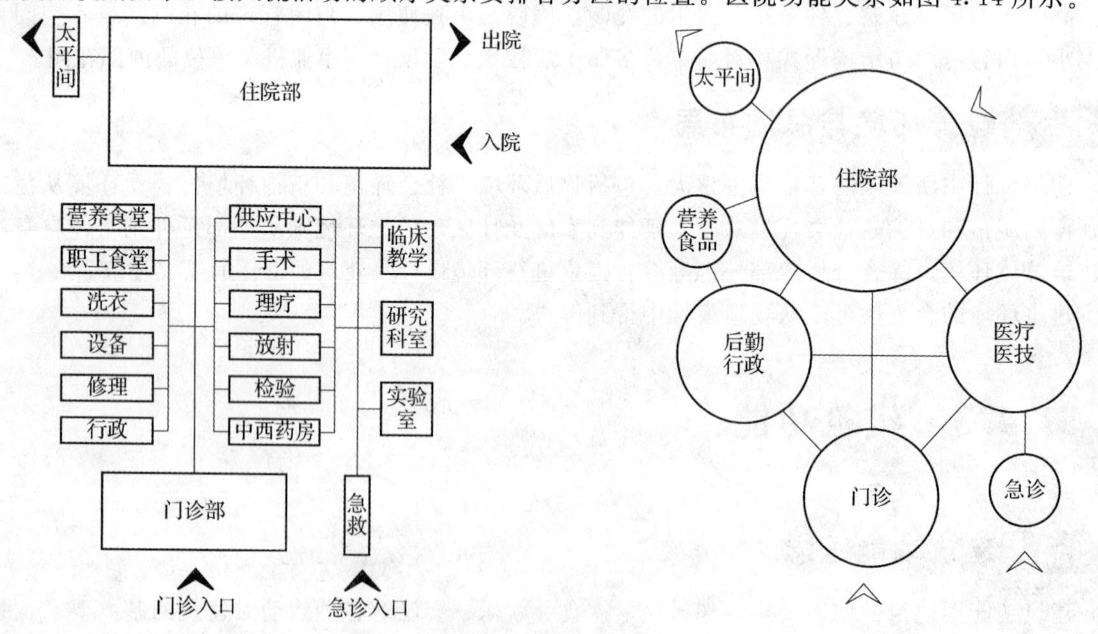

图 4.14　医院功能关系

空间组合、划分时要以主要空间为核心，次要空间的安排要有利于主要空间功能的发挥；对外联系的空间要靠近交通枢纽，内部使用的空间要相对隐蔽；空间的联系与隔离要在深入分析的基础上恰当处理。

一般建筑都包括许多部分。设计不同功能的建筑物要根据各部分的各自功能要求及其相互关系，把它们组合成若干相对独立的区或组，使建筑布局分区明确，使用方便。对于使用中联系密切的部分要使之彼此靠近；对于使用中互有干扰的部分，要加以分隔。设计者要将主要使用部分和辅助使用部分分开；将公共部分（对外性强的部分）和私密部分（对内性强的部分）分开；将使用中"闹"（或"动"）的部分和要求"静"的部分分开；将清洁的区域和会产生烟、灰、气味、噪声乃至污染视觉的部分分开。

功能分区是进行建筑空间组织时必须考虑的问题，特别是当功能关系与房间组成比较复杂时，更需要将空间按不同的功能要求进行分类，并根据它们之间的密切程度加以区分，并找出它们之间的相互联系，达到分区明确又联系方便的目的。在进行功能分区时，应从空间的"主"与"次"、"闹"与"静"、"内"与"外"等的关系加以分析，使各部分空间都能得到合理安排。

1. 空间的"主"与"次"

建筑物各类组合空间，由于其性质的不同必然有主次之分。在进行空间组合时，这种主次关系必然地反映在位置、朝向、交通、通风、采光以及建筑空间构图等方面。功能分区的主次关系，还应与具体的使用顺序相结合，如行政办公的传达室、医院的挂号室等，

在空间性质上虽然属于次要空间，但从功能分区上看却要安排在主要的位置上。此外，分析空间的主次关系时，次要空间的安排也很重要，只有在次要空间也有妥善配置的前提下，主要空间才能充分地发挥作用。

2. 空间的"闹"与"静"

公共建筑中存在着使用功能上的"闹"与"静"。在组合空间时，按"闹"与"静"进行功能分区，以便其既分割、互不干扰，又有适当的联系。如旅馆建筑中，客房部分应布置在比较安静的位置上，而公共使用部分则应布置在临近道路及距出入口较近的位置上。

3. 空间联系的"内"与"外"

公共建筑的各种使用空间中，有的对外联系功能居主导地位，有的对内关系密切一些。所以，在进行功能分区时，应具体分析空间的内外关系，将对外联系较强的空间，尽量布置在出入口等交通枢纽的附近；与内部联系性较强的空间，力争布置在比较隐蔽的部位，并使其靠近内部交通的区域。

4.3.3 建筑功能使用性质分类

建筑物根据其使用性质，通常可以分为生产性建筑和非生产性建筑两大类。生产性建筑：工业建筑（如厂房等）、农业建筑（如温室）。非生产性建筑统称为民用建筑：居住建筑（住宅、宿舍）、公共建筑。按建筑的层数或总高度分：住宅建筑按层数分类：1～3 层为低层住宅，4～6 层为多层住宅，7～9 层为中高层住宅，10 层以上为高层住宅。除住宅建筑之外的民用建筑高度不大于24 m者为单层和多层建筑，大于 24 m 者为高层建筑（不包括建筑高度大于 24 m 的单层公共建筑）。建筑高度大于 100 m 的民用建筑为超高层建筑。

建筑的等级划分：建筑物的等级包括耐久等级和耐火等级两方面。耐久等级指使用年限，其长短主要根据建筑物的重要性和质量标准确定。设计使用年限分类：1 类：5 年，临时性建筑。2 类：25 年，易于替换结构构件的建筑。3 类：50 年，普通建筑和构筑物。4 类：100 年，纪念性建筑和特别重要的建筑。

耐火等级：是衡量建筑物耐火程度的标准，是根据组成建筑物构件的燃烧性能和耐火极限确定的。我国现行《建筑设计防火规范》规定：高层建筑的耐火等级分为一、二两级；其他建筑物的耐火等级分为一、二、三、四级。耐火极限：是在标准耐火试验条件下，建筑构件、配件或结构从受到火的作用时起，到失去稳定性、完整性或隔热性时止的这段时间，用小时表示。

4.4 建筑造型及形式美的基本原则

4.4.1 建筑造型的基本内涵

1. 建筑造型概念

建筑师利用一定的物质、技术手段，在满足建筑功能目的的同时，在建筑创作中运用建筑构图的规律进行有意识的组织与加工，综合反映建筑的环境布局、空间处理、外部形象，称之为建筑造型。

2. 建筑造型艺术的基本特点

①建筑造型是服务于建筑的基本功能。

②建筑造型与建筑的物质材料、结构技术、施工方法等有着密切的关系。

在设计时，建筑造型要考虑以下几个方面的因素：设计的科学性、设计的经济性、工业化的施工方法、新材料新工艺的运用、新结构的研究。

③建筑造型艺术的表现是通过一定的建筑语言，如空间和形体、比例和尺度、色彩和之感等手段来表达抽象的思想内容。

④建筑造型具有一定的社会性，表现出民族性和地方性的特点。

4.4.2 建筑造型的设计原则

1. 遵循力学法则

建筑是技术与艺术相结合的产物，它不能超越自然规律和客观现实而独立存在。因此，建筑造型在表达主观美学观点的同时，必须要遵循力学法则。

2. 遵循美学法则

所谓的美学法则，主要指的是建筑造型设计上多样统一的原则，即统一中求变化，变化中求统一的辩证关系。

统一是形式美最基本的要求，它包含着两层意思：其一是秩序——相对于杂乱无章而言；其二是变化——相对于单调而言。恰当地把握这一原则，就可以创造既丰富又有秩序的有机形体。这一原则在建筑造型创作中常被称为建筑构图原理。

3. 遵循自然和社会法则

了解建筑建设地的自然与文化，研究当地的风土人情，观察当地乡土建筑，可以帮助我们塑造出更加有艺术内涵的建筑造型。

4.4.3 建筑造型构图原理

1. 统一与完整

最伟大的艺术往往是把最复杂的多样变成最高度的统一。对于建筑艺术形式来讲，我们可以通过以下几个方面入手来实现统一完整的构图原理。

(1) 以简单的几何形求统一

任何简单的、容易认知的几何形体都具有必然的统一感。譬如古埃及金字塔（图 4.15），以简洁的四棱锥体给人们留下深刻的印象。

(2) 以体量的支配地位求统一

北京四合院（图 4.16）中，正房左右两侧的两个较小的耳房明显地从属于中间较高、较大的正房。这种方式也是取得形体统一的重要手段。

图 4.15 古埃及金字塔

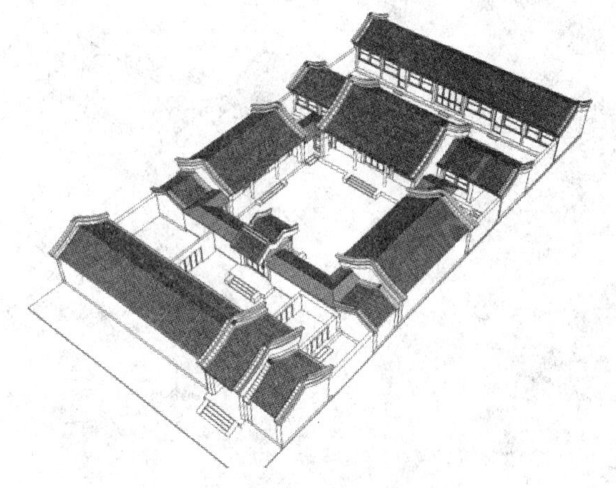

图 4.16 北京四合院

(3) 以高度求统一

一般来说，在建筑造型体块多变的时候，使用钟塔钟楼一类的体块可以将这些“势均力敌”的体块综合起来。如内蒙古工业大学建筑学院院馆 A 座厂房改造部分遗留下来的烟囱，很好的统一了整个建筑造型。

(4) 利用色彩和材质来获得统一

这方面，迈耶是比较有代表性的建筑师之一，他的“白色派”建筑就是利用色彩取得建筑造型统一完整的代表，譬如他设计的史密斯住宅（图 4.17）。

2. 对比与微差

在建筑设计领域中，无论是整体还是细部、单体还是群体、内部空间还是外部体形，为了破除单调而求得变化，都离不开对比与位差守法的运用。

对比指的是建筑中某些元素（材料、色彩、明暗等）有显著差异时，所形成的不同表现效果。

微差指的是建筑各元素之间不存在显著差异，可以借助相互之间的共同性以求的和谐。

我们可以通过以下几种手段来体现建筑造型上的对比与微差。

(1) 大小的对比

这方面的实例可以参照莱特设计的古根海姆博物馆（图 4.18），大小两个近似圆柱体的对比有效突出了建筑形象。

图 4.17 史密斯住宅

图 4.18 古根海姆博物馆

(2) 形状的对比

这方面的实例可以参考迈耶设计的印第安纳州新协和图书馆（图 4.19）。这栋建筑在造型上使用一个大一些的旋转了一定角度的正方形覆盖到了下层的正方形上，从而使造型产生了丰富的艺术效果。

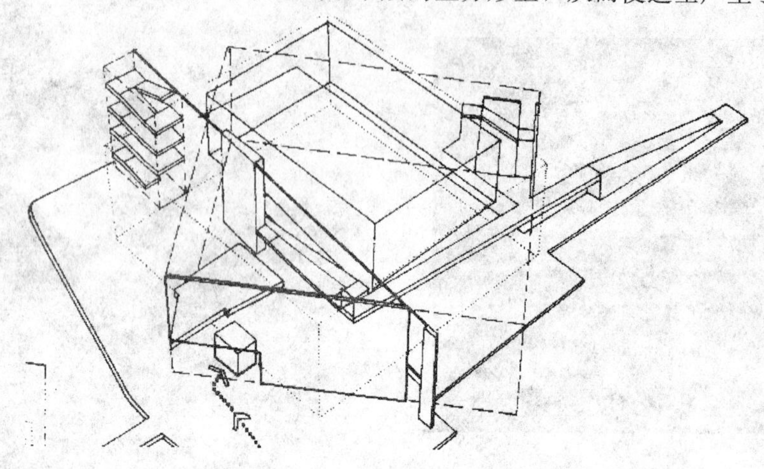

图 4.19　印第安纳州新协和图书馆

(3) 不同方向的对比

莱特的流水别墅（图 4.20）无疑是建筑造型上不同方向对比产生突出艺术效果的典型实例。流水别墅中长方体体块在三维方向上的相互穿插创造了流水别墅经典的造型形象。

(4) 虚实的对比

虚实对比是丰富建筑造型的常用手段，这方面典型的例子是贝聿铭设计的华盛顿国家美术馆东馆（图 4.21）。

图 4.20　莱特的流水别墅

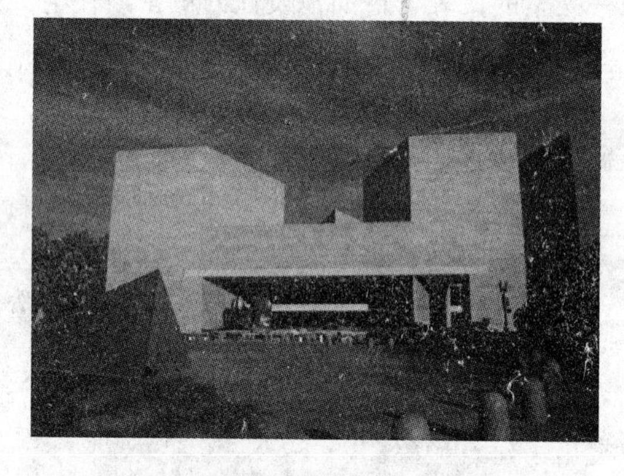

图 4.21　华盛顿国家美术馆东馆

(5) 色彩与质感的对比

扎哈·哈迪德设计的辛辛那提当代艺术中心（图 4.22）是这种设计手法的代表。

(6) 光影的变化

安藤忠雄设计的沃思现代美术馆（图 4.23）体现了丰富光影变化给建筑造型带来的活力。

3. 均衡与稳定

均衡分为静态上的均衡和动态上的均衡。

(1) 静态均衡

① 对称均衡。

这是最简单的一种均衡，就是常说的对称。在这类均衡中，建筑物对称轴线两旁是完全一样的。只要把均衡中心以某种微妙的手法来加以强调，立刻就会给人一种安定的均衡感。

形体越复杂的建筑物，其均衡中心的强调越重要。

图 4.22 辛辛那提当代艺术中心

图 4.23 沃思现代美术馆

例如马里奥·博塔在设计的旧金山现代艺术博物馆（图 4.24），在位于均衡中心的位置上设置了一个圆柱体，进一步强调了这个均衡中心。

② 不对称均衡。

左右两个不对称的体块，由于中心体块的加入而取得了造型上的均衡感。

(2) 动态均衡

古典建筑往往注重从一个方向来看待建筑的均衡问题，而现代建筑则是从各个方向上来看待建筑的均衡问题，这就是所谓的动态均衡。譬如耶鲁大学冰球馆（图 4.25），在多角度曲线上取得了造型的均衡感。

图 4.24 旧金山现代艺术博物馆

4. 节奏与韵律

节奏与韵律是建筑造型中连续变化的规律。节奏和韵律都是有组织的运动，在建筑构件中是连续组织构件的一种规律。

节奏和韵律有以下类型：

(1) 重复韵律。

重复韵律主要指的是体态、形态和构件上的重复。例如由山崎实设计的在“9·11”事件中被摧毁的世贸中心（图 4.26）。

图 4.25 耶鲁大学冰球馆

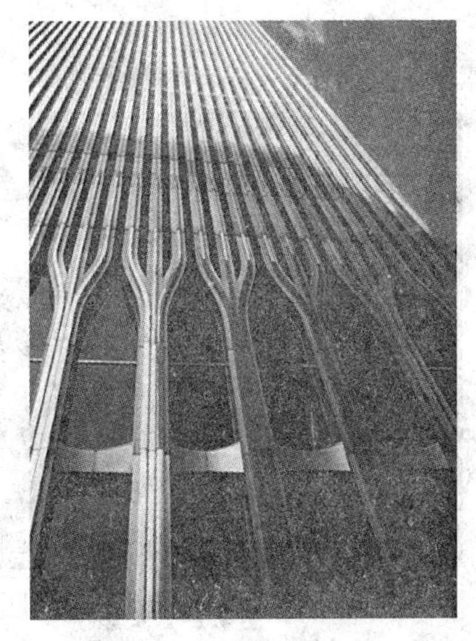

图 4.26 世贸中心

(2) 渐变韵律。

渐变韵律主要指建筑形态或构件变化是有规律的，而不是简单地重复。如上海金茂大厦垂直方向上构建尺度的有规律变化。

(3) 交错韵律。

交错韵律指的是两种或两种以上有规律的变化在建筑造型上的应用。

5. 比例与尺度

比例是指建筑物各部分之间在大小、高低、长短、宽窄等方面的关系，尺度则是指建筑物局部或整体，对某一固定物件相对的比例关系，因此相同比例的某建筑局部或整体，在尺度上可以不同。

建筑物的空间及其各部分的尺度和比例，主要由功能使用的不同和材料性能、结构形式确定的，不同类型和性质的建筑在尺度上和比例上都有不同的要求和相应的处理方法。

建筑物的整体和局部、局部和局部的比例和尺度关系，对于获得良好的建筑造型至关重要。

(1) 比例

比例主要包括三个层面：

①建筑物整体的比例关系。

②各部分相互之间的比例关系；墙面分割的比例关系。

③细部的比例关系。

(2) 尺度

尺度指的是建筑物的整体或局部与人之间在度量上的制约关系，这两者如果统一，建筑形象就可以正确反映出建筑物的真实大小，如果不统一，建筑形象就会歪曲建筑物的真实大小。

建筑物能否正确地表现出其真实的大小，在很大程度上取决于立面处理。一个抽象的几何形状，只有实际的大小而无所谓尺度感的问题，但一经建筑处理便可以使人获得尺度感。

6. 主从与重点

主从与重点是视觉特性在建筑中的反映。

在单个建筑、群体建筑以及建筑内部都存在一定的主从关系。主要体现在位置的主次，体型及形象上的差异。

重点是指视线停留中心，为了强调某一方面，常常选择其中某一部分，运用一定建筑手法，对一定的建筑构件进行比较、强调的艺术加工，以构成趣味中心。

(1) 建筑中主从关系的处理

① 组织好空间序列，将主要空间安排在主要轴线上，譬如中国古代的紫禁城（图 4.27）。

② 由若干要素组合而成的整体，如果把作为主体的大体量要素置于中央突出的地位，而把其他要素置于从属地位，利用对比手法使主次之间相互衬托，突出主体譬如西方古代的圆厅别墅（图 4.28）。

图 4.27 紫禁城

图 4.28 圆厅别墅

（2）建筑中重点处理的应用

① 利用重点处理来突出表现建筑功能和空间的主要部分，如建筑的主入口、主要大厅和主要楼梯等。

② 利用重点处理来突出表现建筑构图的关键部分，如主要体量、体量的转折处及视线易于停留的焦点。

③ 以重点处理来打破单调，加强变化来取得一定的装饰效果。

4.4.4 形式与空间的组合

1. 空间关系（图 4.29）

①空间内的空间。

②穿插式的空间。

③邻接式的空间。

④由公共空间连起的空间。

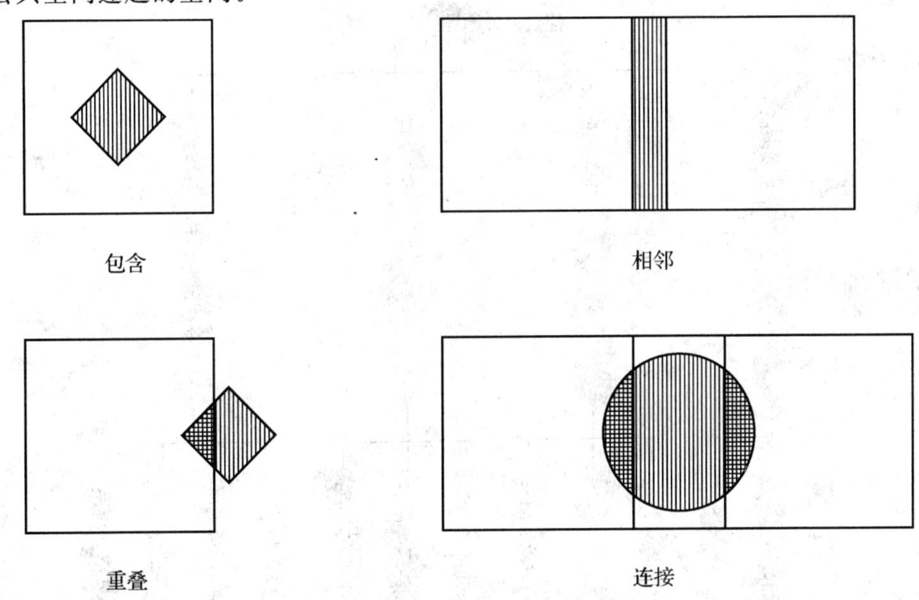

图 4.29 空间关系

（1）空间内的空间

①一个大空间可以在其容积之内包含一个小的空间。两者之间很容易产生视觉及空间的连续性。

②为了感知这种概念，两者之间的尺寸必须有明显的差异。

③为了使被围的空间有较高的吸引力，其形式可以与外围空间的形式相同，但其方位则是不同的方式。会产生二级网格或动感空间。

④被围的空间形式也可以不同于维护空间，以增强其独立体量的形式。这种形体的对比会显示空间功能的不同，或被围的空间具有重要的象征意义。

（2）穿插式空间

①穿插式空间关系来自两个空间领域的重叠，并且出现一个共享的空间领域。每个容积仍然保持它作为一个空间的可识别性。

②穿插部分为各个空间同等共有。

③与其中一个空间合并。

④穿插部分可以作为一个空间自成一体。

（3）邻接式空间

邻接式空间是空间中最常见的形式。让每一个空间都得到清晰的下限定，两个空间之间，在视觉和空间上取决于把他们分开又将他们联系在一起的面的特点。

分隔面可以限制两个临接空间的视觉连续和实体连续，增强每个空间的连续性。

作为一个独立的面设置在单一的空间容积中被表达为一排柱子。使两个空间局高度的连续性。

仅仅通过两个空间之间的高程变化或表面纹理的对比来暗示。

（4）以公共空间连接的空间

相隔一定距离的两个空间可由第三个过渡空间来连接。

过渡空间的朝向和形式可以不同于两个空间，以表示其关联的作用。

三者的形状和尺寸可以完全相同，形成一个线式的空间序列。

过渡空间本身变成直线的，以联系两个相隔一定距离的空间。

如果过渡空间足够大，可以成为这种空间关系中的主导空间，并且能够组织周围得很多空间。

过渡空间的形式可以是相互联系的两空间之间的剩余空间。

【重点串联】

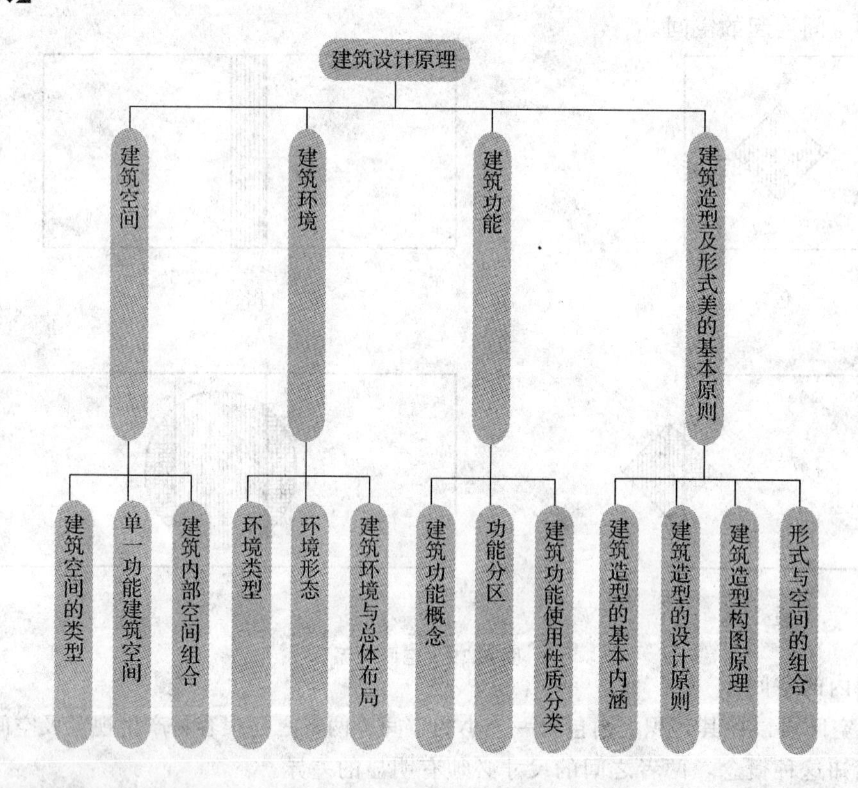

拓展与实训

基础能力训练

简答题

1. 请简述建筑空间的类型及组合形式。
2. 请简述建筑环境的影响。
3. 请简述建筑功能的概念。
4. 请简述形式与空间的组合关系。

链接职考

(2001 年一级注册建筑师考试建筑设计知识第一套题 1 题)

1. 下列现代建筑艺术创作的原则，哪几条是重点？(　　)

Ⅰ. 建筑形式与内容的统一

Ⅱ. 打破传统，着意创新

Ⅲ. 建筑空间与环境处理的配合

Ⅳ. 多样统一的原则

A. Ⅰ.Ⅱ.Ⅲ　　B. Ⅰ.Ⅱ.Ⅳ

C. Ⅰ.Ⅲ.Ⅳ　　D. Ⅱ.Ⅲ.Ⅳ

(2001 年一级注册建筑师考试建筑设计知识第一套题 2 题)

2. 公共建筑通常由哪三种空间组成？(　　)

Ⅰ. 使用空间　　Ⅱ. 活动空间

Ⅲ. 辅助空间　　Ⅳ. 交通空间

A. Ⅰ.Ⅱ.Ⅲ　　B. Ⅰ.Ⅱ.Ⅳ

C. Ⅱ.Ⅲ.Ⅳ　　D. Ⅰ.Ⅲ.Ⅳ

(2001 年一级注册建筑师考试建筑设计知识第一套题 9 题)

3. 公共建筑的室外场地一般应包括(　　)。

Ⅰ. 供人流集散的公共活动场地　　Ⅱ. 体育活动场地

Ⅲ. 绿地和停车场地　　Ⅳ. 服务性院落

A. Ⅰ.Ⅱ.Ⅲ　　B. Ⅰ.Ⅱ.Ⅳ

C. Ⅱ.Ⅲ.Ⅳ　　D. Ⅰ.Ⅲ.Ⅳ

(2001 年一级注册建筑师考试建筑设计知识第一套题 22 题)

4. “尺度”的含义是(　　)。

A. 要素的真实尺寸的大小

B. 人感觉上要素的尺寸的大小

C. 要素给人感觉上的大小印象与其真实大小的关系

D. 要素给人感觉上各部分尺寸大小的关系

模块 5

建筑构造

【模块概述】

建筑构造是研究建筑物各组成部分，从构造方案构配件组成到节点细部构造的综合性技术学科，包括基础、墙或柱、楼地层、楼梯、屋顶和门窗的构造原理和构造方法。

学习建筑构造的目的是能够根据建筑的功能、材料性能、受力情况、施工工艺和建筑艺术等要求，掌握建筑构造的基本原理、构造作法、构造详图设计方法来选择合理的构造方案，并能根据房屋的功能、自然环境因素、建筑材料及施工技术的实际情况，选择合理的构造方案。

本章包括基础、墙体、楼地层、屋顶、楼梯、门窗6部分，通过对各部分所分类型、在建筑物中的作用、构造方法以及相应设计要求等的介绍，使建筑学等其他相关学科的初学者能够理解建筑物的构造组成和组合原理，掌握建筑物各组成部分的基本设计要求。

【知识目标】

1. 掌握建筑物的基本构造组成；
2. 掌握各组成部分的功能和设计要求；
3. 理解建筑构造知识对于建筑设计的指导作用；
4. 了解建筑构造中不同材料、不同构造方法。

【技能目标】

1. 通过本章学习，使学生掌握建筑物的构造组成以及组合原理；
2. 能够从理性和技术的角度认识建筑物；
3. 为建筑设计提供不可缺少的理论知识依据，对工程实践环节具有较强的指导意义。

【课时建议】

8课时

5.1 地基与基础

5.1.1 地基与基础的概念及设计要求

1. 地基与基础概念

基础是建筑地面以下的承重构件，它承受建筑物上部结构传下来的全部荷载，并把这些荷载连同本身的重量一起传到地基上。地基则是承受由基础传下来的荷载的土层。地基承受建筑物荷载而产生应力和应变随着土层深度的增加而减小，在达到一定深度后就可以忽略不计。直接承受建筑承载的土层为持力层。持力层以下的土层为下卧层（图 5.1）。

基础是房屋的重要组成部分，而地基与基础又密切相关，若地基基础一旦出现问题，就难以补救。

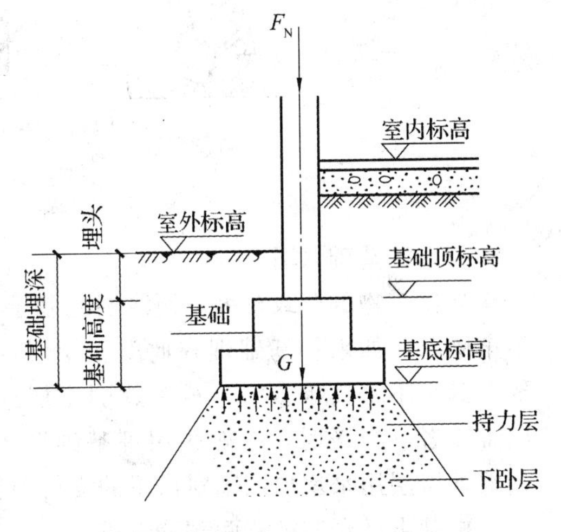

图 5.1 地基与基础的关系

2. 地基和基础的设计要求

(1) 承载力、稳定性和均匀沉降的要求

地基应具有足够的地耐力和良好的稳定性承受基础以及整个建筑物传来的荷载，并且地基的沉降量和沉降差应控制在允许范围内。若沉降量过大，会造成整个建筑物下沉过多，影响建筑物的正常使用；若沉降不均匀，沉降差过大，会引起墙身或楼板层、屋盖开裂、倾斜，甚至破坏。所以要求保证建筑物均匀沉降。基础位于建筑物的最底部，承担整个建筑物的荷载，并将自身及建筑物荷载传递给地基，因此要求具有足够的承载力。

(2) 耐久性的要求

基础是埋在地下的隐蔽工程，由于基础常年处在土的潮湿环境中，而且建成后检查、维修、加固都很困难，因此，在选择基础材料和构造形式等的时候，应该与上部结构的耐久性和使用年限相适应，防止基础提前破坏，给整个建筑物带来严重后患。

(3) 经济要求

要在坚固耐久、技术合理的前提下，合理确定基础的方案，尽量做到就地取材，减少运输，以降低整个工程的造价。

5.1.2 天然地基与人工地基

从工程设计的角度，一般将地基分为天然地基和人工地基。

1. 天然地基

作为建筑地基的土层分为岩石、碎石土、砂土、粉土、黏性土和人工填土。土质结构不同，地耐力也不同，承载荷载的能力也不同。地基的土层分布及承载力大小由勘测部门实测提供。天然地基是指具有足够的承载能力，不需经过人工改良或加固，可直接在其上建造房屋的天然土层。

2. 人工地基

人工地基是指当天然土层的承载力不能满足承载要求或虽然土层较好，但上部荷载较大时，为使地基具有足够的承载能力，可以对土层进行人工加固，这种经人工处理的土层，称为人工地基。

常用的人工加固地基的方法有换土法、压实法和桩基等。

（1）换土法

当地基持力层比较软弱，或部分地基有一定厚度的软弱土层，如淤泥、冲填土、杂填土及其他高压缩性土层构成的地基，应采用换土法。换土所用材料应选用强度较大的砂、碎石等压缩性低、无侵蚀的材料，并夯至密实，这种方法称为换土法。

（2）压实法（图 5.2）

当地基为建筑垃圾或工业废料组成的杂填土地基，以及地下水位以上的黏土、砂类土和湿陷性黄土等，可以通过重锤夯实、机械碾压、振动压实的方法对地基土层进行压实加固，以提高其承载力的方法称为压实法。压实法的基本原理为：通过减小土颗粒间的空隙，把细土粒压入大颗粒间的孔隙中去，并及时排去空隙中的空气，从而增加土的密实度，减少土的压缩性，达到提高地基承载力的目的。

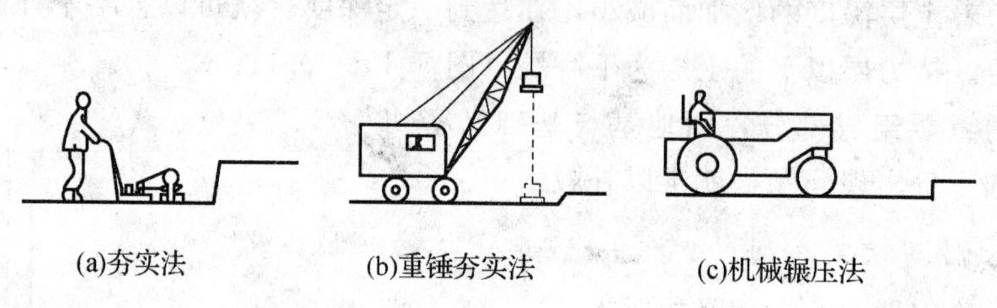

图 5.2　压实法

（3）桩基础（图 5.3）

当建筑物的荷载较大，而浅层地基土层较松散、软弱、不牢固时，如果将基础埋在此类土层时，地基强度和变形要求满足不了其承载力，或对软弱土层进行人工处理存在困难或者不经济时，一般采用桩基础形式。桩是从地面打到地下岩层用来增加地基对房屋的支持力。

桩基由承台和桩柱两部分组成。

承台是在桩柱顶现浇的钢筋混凝土梁或板，上部支承墙的为承台梁是墙下桩基础，上部支撑柱的为承台板是柱下桩基础。承台的厚度一般不小于 300 mm，由结构计算确定，桩顶嵌入承台的深度不宜小于 50 mm。建筑物的基础能够通过承台梁或承台板传递荷载，使基础与桩身共同作用。由于桩与基础的紧密联结，所以常称为桩基础。

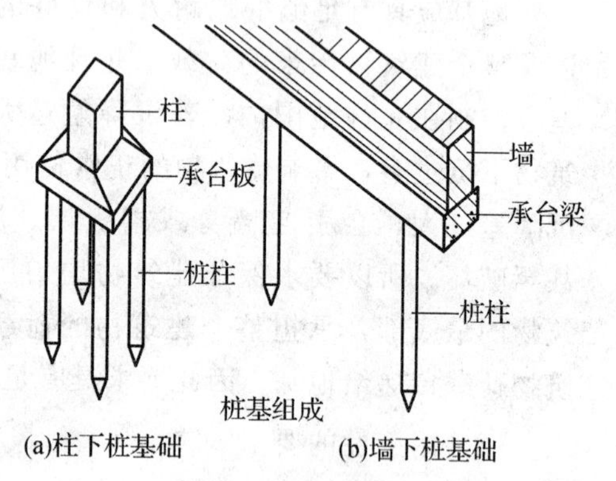

图 5.3　桩基础

5.1.3 基础的常用类型

研究基础的类型是为了经济合理的选择基础的形式和材料，确定其构造，对于民用建筑的基础，可以按形式、材料和传力特点进行分类：

1. 按所用材料分类

基础按所用材料分类可分为砖基础、毛石基础、灰土基础、混凝土基础、钢筋混凝土基础等。

（1）砖基础（图 5.4）

取材容易，价格较低，施工方便。但是强度耐久性、抗冻性较差。

一般用于地基土质好地下水位低，5 层以下的砖混建筑中。注意非承重空心砖、硅酸盐砖、硅酸盐

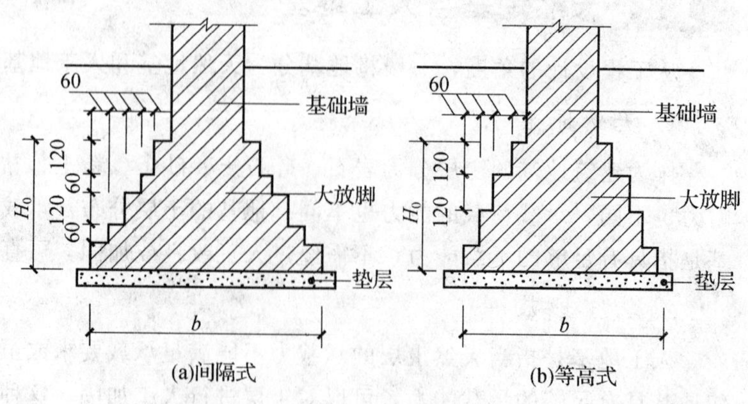

图 5.4　砖基础

砌块。砖不得用于基础。砖基础一般为逐步放阶的形式，称为大放脚，目的是增加基础底面的宽度，使上部荷载能均匀传到地基上。

（2）毛石基础（图 5.5）

毛石基础是用强度等级不低于 MU30 的毛石，、不低于 M5 的砂浆砌筑而形成。为保证砌筑质量，毛石基础每台阶高度 h_1、h_2 和基础的宽度 b 不宜小于 400 mm，每阶两边各伸出宽度 b_1、b_2 不宜小于 200 mm。石块应错缝搭砌，缝内砂浆应饱满，且每步台阶不应少于两匹毛石，石块上下皮竖缝必须错开，做到丁顺交错排列。

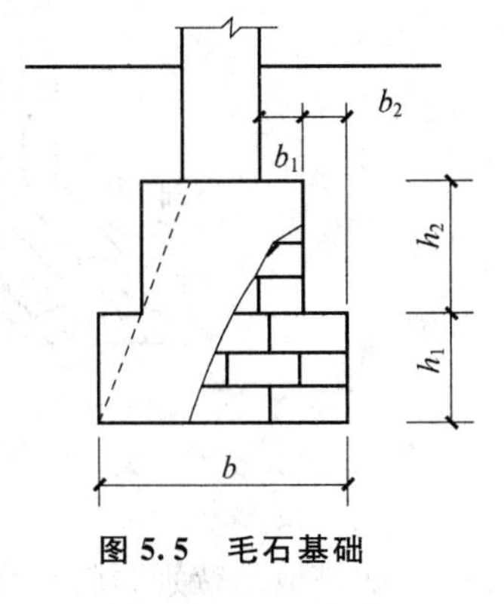

图 5.5　毛石基础

毛石基础的抗冻性、抗腐蚀等性能较好，整体性欠佳，故有振动的建筑很少采用，一般用于地下水位较高，冻结深度较深的南方 4 层以下民用建筑。

（3）灰土基础

灰土是石灰与黏土按一定比例配合而成，由于其吸水率大，强度不高。常用于地下水位低，冻结深度较浅的南方 4 层以下民用建筑。

（4）混凝土基础

水泥作胶凝材料，砂、石作集料，与水（加或不加外加剂和掺和料）按一定比例配合，经搅拌、成型、养护。其特点是抗侵蚀，柔性大，用于上部荷载大，地下水位高的大，中型工业建筑和多层民用建筑。

（5）钢筋混凝土基础

相比混凝土基础，钢筋混凝土基础是浇筑混凝土之前，先进行绑筋支模，也就是用铁丝将钢筋固定成想要的结构形状，然后用模板覆盖在钢筋骨架外面，最后将混凝土浇筑进去，经养护达到强度标准后拆模。其特点是抗侵蚀，由于其内部有钢筋，较混凝土基础柔性大，用于上部荷载大，地下水位高的大，中型工业建筑和多层民用建筑。

2. 按基础的形式分类

基础的类型按其形式不同可以分为独立基础、条形基础、筏形基础和箱形基础等。

（1）独立基础（图 5.6）

当建筑物上部结构为框架、排架时，基础常采用独立基础。独立基础是柱下基础的基本形式。在墙承式建筑中，当地基承载力较弱或埋深较大时，为了节约基础材料，减少土石方工程量，加快工程进度，亦可采用独立式基础。独立基础常用的断面形式有阶梯形、锥形、杯形等。当柱为预制构件时，基础浇筑成杯形，然后将柱子插入，并用细石混凝土嵌固，称为杯形基础。

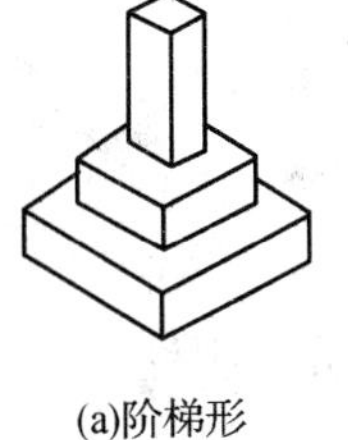

(a)阶梯形　(b)锥形

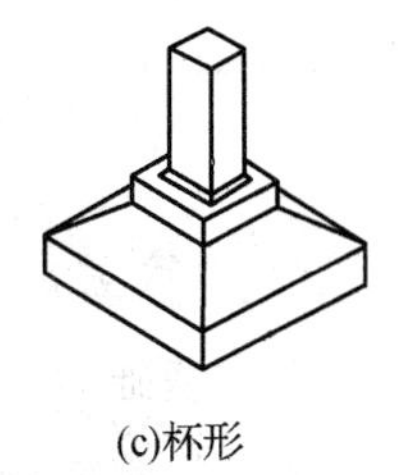

(c)杯形

图 5.6　独立基础

（2）条形基础

基础沿墙体连续设置成长条状称为条形基础，也称为带形基础，是墙承重结构基础的基本形式。当地基条件好、基础埋置深度较浅时，墙承式的建筑多采用带形基础，以便传递连续的条形荷载。条形基础可用砖、毛石、混凝土、毛石混凝土等材料制作，也可用钢筋混凝土制作。当地基承载能力较小，荷载较大时，承重墙下也可采用钢筋混凝土带形基础。当房屋为框架承重或内框架承重，且地基条件较差时，为提高建筑物的整体性，避免各承重柱产生不均匀沉降，常将柱下基础沿纵横方向连接起来，形成柱下条形基础（图 5.7）或十字交叉的井格基础（图 5.8）。

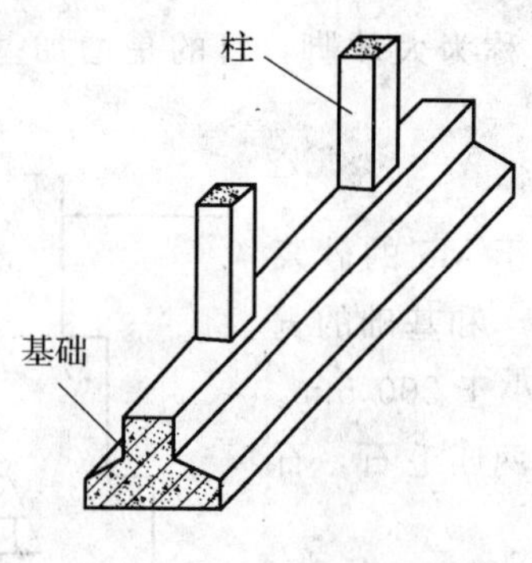

图 5.7　柱下条形基础图

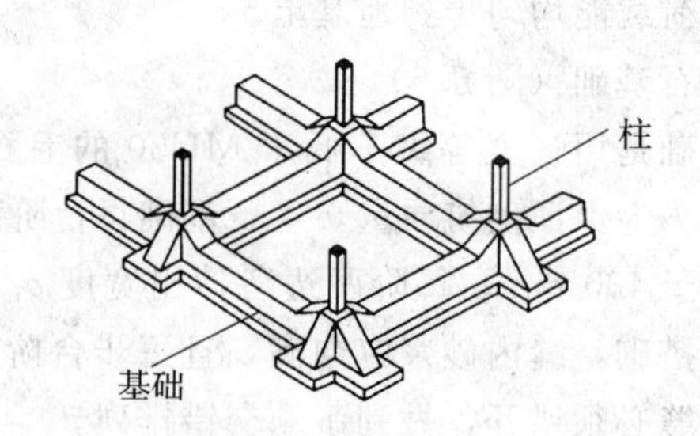

图 5.8　十字交叉的井格基础

(3) 筏形基础

如果地基特别弱而上部结构荷载又很大，用简单的独立基础或条形基础已不能适应地基变形的需要，可将整个建筑物的下部做成一块钢筋混凝土梁或板，形成片筏基础。片筏基础整体性好，可跨越基础下的局部较弱土。片筏基础根据使用条件和断面形式，又可分为板式和梁板式。板式结构（图 5.9 (a)）厚度较大，构造简单。梁板式结构（图 5.9 (b)）厚度小，但增加了双向梁，构造较复杂。

(4) 箱形基础（图 5.10）

箱形基础是一种刚度很大的整体基础，它是由钢筋混凝土顶板、底板和纵、横墙组成的，形成中空箱体的整体结构，共同来承受上部结构的荷载。箱形基础整体空间刚度大，对抵抗地基的不均匀沉降有利 。若在纵、横内墙上开门洞，则可做成地下室。箱形基础的整体空间刚度大，它能承受很大的弯矩，能有效地调整基底压力，且埋深大、稳定性和抗震性好，常用做高层或超高层建筑的基础。

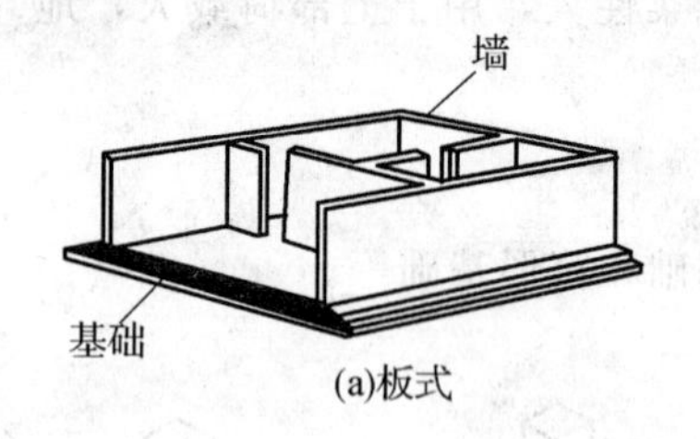

图 5.9　筏形基础

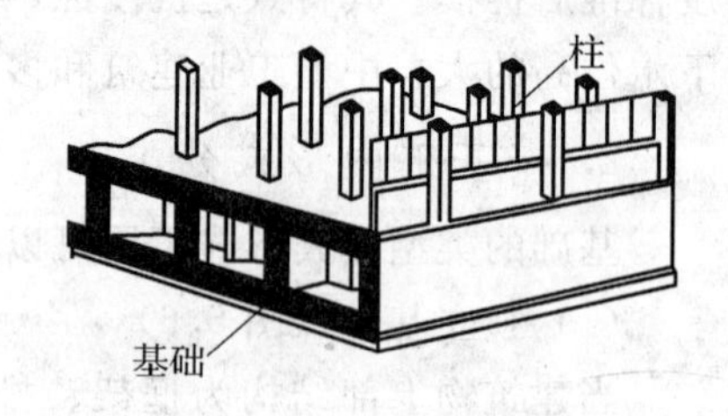

图 5.10　箱形基础

3. 按基础的传力情况分类

按基础的传力情况分类不同可分为刚性基础和柔性基础两种。

(1) 刚性基础（混凝土基础）

当采用砖、石、混凝土、灰土等抗压强度好而抗弯、抗剪等强度很低的材料做基础时，基础底宽应根据材料的刚性角度来决定。刚性角是基础放宽的引线与墙体垂直线之间的夹角。凡受刚性角限制的为刚性基础。刚性角用基础放阶的级宽与级高之比值来表示。不同材料和不同基地压力应选用不同的宽高比刚性基础常用于地基承载力较好，压缩性较小的中小型民用建筑。刚形基础因受刚性角的限制（图 5.11）。

(2) 柔性基础（钢筋混凝土基础）

当建筑物荷载较大，或地基承载能力较差时，如按刚性角逐步放宽，则需要很大的埋置深度，这在土方工程量及材料使用上都很不经济。在这种情况下宜采用钢筋混凝土基础，以承受较大的弯矩，基础就可以不受刚性角的限制。用钢筋混凝土建造的基础，不仅能承受压应力，还能承受较大压应力，不受材料的刚性角限制，故叫作柔性基础（图 5.12）。

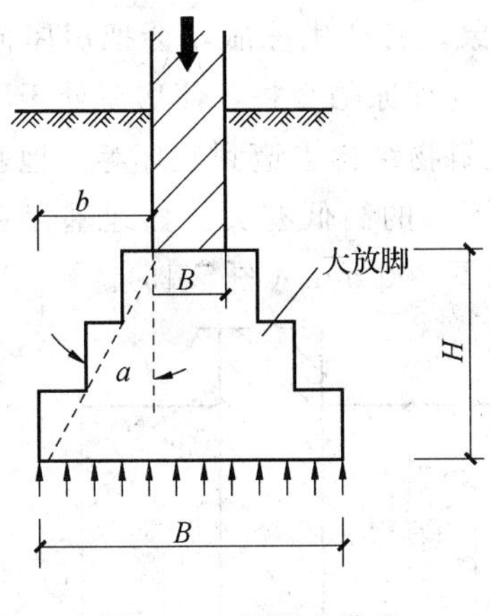

图 5.11 混凝土基础

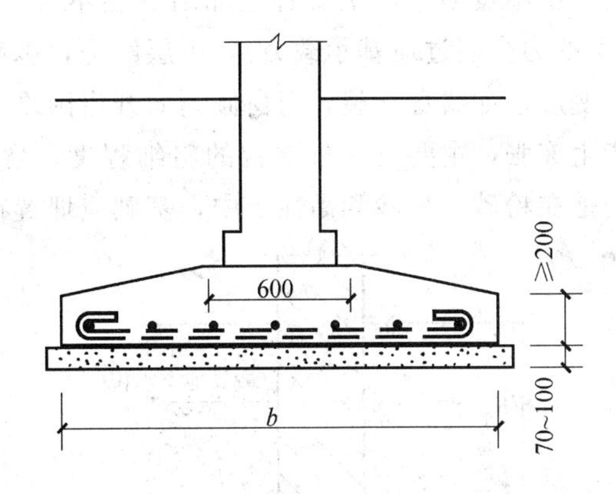

图 5.12 钢筋混凝土基础

5.1.4 基础的埋置深度

1. 基础埋置深度的定义

基础的埋置深度（图 5.13）是指室外设计地坪到基础底面的距离。基础的埋深小于等于 5 m 者为浅基础，大于 5 m 者为深基础。在满足地基稳定和变形要求的前提下，基础宜浅埋，开土方量小，工程造价低，施工方便。当上层地基的承载力大于下层土时，宜利用上层土作持力层。同时接近地表的土层带有大量植物根茎等易腐物质及灰渣、垃圾等杂填物，又因地表面受雨雪、寒暑等外界因素影响较大，故基础的埋深度一般不小于 500 mm。

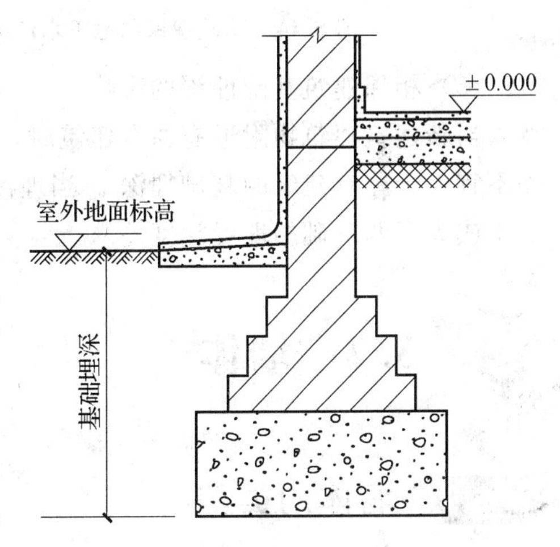

图 5.13 基础的埋置深度

2. 影响基础埋置深度的因素

影响基础埋深的因素很多，主要应考虑下列几个条件。

（1）建筑物自身构造的影响

建筑物有无地下室、设备基础、基础的形式和构造情况。建筑物自重大，荷载大，则基础深埋。带地下室、地下设备室也需要深埋。

（2）地基土质的影响

基础的埋置深度与地基构造有密切关系，房屋要建造在坚固可靠的地基上，不能设置在承载能力低、压缩性高的软弱土层上。在选择埋深时，应根据建筑物的大小、特点、刚度与地基的特性区别对待。如土层是两种土层构成，上层土质好而有足够厚度，则以埋在上层范围内为宜；反之，上层土质差而厚度浅，则以埋置下层好土范围内为宜。总之，由于地基土形成的地质变化不同，每个地区的地基土性质也就不会相同，即使同一地区，它的性质也有很大变化，必须综合分析，求得最佳埋深。

（3）水文地质条件的影响

地下水对某些土层的承载能力有很大影响，如黏性土在地下水上升时，将因含水量增加而膨胀，使土的强度降低；当地下水下降时，基础将产生下沉。为避免地下水的变化影响地基承载力及防治地下水对基础施工带来的麻烦，一般基础应争取埋在最高水位以上。当地下水位较高，基础不能埋在最高水位以上时，宜将基础底面埋置在最低地下水位以下 200 mm（图 5.14）。这种情况，基础应采用耐水材料，如混凝土、钢筋混凝土等。施工时要考虑基坑的排水。

（4）地基土冻胀和融陷的影响

冻结土与非冻结土的分界线称为冻土线。各地区气候不同，低温持续时间不同，冻土深度亦不相同，如北京地区为 0.8 ～ 1.0 m，哈尔滨市 2 m，重庆地区则基本无冻结土。地基土冻结后，是否对建筑产生不良影响，主要看土冻结后会不会产生冻胀现象。若产生冻胀，会把房屋向上拱起（冻胀向上的力会超过地基承载力），土层解冻，基础又下沉。这种冻融交替，使房屋处于不稳定状态，产生变形，如墙身开裂，门窗倾斜而开启困难；甚至使建筑物结构也遭到破坏等。地基土结冻后是否产生冻胀，主要与土壤颗粒的粗细程度、含水量和地下水的高低有关。如地基存在冻胀现象，特别是在粉砂、粉砂和黏性土中，基础应埋置在冻土线以下 200 mm（图 5.15）。

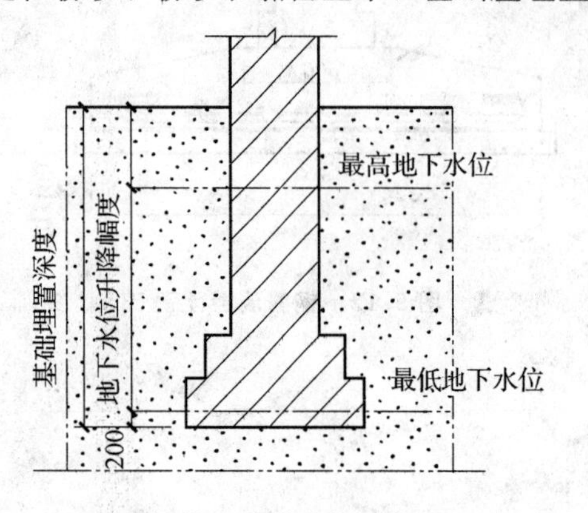

图 5.14　基础埋深和地下水位的关系

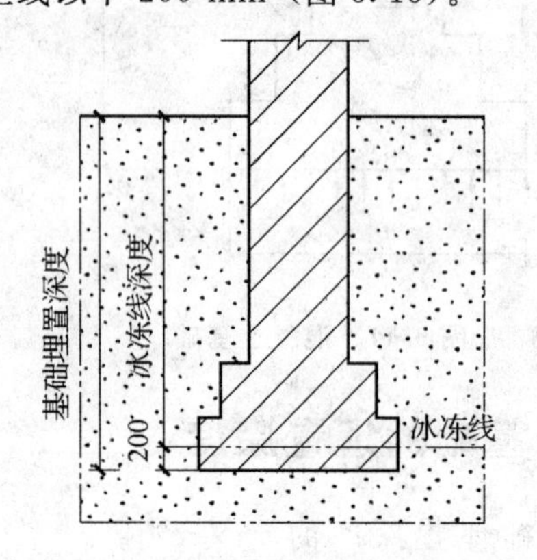

图 5.15　基础埋深和冰冻线的关系

（5）相邻建筑基础埋深的影响

当新建筑建筑物附近有原有建筑时，为了保证原有建筑的安全和正常使用，新建筑物的基础埋深不宜大于原有建筑的基础埋深 。当埋深大于原有建筑基础时，两基础间应保持一定距离，一般取等于或大于两基础的埋置深度差。

5.2　墙体

5.2.1　墙体的类型

根据墙体在建筑中的位置、方向、受力情况、材料选用、构造方式、施工方法不同，可将墙体分为不同类型。

1. 按墙体所处的位置和方向分类

按墙体所处位置不同可分为外墙和内墙，外墙位于房屋四周，起围护作用。内墙位于建筑内部，起分隔房间的作用。按墙体的方向不同可分为纵墙和横墙，沿建筑物长轴方向布置的墙称为纵墙，分为外纵墙、内纵墙；沿建筑物短轴方向布置的墙成为横墙，分为外横墙和内横墙。外横又称为山墙。另外窗与窗、窗与门之间的墙称为窗间墙，窗台下面的墙称为窗下墙，如图 5.16 所示

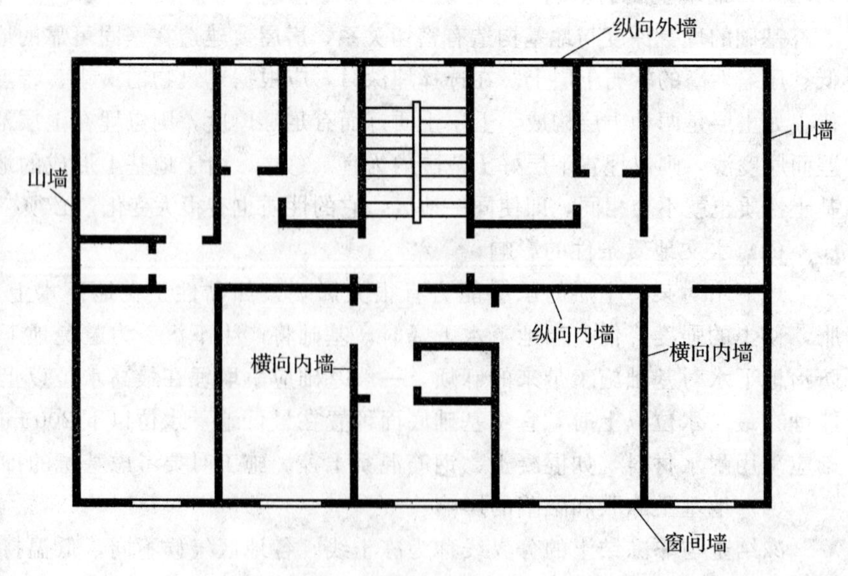

图 5.16　墙体各部分名称

为墙体各部分的名称。

2. 按墙体受力情况分类

墙体按结构受力情况分为承重墙和非承重墙两种。承重墙直接承受楼板、屋顶传下来的荷载及水平风荷载及地震作用；非承重墙不承受上部传来的荷载。非承重墙又分为隔墙、填充墙、幕墙等，非承重墙不承受外来荷载，并把自身重量传给楼板或梁并一起传到基础；隔墙把自重传给楼板层或梁。填充在框架结构柱间的墙称为框架填充墙，在框架结构中，墙不承受外来荷载；悬挂在建筑物外部的轻质墙称为幕墙，包括金属幕墙、玻璃幕墙等。

3. 按墙体材料分类

墙体所用材料很多，主要有用砖和砂浆砌筑的砖墙；用石块和砂浆砌筑的石墙；用土坯和黏土砂浆砌筑的墙在模版内填充黏土夯实而成的土墙；现浇或预制的钢筋混凝土墙；利用工业废料制作的各种砌块砌筑的砌块墙。

4. 按构造方式分类

墙体按构造方式不同有实心墙、空体墙、组合墙（图5.17）。实体墙是由普通黏土砖或其他砌块砌筑或由混凝土等材料浇筑而成的实心体墙；空体墙是由普通黏土砖砌筑而成的空斗墙或由多孔砖砌筑而成的具有空腔的墙体；组合墙是由两种或两种以上的材料组合而成的墙体。

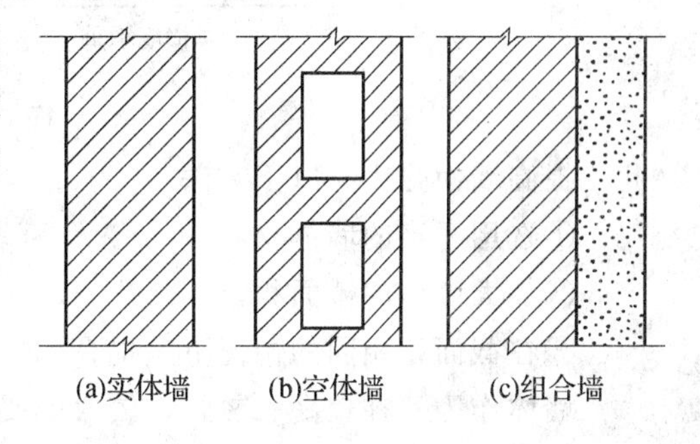

图 5.17　墙体构造方式

5. 按施工方法分类

块材墙是用砂浆等胶结材料将砖石块材等组砌而成；板筑墙是在现场立模板，现浇而成的墙体，例如现浇混凝土墙等；板材墙是预先制成墙板，施工时安装而成的墙，例如预制混凝土大板墙、各种轻质条板内隔墙等。

5.2.2 承重墙结构设计要点

墙体布置必须同时考虑建筑和结构两方面的要求，既满足设计的房间布置、空间大小划分等使用要求，又应选择合理的墙体承重结构布置方案，这样才能承受房屋上各种荷载，坚固耐久、经济合理。

1. 承重墙结构布置方案

结构布置方案是指梁、板、墙、柱等结构构件在房屋中的总体布局。墙承重结构布置方案有以下几种：

①横墙承重方案，将楼板两端搁置在横墙上，纵墙只承担自身重量（图5.18（a））。

②纵墙承重方案，将纵墙作为承重墙搁置楼板，而横墙为子承重墙（图5.18（b））。

③纵横墙承重方案，横墙和纵墙共同作用为建筑的承重墙（图5.18（c））。

④内框架承重方案，当建筑需要大空间时，采用内部框架承重、四周墙承重的方式（图5.18（d））。

2. 强度和稳定性方面的要求

承载力是指墙体承受荷载的能力。承重墙应有足够的强度来承受楼板及屋顶竖向荷载，地震区还应考虑地震作用下墙体承载力。

墙体的强度是指墙体承受荷载的能力，它取决于构成墙体的材料、材料的强度等级以及墙体的截面积。如钢筋混凝土墙体比同界面的砖墙强度高，强度等级高的砖砌筑的墙体比强度等级低的砖砌筑的墙体强度高，相同材料、相同材料、相同强度等级的墙体相比，截面积大的墙体强度高。因

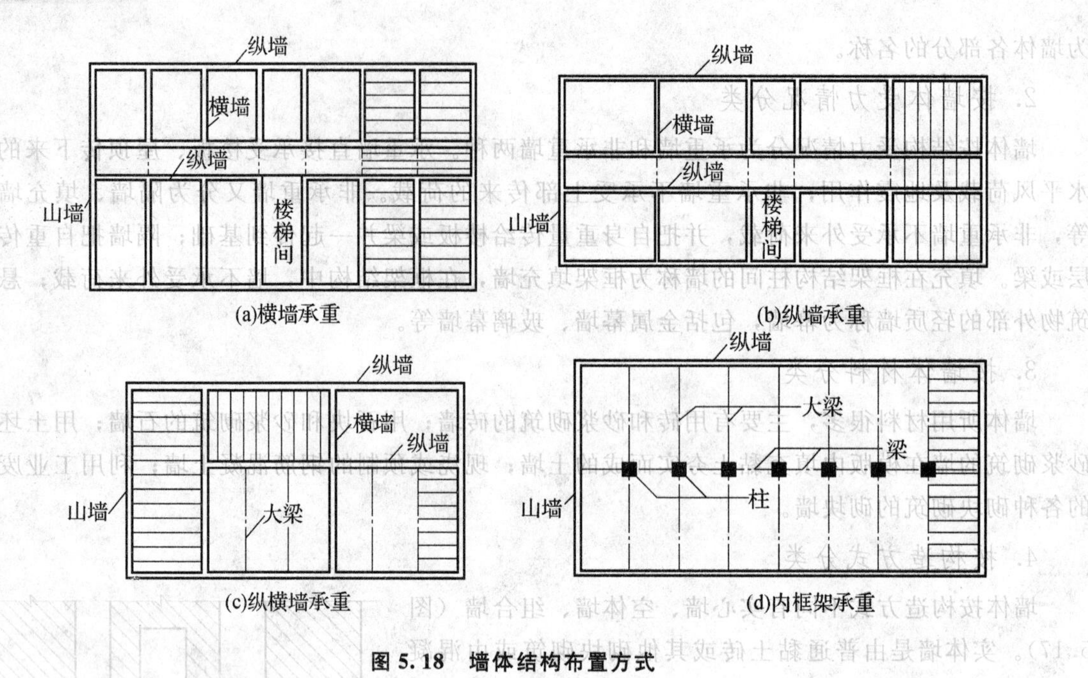

图 5.18　墙体结构布置方式

此，提高墙面强度有以下方法：

①选用适当的墙体材料。

②加大墙体的截面积。

③在截面积相同的情况下，提高构成墙体的材料和砂浆的等级高。

墙体作为一种较高、较长、较薄的受压构件，除了满足承载力要求外，还必须保证其稳定型。墙体的高厚比的验算是保证砌体结构在施工阶段和使用阶段的稳定性的重要措施。墙体的高厚比是墙体计算高度与厚度的比值，高厚比越大，侧墙体的稳定性越差，反之，则稳定性越好。高厚比还与墙体间的距离、墙体的开洞情况以及砌筑墙体的砂浆强度有关。因此，在一定的长度和高度的情况下，提高墙体稳定性可采取以下方法：

①增加墙体的厚度，但这种方法有时不够经济。

②提高墙体材料的强度等级。

③增设墙垛、壁柱、圈梁等构件。

5.2.3 墙体的功能要求

根据墙体所在位置和功能不同，墙体设计应满足以下要求：

1. 保温和隔热方面的要求

采暖建筑的外墙应有足够的保温能力，寒冷地区冬季室内温度高于室外，热量从高温传至低温。如图 5.19 所示为外墙冬季的传热过程，为了减少热损失，防止凝结水及空气渗透，应采取以下措施：

①提高外墙保温能力减少热损失。

②防止外墙中出现凝结水，人们为了避免采暖建筑热损失，冬季通常是门窗紧闭，但生活用水及人的呼吸使室内湿度增高，形成高温高湿的室内环境。温度越高，空气中含的水蒸气越多。当室内热空气传至外墙时，墙体内的温度较低，蒸汽在墙内形成凝结水，水的导热系数较大，因此就使外墙的保温能力明显降低。为了避免这种情况产生，应在靠室内高温一侧，设置隔蒸汽层，阻止水蒸气进入墙体（图 5.20）。隔蒸汽层常用卷材、防水涂料或薄膜等材料。

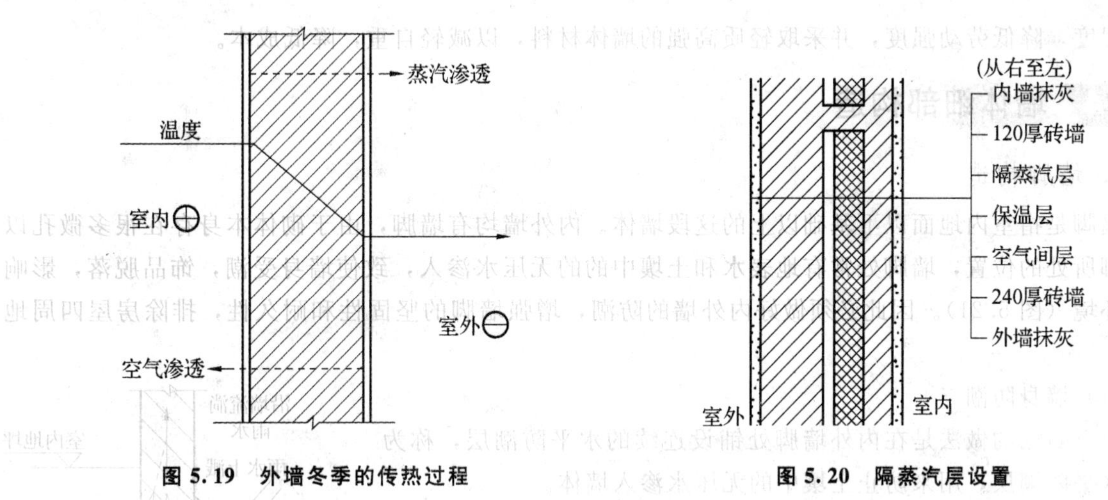

图 5.19　外墙冬季的传热过程　　图 5.20　隔蒸汽层设置

③防止外墙出现空气渗透，墙体材料一般都不够密实，有很多微小的孔洞。墙体上设置的门窗等构件，因安装不严密或材料收缩等，会产生一些贯通性缝隙。由于这些孔洞和缝隙的存在，冬季室外风的压力使冷空气从迎风墙面渗透到室内，而室内外有温差，室内热空气从内墙渗透到室外，所以风压及热压使外墙出现了空气渗透。为了防止外墙出现空气渗透，一般采取以下措施：

a. 选择密实度高的墙体材料。

b. 墙体内外加抹灰层。

c. 加强构件间的缝隙处理。

④提高外墙保温能力的措施有：

a. 选择导热系数小的材料。

b. 增加外墙厚度。

c. 选择复合墙体。

2. 墙体隔声

为了使室内有安静的环境，保证人们的工作、生活不受干扰，应根据建筑的使用性质不同，进行噪声干扰。

声音传递有两种形式，一种是声响发生后，通过空气透过墙体再传递到人耳，叫空气传声。因一种是直接撞击墙体或楼板，发出的声音再传递到人耳，叫固体传声。墙体隔声主要是隔绝空气传声。空气声在墙体中的传播途径有两种：一是通过墙体的缝隙和微孔传播；二是在声波作用下，墙体受到震动，致使墙体向其他空间辐射声能。墙体隔声一般采取以下措施：

①加强墙体的密缝处理。

②增加墙体密实性及厚度，避免噪声穿透墙体及墙体振动。

③采用有空气间层或多孔性材料的夹层墙。

④在建筑总平面中考虑隔声问题，将不怕噪声干扰的建筑靠近城市干道布置，这样对后排建筑起隔声作用。也可选用枝叶茂密四季常青的绿化带降低噪声。

3. 其他要求

墙体除了满足以上要求，还应满足：

①防火要求 墙体的设置应满足防火规范的要求，墙体的材料选择和构造应满足燃烧性能、耐火极限的要求。

②防水、防潮的要求 在卫生间、厨房、实验室等有水的房间应采取防水、防潮措施，选择良好的防水材料以及恰当的构造方法，保证墙体的坚固耐久性，使室内有良好的卫生环境。

③建筑工业化的要求 建筑工业化的关键是墙体改革，必须改变手工生产和操作，提高机械化施

工的程度，降低劳动强度，并采取轻质高强的墙体材料，以减轻自重，降低成本。

5.2.4 墙体细部构造

1. 墙脚构造

墙脚是指室内地面以下基础以上的这段墙体。内外墙均有墙脚，由于砌体本身存在很多微孔以及墙脚所处的位置，墙脚处常有地表水和土壤中的的无压水渗入，致使墙身受潮，饰品脱落，影响室内环境（图 5.21)。因此必须做好内外墙的防潮，增强墙脚的坚固性和耐久性，排除房屋四周地面水。

（1）墙身防潮

墙身防潮的做法是在内外墙脚处铺设连续的水平防潮层，称为墙身水平防潮层，用来防止土壤中的无压水渗入墙体。

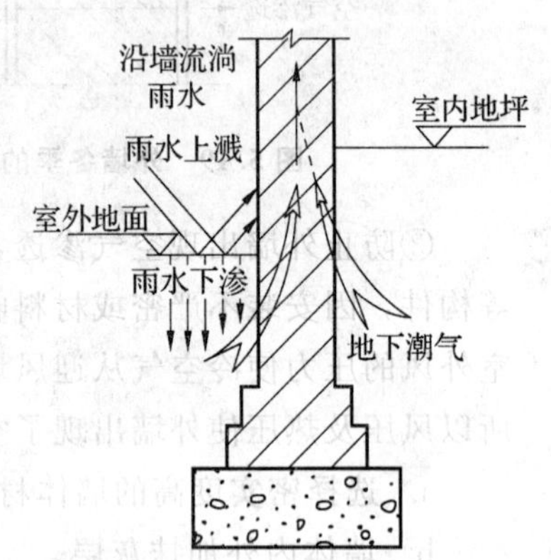

图 5.21 墙体受潮示意图

防潮层的位置：防潮层应在所有的内外墙连续设置，其他位置与所在墙体及地面情况有关。

①当室内地面垫层为混凝土等密实材料时，内、外墙防潮层应设在垫层范围内，一般低于室内地坪 60 mm（图 5.22（a))。

②室内地面垫层为透水材料时，水平防潮层的位置应平齐或高于室内地面 60 mm（图 5.22（b))。

③当室内地面垫层为混凝土等密实材料，且内墙面两侧地面出现高差或室内地坪低于室外地面时，应在高低两个墙脚处分别设一道水平防潮层，并在土壤一侧的墙面设垂直防潮层（图 5.22（c))。

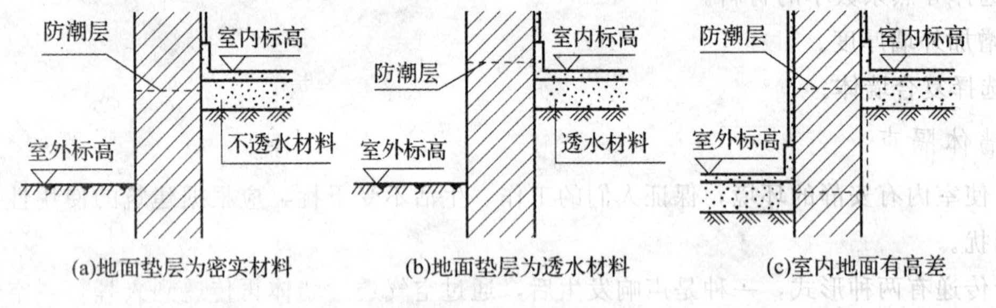

图 5.22 墙身防潮层的位置

墙身水平防潮层的构造做法：

①防水砂浆防潮：一种是抹一层 20 mm 的防水砂浆。另一种是用防水砂浆砌筑 3 匹砖（图 5.23)。

②卷材防潮：在防潮层部位先抹 20 mm 厚的砂浆找平层，然后干铺一层卷材或做一粘二油，卷材的宽度应比墙厚每边宽 10 mm 。卷材防潮较好，但抗震能力差，一般用于非地震地区（图 5.24)。

③混凝土防潮：即浇注一层厚 60 mm 的混凝土，内放纵筋为 2ϕ6、分布筋为 ϕ4@250 的钢筋网（图 5.25)。

墙身垂直防潮层构造做法：水泥砂浆抹面，外刷一道冷底子油，两道热沥青。

2. 勒脚构造

勒脚是外墙的墙脚。勒脚有三个作用：一时保护墙体、防止各种机械性碰撞；二是防止地表水对墙脚的侵蚀；三是可对建筑物立面的处理产生美观效果。所以勒脚应坚固、防水、美观。勒脚处墙体的构造做法有以下几种：

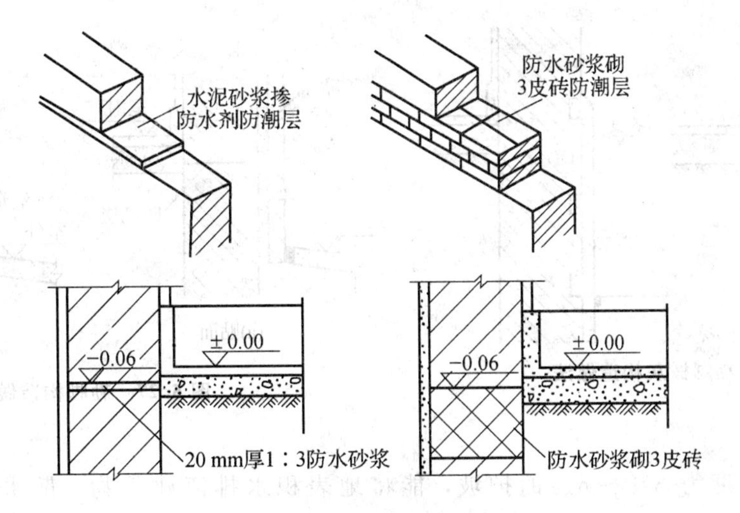

图 5.23 防水砂浆防潮层做法

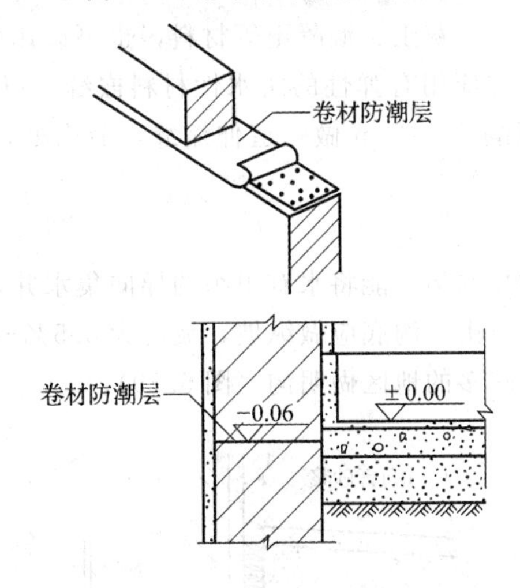

图 5.24 卷材防潮层

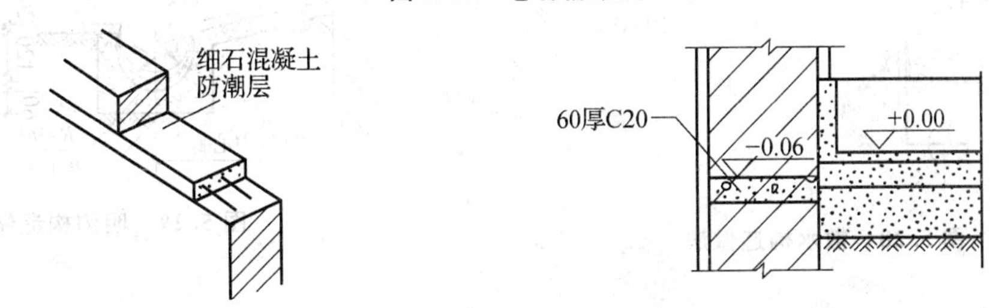

图 5.25 混凝土防潮层

①在勒脚部位抹 20～30 mm 厚 1∶2.5 水泥砂浆或水刷石，为了保证抹灰层与砖墙粘结牢固，施工时应注意清扫墙面，浇水润湿，也可在墙面留槽，使抹灰嵌入，称为咬口（图 5.26）。

②用天然石材或人工石材作为勒脚贴面。这种做法防撞性好，耐久性强，装饰性好，主要用于高标准建筑（图 5.27（a））。

③勒脚部位的墙体采用天然石材砌筑。勒脚的高度当仅考虑防水和防止机械碰撞时，应不低于 500 mm，从美观的角度考虑，应结合里面处理确定（图 5.27（b））。

3. 散水和明沟

房屋四周的地表水渗入地下时，会增加基础周围土的含水率，还可能降低地基承载力。为保护墙基不受水的侵蚀，要在房屋四周勒脚与室外地面相连接处设排水沟和散水，将勒脚附近的地表水排走。

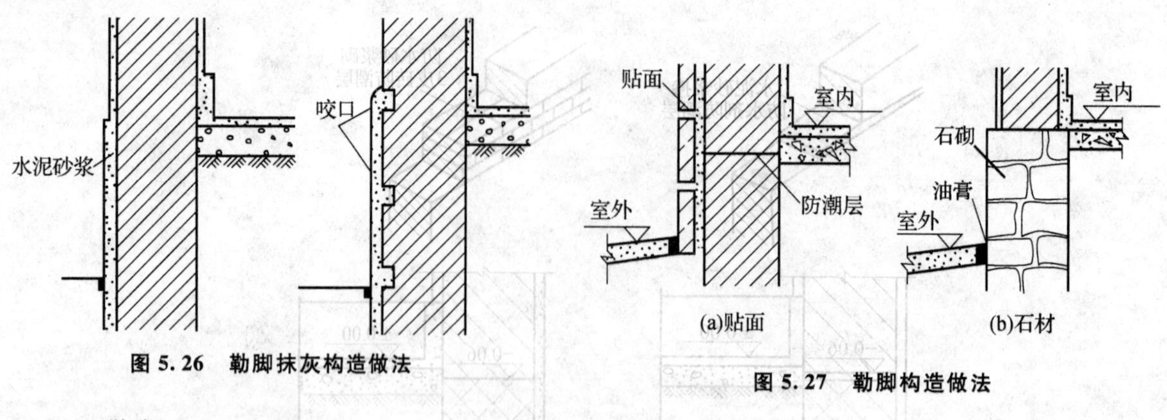

图 5.26 勒脚抹灰构造做法

图 5.27 勒脚构造做法

(1) 散水

建筑物四周坡度为 3%～5% 的护坡，能将地表积水排离建筑物。散水宽一般为 600～1 000 mm，当屋面排水方式为自由排水时，散水应比屋面檐口宽 200 mm，切散水应加滴水砖带。散水一般是在素土夯实上铺三合土、灰土、混凝土等材料，也可以用砖、石等材料铺砌而成。散水与外墙接处应设分隔缝，分隔缝内应用有弹性的防水性材料嵌缝，以防止外墙下沉时散水被拉裂。同时，散水整体面层纵向距离每隔 6～12 m 做一道伸缩缝，缝内处理同勒脚与散水相交处的处理(图 5.28)。

(2) 明沟

明沟是在建筑物四周设置的排水沟，能将水有组织的导向集水井，然后流入排水系统。明沟可用混凝土浇筑而成，或用砖砌、石砌。沟底应做纵坡，坡度为 0.5%～1%，坡向集水井。明沟中心应正对屋檐滴水位置。一般雨水较多的地区做明沟（图 5.29)。

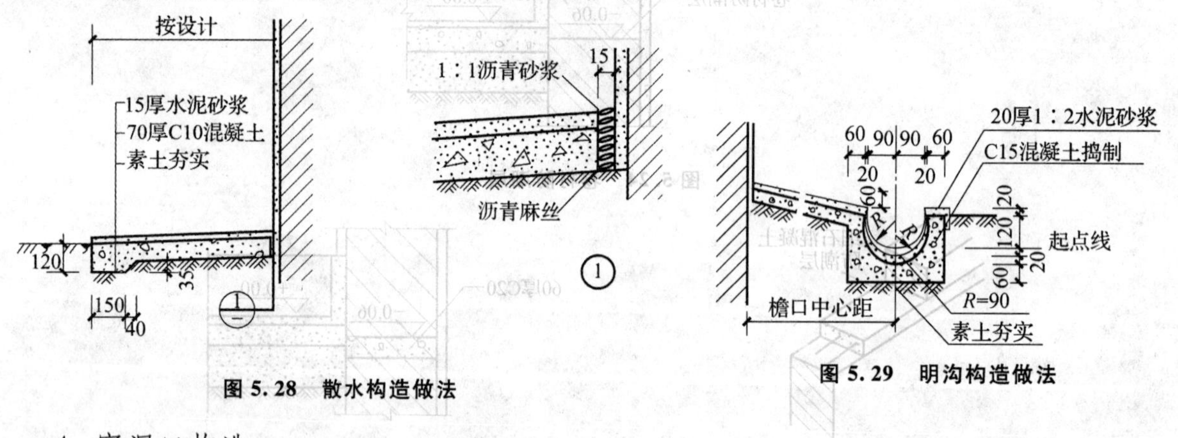

图 5.28 散水构造做法

图 5.29 明沟构造做法

4. 窗洞口构造

(1) 门窗过梁

当墙体开设洞口时，为了承受上部砌体传来的各种荷载，并把这些荷载传给两侧的墙体，常在门窗洞口上设置横梁，即门窗过梁。过梁是承重构件，它的种类很多，可依据洞口跨度和洞口上的荷载不同而选择。常见的有砖拱过梁、钢筋砖过梁和钢筋混凝土过梁三种。

①砖拱过梁：这种过梁是将砖竖砌而成，有平拱（图 5.30 (a)）和弧拱（图 5.30 (b)）两种。

砖不应低于 MU10，砂浆不低于 M5。平拱的最大跨度为 1.8 m。砖拱过梁对砌筑技术要求高，整体性差，承载能力小。不宜用于上部

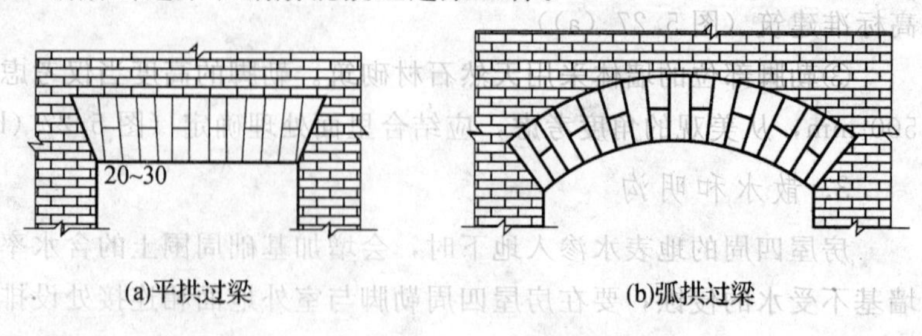

图 5.30 砖拱过梁

有集中荷载、受震动荷载影响、和可能产生不均匀沉降的建筑中。

②钢筋砖过梁

钢筋砖过梁用砖应不低于MU10，砂浆不低于M5。洞口上部应先支模，上放直径为5～6 mm的钢筋，间距不大于120 mm，伸入两边墙内应不小于240 mm，钢筋上下应抹砂浆层。最大跨度为1.8 m。钢筋砖过梁构造简单，造价低，能保持墙面的一致性，也有利于外墙的保温。宜用在有保温要求的外墙，或清水砖墙中（图5.31）。

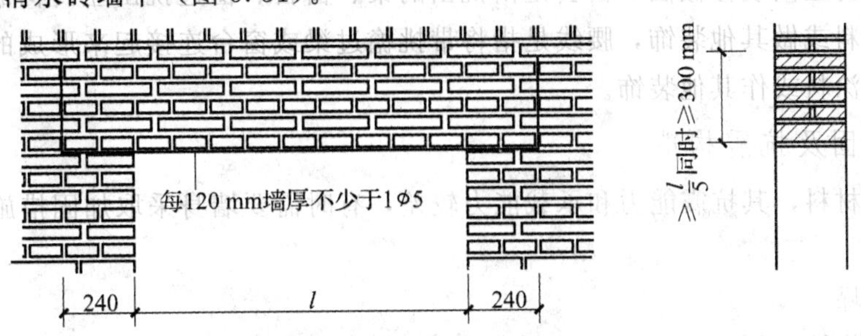

图 5.31　钢筋砖过梁

③钢筋混凝土过梁

钢筋混凝土过梁截面尺寸：宽度一般等于墙厚；高度应根据跨度及荷载经计算确定，并应是砖厚的倍数，常用60 mm、120 mm、180 mm 、240 mm等。搁置长度：过梁两端伸入墙内的长度应不小于240 mm。钢筋混凝土过梁按照施工方式分为现浇和预制两种。现浇钢筋混凝土过梁一般适用于较大的门窗洞口，能较好地适应建筑立面造型的需求（图5.32）。

（2）窗台

窗台按位置和构造做法不同，分为外窗台和内窗台，外窗台设于室外，内窗台设于室内。

①外窗台

外窗台是窗洞下部的排水构件，它排除窗外测流下的雨水防止雨水集聚在窗下侵入墙身和向室外渗透。外窗台分悬挑窗台（图5.33）和不悬挑窗台。砖墙的外窗台可根据立面形式设悬挑窗台。处于内墙和阳台处的窗不受雨水的冲刷，可不设悬挑窗台，外墙面的饰面材料为贴面砖时，为了使墙面被雨水冲刷干净，也可不设悬挑窗台。

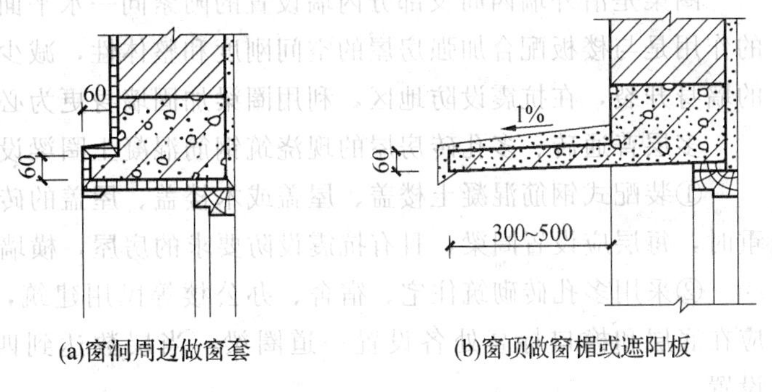

图 5.32　现浇钢筋混凝土过梁

悬挑窗台的做法：一是顶砌一皮砖出挑60 mm或120 mm，二是用一砖侧砌并出挑60 mm或120 mm；三是采用钢筋混凝土窗台出挑。

外窗台构造要点：窗台表面应做不透水面层，如抹灰或贴面处理；窗台表面应做10%左右的排水坡度，并应注意抹灰与窗下栏交接处的处理，防止雨水向室内渗透；悬挑窗台下做滴水或斜抹水泥砂浆，导致雨水垂直下落，不致影响窗下墙面（图5.34）。

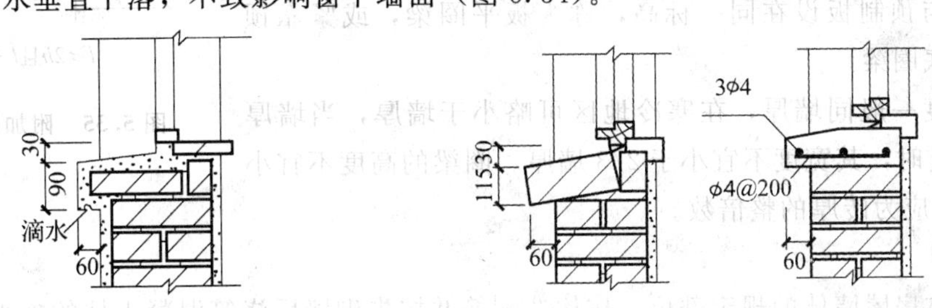

图 5.33　不悬挑窗台　　图 5.34　悬挑窗台构造做法

②内窗台

内窗台一般水平放置，通常结合室内装修做成水泥砂浆抹面、贴面砖、木窗台板、预制水磨石窗台板等形式。在我国严寒地区和寒冷地区，室内为暖气采暖时，为便于安装暖气片，窗台下留凹龛，称为暖气槽。暖气槽进墙一般 120 mm，此时采取预制水磨石窗台板或木窗台板，形成内窗台。

(3) 窗套与腰线

窗套与腰线均为立面装修做法，窗套是由挑出的梁、窗台、窗边挑出立砖构成，外抹水泥砂浆后，可在刷白色涂料或做其他装饰，腰线是指将带挑檐过梁或窗台连接起来形成的水平线条，外抹水泥砂浆后刷外墙涂料或作其他装饰。

5. 墙体的加固及抗震构造

砖砌体为脆性材料，其抗震能力和承载能力较差，有时需要墙身采取加固措施，以提高墙身的强度和稳定性。

(1) 壁柱和门垛

当墙体的高度或长度超过一定限值，影响到墙体的稳定性：或墙体受到集中荷载的作用，而墙较薄不足以承担其荷载时，应增设凸出墙面的壁柱，提高墙体的刚度和稳定性，并于墙体共同承担荷载。壁柱的尺寸应符合砖的模数。壁柱凸出墙面的尺寸一般为 120 mm×370 mm、240 mm×370 mm、240 mm×490 mm。当墙上开设的门窗洞口处于两墙转角处或丁字墙交接处时，为保证墙体的承载能力及稳定性和便于门框的安装，应设门垛，门垛的长度不应小于 120 mm。

(2) 圈梁

圈梁是沿外墙四周及部分内墙设置的阿紫同一水平面上的连续闭合交圈的按构造配筋的梁。它的作用是与楼板配合加强房屋的空间刚度和整体性，减少由于基础的不均匀沉降、震动荷载而引起的墙身开裂，在抗震设防地区，利用圈梁加固墙身更为必要。以下是圈梁的设置位置及数量：

多层普通砖、多孔砖房屋的现浇筑钢筋混凝土圈梁设置应符合下列要求：

①装配式钢筋混凝土楼盖、屋盖或木楼盖、屋盖的砖房，横墙承重时按要求设置圈梁，纵墙承重时，每层应设置圈梁，且有抗震设防要求的房屋，横墙上的圈梁间距应比表内适当加强。

②采用多孔砖砌筑住宅、宿舍、办公楼等民用建筑，当墙厚为 190 mm 且层数在四层以下时，应在底层和檐口标高处各设置一道圈梁：当层数达到四层时，除顶层必须设置圈梁外，宜层层设置。

③采用现浇钢筋混凝土楼盖的多层砌体房屋，当层数超过五层时，除在檐口标高处设置一道圈梁外，可隔层设置圈梁，并于楼板现浇。未设置圈梁的楼面板嵌入墙内的长度不小于 120 mm，并沿墙长配置不小于 2ϕ10 的纵向钢筋。

现浇钢筋混凝土圈梁构造：

①圈梁应采用现浇混凝土，且宜连续的设置在同一水平面上，形成封闭状；当圈梁被门窗洞口截断时，应在洞口上部增设相同截面的附加圈梁。附加圈梁与圈梁的搭接长度不应小于两者中心线间的垂直间距的 2 倍，且不得小于 1 m（图 5.35）。

门窗洞口
h
l
l
圈梁
$l \geqslant 2h$ 且 $l \geqslant 1$ m

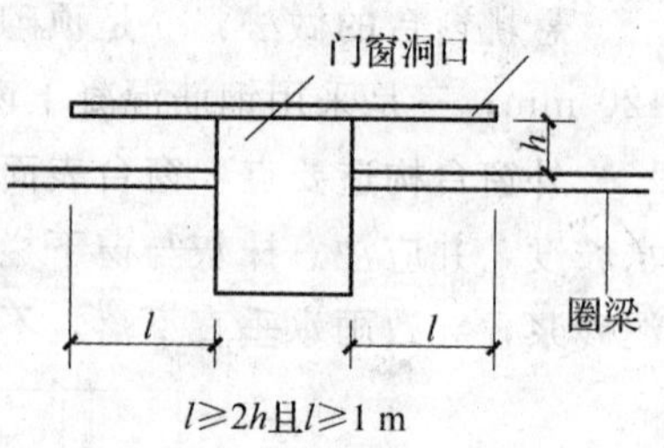

图 5.35　附加圈梁的构造

②圈梁宜与预制板设在同一标高，称为板平圈梁，或紧靠预制板底，称板底圈梁。

③圈梁宽度一般同墙厚，在寒冷地区可略小于墙厚，当墙厚不小于 190 mm 时，其宽度不宜小于 2/3 墙厚。圈梁的高度不宜小于 120 mm，且应为砖厚的整倍数。

(3) 构造柱

在多层砌体房屋墙体的规定部位，按构造配筋并按先砌墙后浇筑混凝土柱的施工顺序制成的混凝土柱，通常称为钢筋混凝土构造柱，简称构造柱。

构造柱设置的位置：

多层砌体构造柱一般设置在建筑物的四角，外墙的错层部位横墙与外纵墙的交接处，较大洞口的两侧，大房间内外墙的交接处，楼梯间、电梯间以及某些较长墙体的中部。除此以外，根据房屋层数和抗震设防烈度不同。

构造柱的构造要点（图 5.36）：

①构造柱的最小截面尺寸为 240 mm×180 mm，纵向钢筋采用 4ϕ12，箍筋间距不宜大于250 mm，且在每层楼面上下各适当加密。

②施工时，应先放构造柱的钢筋骨架，再砌砖墙，最后浇筑混凝土。构造柱与墙连接处应砌成马牙搓，即每 300 mm 高伸出 60 mm，每 300 mm 高再缩进 60 mm，沿墙高每 500 mm 设不小于 1 m。

③构造柱可不单独设基础，但应伸入室外地面下 500 mm，或錨入基础梁内或女儿墙压顶拉结。

④在填充墙中，当填充墙长超过层高 2 倍时，需设钢筋混凝土构造柱，构造柱是与墙体同步施工的，从构造柱中每隔一段距离就伸拉结筋与分段的墙体拉结，这样也就加强了整段墙梯的稳定性。

4ϕ12
2ϕ6
ϕ6@250
250
250
钢筋混凝土圈梁

图 5.36　构造柱构造做法

5.3　楼地层

5.3.1　楼地层的组成

楼地层包括楼板层和地坪层，是水平方向分割房屋空间的承重构件。由于它们均是供人们在上面活动的，因而有相同的面层；但由于它们所处位置不同、受力不同，因而结构层有所不同。

楼板层分割上下楼层空间，它不仅承受自重和其上的使用荷载，并将其传递给墙或柱，而且对墙体也起着水平支撑的作用。此外，建筑物中的各种水平管线也可敷设在楼板层（图 5.37）。

地坪层分割大地与底层空间。是建筑物中与土壤直接接触的水平构件，承受作用在它上面的各种荷载，并将其传给地基（图 5.38）。

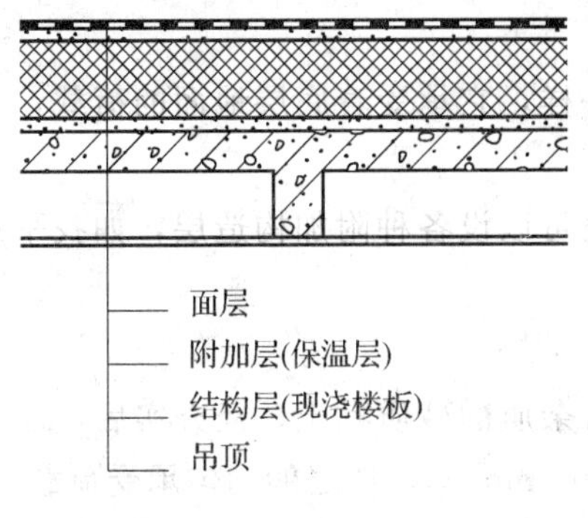

图 5.37　楼板层组成

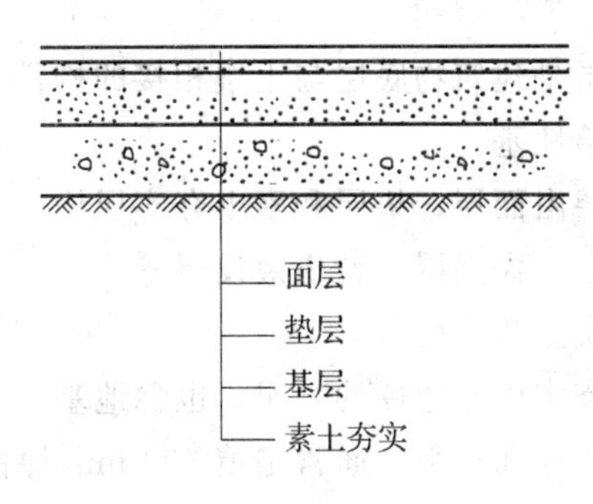

图 5.38　地坪层

1. 楼板层的基本组成

楼板层通常由面层、楼板、顶棚三部分组成。

(1) 面层

又称楼面或地面。起着保护楼板、承受并传递荷载的作用，同时起着保护楼板、分布荷载和美观等方面的作用。

(2) 楼板

它是楼板层的结构层，起承重作用，一般包括梁和板。主要功能在于承受楼板层上的全部荷载，并将这些荷载传给墙或柱，同时还对墙身起水平支撑的作用，抵抗部分水平荷载，增强房屋强度、刚度和整体性。

(3) 顶棚

它是楼板层的下面部分，也是室内空间上部的装修层，又称天花或天棚。主要功能是保护楼板、室内装饰等。根据其构造不同，有抹灰顶棚、粘贴类顶棚和吊顶棚三种。

2. 楼板层的设计要求

为保证楼板层和地坪层在使用过程中的安全和使用质量，楼地层的构造设计应满足如下要求：

①具有足够的强度和刚度，以保证结构的安全和正常使用。

楼板具有足够的承载力和刚度才能保证楼板的安全和正常使用。足够的承载力指楼板能够承受使用荷载和自重，自重指楼板层自身材料的重量，荷载因房间的使用性质不同而各异。足够的刚度即是指楼板的变形应在允许的范围内，它是用相对挠度（即绝对挠度与跨度的比值）来衡量的。

②根据不同的使用要求和建筑质量等级，要求具有不同程度的隔声、防火、防水、防潮、保温、隔热等性能。

为了防止噪声通过楼板传到上下相邻的房间，影响其使用，楼板层应具有一定的隔声能力。不同使用性质的房间对隔声的要求不同，但均应满足各类建筑房间的允许隔声级和撞击声隔声量。

楼板层应根据建筑物的等级、对防火的要求进行设计。建筑物的耐火等级对构建的耐火极限和燃烧性能有一定的要求。

楼板层还应有一定的热工要求。对一定的温、湿度要求的房间，常在楼盖层中设置保温层，使楼面的温度与室内的温度一致，减少通过楼板的冷热损失。

有些房间还需要防水要求，如厨房、厕所、卫生间等地面潮湿、易积水，应处理好楼层的防渗漏问题。

③满足建筑经济的要求。

在一般情况下，多层房屋楼盖的造价占房屋土建造价的包分支 20%—30%。因此，因注意结合建筑物的质量标准、使用要求以及施工条件，选择经济合理的结构形式与构造方案，尽量为建筑工业化创造条件，提高建筑质量和加快施工进度。并无工业化创造条件，以加快建造速度。

3. 地坪层构造

地坪层是建筑物底层与土壤相接的构件，和楼板层一样，它承受着底层地面的荷载，并将荷载均匀的传给地基。

地坪层由面层、垫层和素土夯实层构成。根据需要还可以设各种附加构造层，如找平层、结合层、防潮层、保温层、管道敷设层等。

(1) 素土夯实层

素土夯实层是地坪的基层，也称地基。素土即为不含杂质的砂质黏土，经夯实后，才能承受垫层传下来的地面荷载。通常是填 300 mm 厚的土夯实成 200 mm 厚，使之能均匀承受荷载。

(2) 垫层

垫层是承受并传授荷载给地基的结构层，垫层有刚性垫层和非刚性垫层之分。刚性垫层常用低强度等级混凝土等；非刚性垫层有砂垫层、碎石灌浆垫层、石灰炉渣垫层等。刚性垫层用于地面要求比较高及薄而性脆的面层，如水磨石面层、瓷砖地面、大理石地面等。对某些室内荷载大且地基又较差的并且有保温等特殊要求的地方，或面层装修标准较高的地面，可在地基上先做非刚性垫层，再做一层刚性垫层，即复式垫层。

(3) 面层

地坪面层与楼板面层一样，是人们日常生活、工作、生产直接接触的地方，根据不同房间对面层有不同的要求，面层应坚固耐磨、表面平整、光洁、易清洁、不起尘。对于居住和人们长时间停留的房间，要求有较好的蓄热性和弹性；浴室、厕所则要求耐潮湿、不透水；厨房、锅炉房要求地面防水、耐火；实验室则要求耐酸碱、耐腐蚀等。

4. 楼板的类型

根据使用的材料不同，楼板分木楼板，钢筋混凝土楼板、压型钢板组合楼板等。

(1) 木楼板

木楼板是在由墙或梁支撑的木搁栅上铺钉木板，木搁栅间是有设置增强稳定性的剪刀撑构成的。木楼板具有自重轻、保温性能好、舒适、有弹性、节约钢材和水泥等特点。但易燃、易腐蚀、易被虫蛀、耐久性差，特别是需耗用大量木材。所以，此种楼板仅在木材产区采用（图 5.39 (a)）。

(2) 钢筋混凝土楼板

钢筋混凝土楼板具有强度高、防火性能好、耐久、便于工业化生产等优点。此种楼板形式多样，是我国应用最广泛的一种楼板（图 5.39 (b)）。

(3) 压型钢板组合楼板

压型钢板组合楼板的做法是用截面为凹凸形压型钢板与现浇混凝土面层组合形成整体性很强的一种楼板结构。压型钢板的作用即为面层混凝土的模板，又起结构作用，从而增加楼板的侧向和竖向刚度，使结构的跨度加大、梁的数量减少、楼板自重减轻，加快施工进度，在高层建筑中得到广泛应用（图 5.39 (c)）。

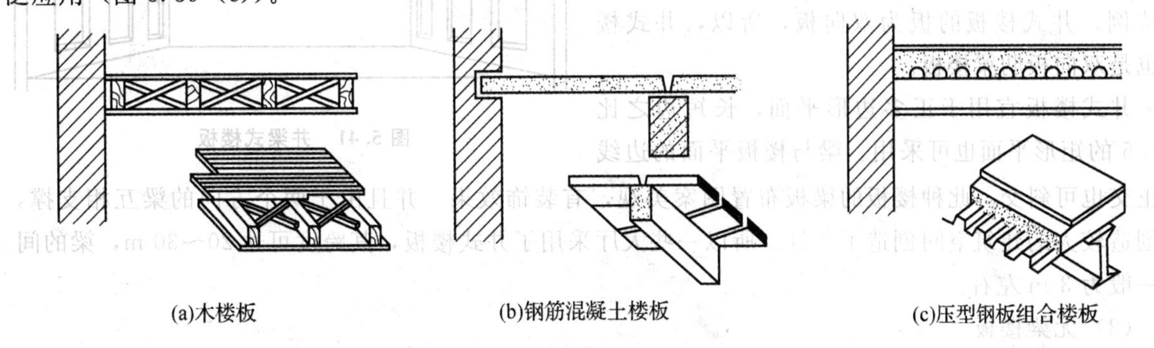

图 5.39 楼板的类型

5.3.2 钢筋混凝土楼板

钢筋混凝土楼板根据施工方式的不同分为现浇钢筋混凝土楼板、预制钢筋混凝土楼板和装配整体式钢筋混凝土楼板。

1. 现浇钢筋混凝土楼板

现浇钢筋混凝土楼板可分为板式楼板、肋梁楼板、无梁楼板等几种

(1) 板式楼板

板式楼板是将楼板现浇成一块平板，直接支承在墙上的平板。楼板上荷载直接由板传给墙体，

不需另设梁。由于采用大规模模板，板底平整，是一种最简单的形式，目前采用较多，适用于平面尺寸较小的房间以及公共建筑的走廊。

（2）肋梁楼板

现浇肋梁楼板由板、次梁、主梁现浇而成，也叫梁板式楼板（图5.40）。根据板的受力特点和支承不同，有单向板肋梁楼板、双向板肋梁楼板和井字梁楼板。

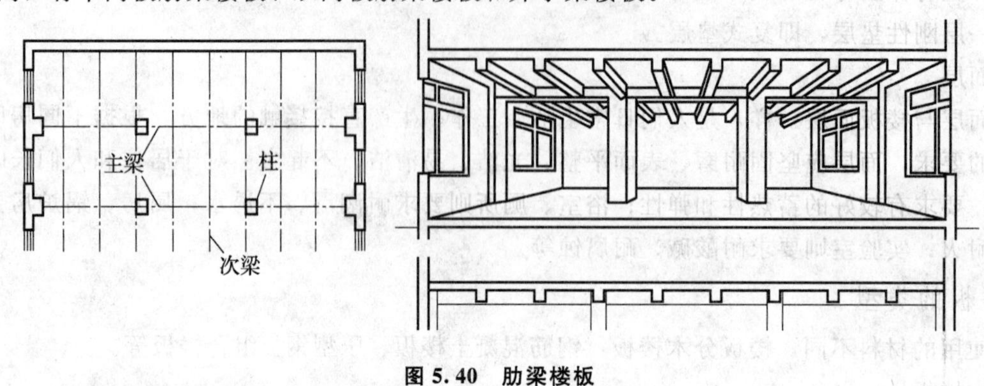

图5.40　肋梁楼板

在进行肋梁楼板的布置时应遵循以下原则：

①承重的构件，如柱、梁、墙等应有规律地布置，宜做到上下对齐，以利于结构传力直接，受力合理。

②板上不宜布置较大的集中和荷载，自重较大的隔墙和设备宜布置在梁上，梁应避免支承在门窗洞口上。

③满足经济要求。一般情况下，常采用的单项板跨度尺寸为1.7～3.6 m，不宜大于4 m。双向板短边的跨度宜小于4 m；方形双向板宜小于5 m×5 m。次梁的经济跨度为4～6 m；主梁的经济跨度为5～8 m。

当肋梁楼板两个方向的梁不分主次、高度相等、同为相交、呈井字形时则称为井式楼板（图5.41）。因此，井式楼板实际是肋梁楼板的一种特例。井式楼板的板为双向板，所以，井式楼板也是双向板肋梁楼板。

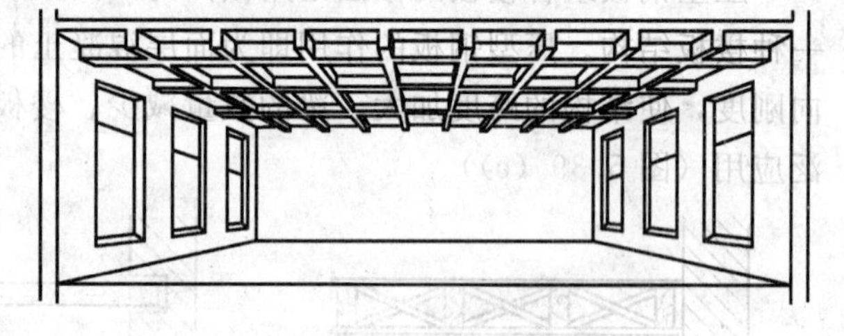

图5.41　井梁式楼板

井式楼板宜用于正多边形平面，长短边之比≤1.5的矩形平面也可采用。梁与楼板平面的边线可正交也可斜交。此种楼板的梁板布置图案美观，有装饰效果，并且由于两个方向的梁互相支撑，为创造较大的建筑空间创造了条件。所以一些大厅采用了井式楼板，其跨度可达20～30 m，梁的间距一般为3 m左右。

（3）无梁楼板

框架结构中将板直接支承在柱上，且不设梁的楼板称为无梁楼板（图5.42）。无梁楼板分为有柱帽和无柱帽两种。柱顶设置柱帽主要是增大柱对板的支承面积和建校板的跨度。无梁楼板采用的柱网布置通常为正方形或接近正方形，这样较为经济。常用的柱网尺寸为6 m左右，板厚不小于120 mm。无梁楼板顶棚平整，有利于室内采光、通风视觉效果较好，且能减少楼板所占的空间高度。但楼板较厚，当楼面荷载较小时不经济。无梁楼板常用于商场、仓库、多层仓库等建筑内。

2. 预制装配式钢筋混凝土楼板

预制装配式钢筋混凝土楼板是指用预制厂生产或现场预制的梁、板构件，现场安装拼合而成的楼板。这种楼板具有节约模板，施工速度快，便于组织工厂化、机械化的生产和施工等优点。但这种楼板的整体性差，并需要一定的起重安装设备。板的宽度根据制作、吊装和运输条件以及有利于

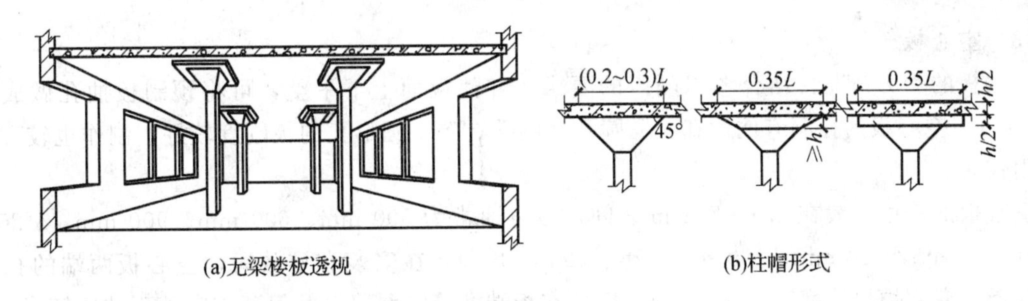

(a)无梁楼板透视　　(b)柱帽形式

图 5.42　无梁楼板

板的排列组合确定，一般为 100 mm 的倍数。板的截面尺寸须经过结构计算确定。

常用的预制钢筋混凝土楼板，根据其截面形式可分为平板、槽形板和空心板三种类型。

(1) 实心平板

实心平板一般跨度在 1 500 mm 左右，板的厚度为 60 mm～100 mm 板宽为 400～800 mm。平板板面上下平整，制作简单，但自重较大，隔声效果差。由于板的跨度小，多用于过道和小房间的楼板，也可用作隔板、沟盖板、雨篷板、阳台拦板等，施工时对起吊机械要求不高（图 5.43）。

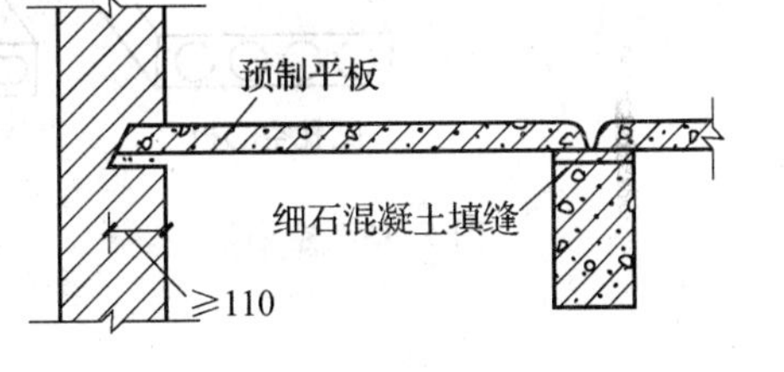

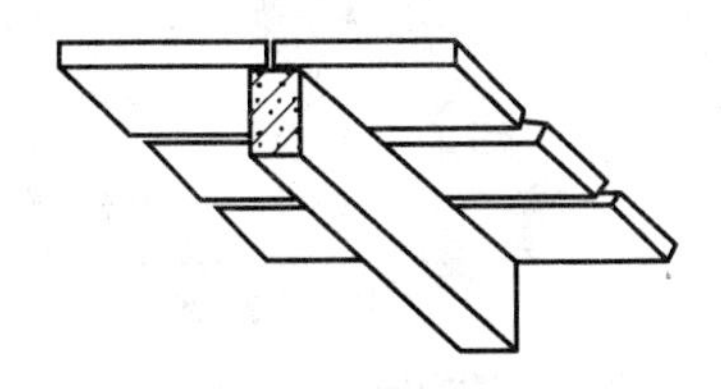

图 5.43　实心平板

(2) 槽形板

槽形板是一种梁、板合一的构件，板肋即相当于小梁，作用在板上的荷载由板肋来承担，因而板可以做得很薄，仅有 25 mm～30 mm。板的经济跨度也比实心平板大，一般为 3m～6m，肋高为 150 mm～300 mm，板宽为 500 mm～1200 mm。当板长超过 6m 时，每隔 1000 mm～1500 mm 增设一道横肋。槽形板依板的槽口向下和向上分别称为正槽板和反槽板（图 5.44）。槽形板正放常用作厨房、卫生间、库房等楼板。当对楼板有保温隔声要求时，可考虑采用倒放槽形板。

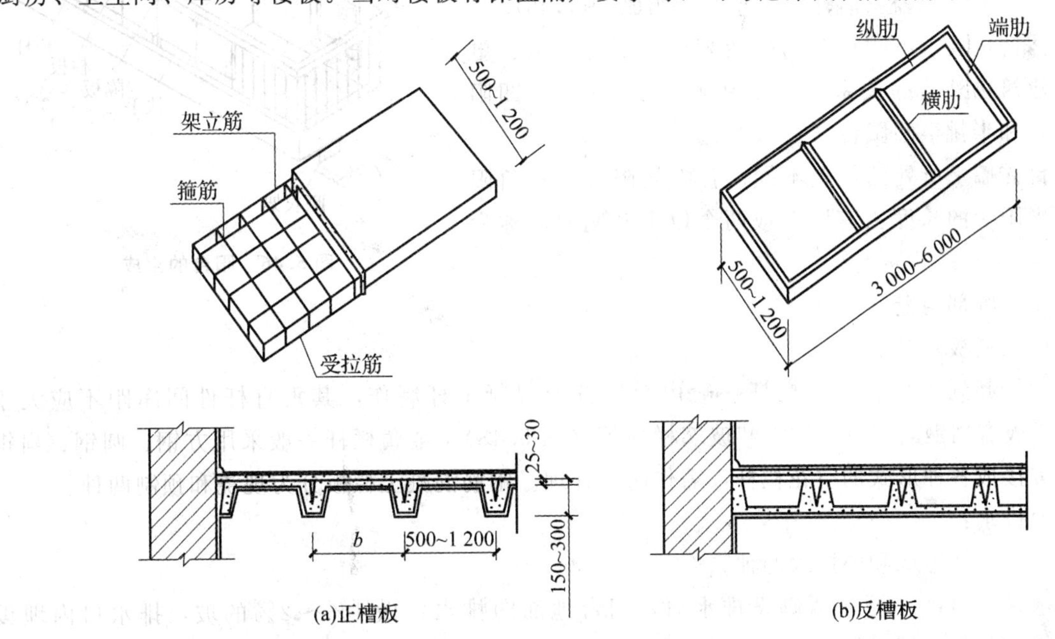

(a)正槽板　　(b)反槽板

图 5.44　槽形板

(3) 空心板

根据板的受力情况，结合考虑隔声的要求，并使板面上下平整，可将预制板抽孔做成空心板(图 5.45)，空心板的孔洞有倒棱孔、椭圆孔和圆孔有等。圆形孔的板刚度较好，制作也较方便，因此使用较多。

空心板的跨度一般在 2.4～7.2 m 之间，板宽通常为 500 mm、600 mm、900 mm、1 200 mm，板厚有 120 mm、150 mm、180 mm、240 mm 等几种。在安装和堆放时，空心板两端的孔常以砖块、混凝土专制填块填塞（俗称堵头），以免在板端灌缝时漏浆，并保证支座处不被压坏。

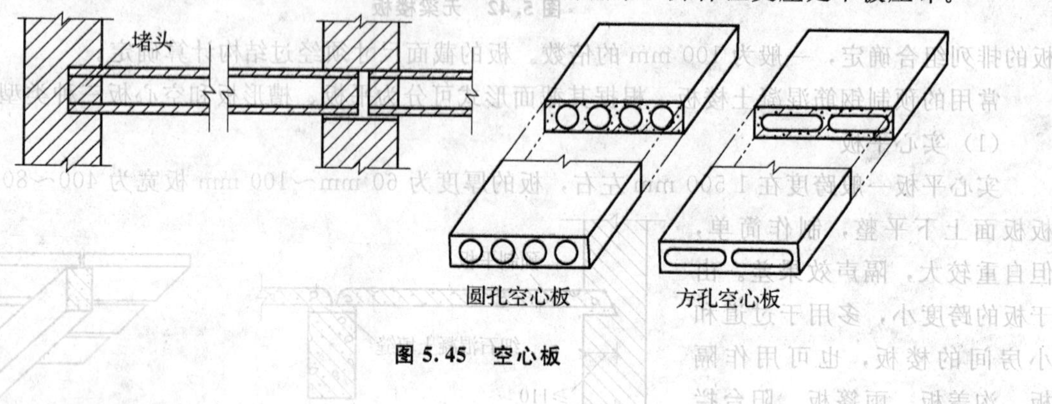

图 5.45　空心板

5.3.3 阳台和雨篷

1. 阳台

阳台是多层或高层建筑中不可缺少的室内外过渡空间，为人们提供室外活动的场合，阳台的设置对建筑物的外部形象也起着重要的作用。

(1) 阳台的组成和类型

阳台是由梁、板、栏杆（栏板）和扶手组成(图 5.46)。

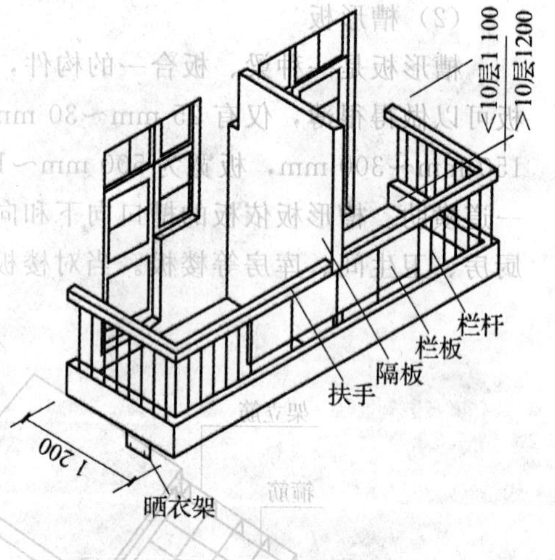

图 5.46　阳台的组成

阳台按使用要求不同可分为生活阳台和服务阳台，更具阳台与建筑物外墙的关系，可分为挑（凸）阳台，凹阳台（凹廊）和半挑半凹阳台（图 5.47)。

按阳台在墙上所处的位置不同，有中间阳台和转角阳台之分。当阳台的长度占有两个或两个以上开间时，称为外廊。

(2) 阳台细部构造

①栏杆（栏板）与扶手。

阳台栏杆起到防护作用。栏杆一般由金属杆或混凝土杆制作，其垂直杆件间净距不应大于 110 mm。栏板有用钢筋混凝土栏板和玻璃栏板等（图 5.48)。金属栏杆一般采用方钢、圆钢、扁钢和钢管等焊接成各种形式的空花栏杆，需作防锈处理。钢筋混凝土栏板分为现浇和预制两种。

②阳台排水：

阳台排水有外排水和内排水两种。

外排水是在阳台一侧或两侧设排水口，阳台地面向排水口做 1%～2% 的坡，排水口内埋设 $\phi40$～$\phi50$镀锌钢管或塑料管（称水舌），外挑长度不少于 80mm，以防雨水溅到下层阳台。

内排水是在阳台内设置排水立管和地漏，将雨水直接排入地下管网，保证建筑立面美观（图 5.49)。

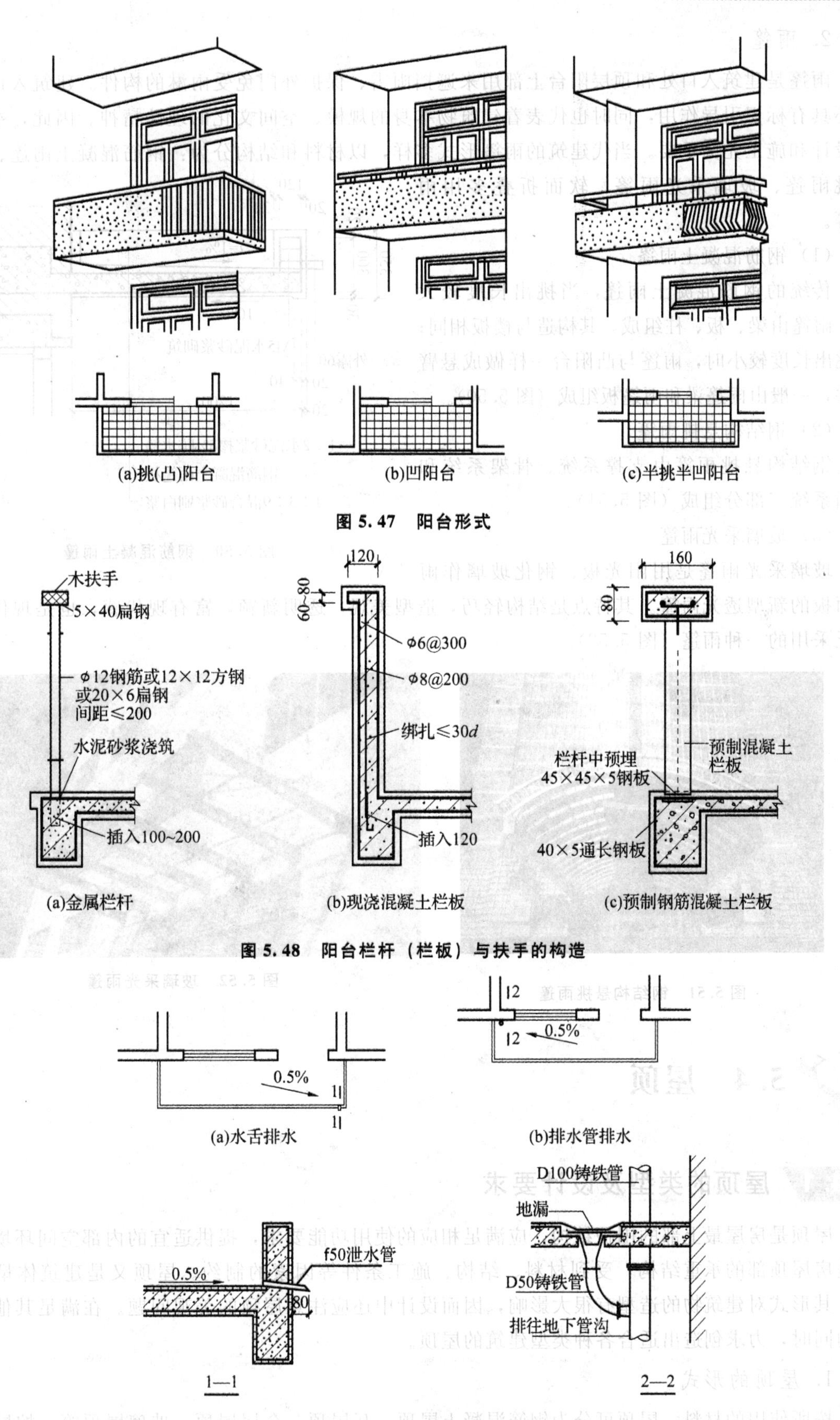

图 5.47 阳台形式

图 5.48 阳台栏杆（栏板）与扶手的构造

图 5.49 阳台排水构造

2. 雨篷

雨篷是建筑入口处和顶层阳台上部用来遮挡雨雪、保护外门免受雨淋的构件。建筑入口处的雨篷还具有标识引导作用，同时也代表着建筑物本身的规模、空间文化的理性精神。因此，主入口雨篷设计和施工尤为重要。当代建筑的雨篷形式多样，以材料和结构分为：钢筋混凝土雨篷、钢结构悬挑雨篷、玻璃采光雨篷、软面折叠多用雨篷等。

(1) 钢筋混凝土雨篷

传统的钢筋混凝土雨篷，当挑出长度较大时，雨篷由梁、板、柱组成，其构造与楼板相同；当挑出长度较小时，雨篷与凸阳台一样做成悬臂构件，一般由雨篷梁和雨篷板组成（图 5.50）。

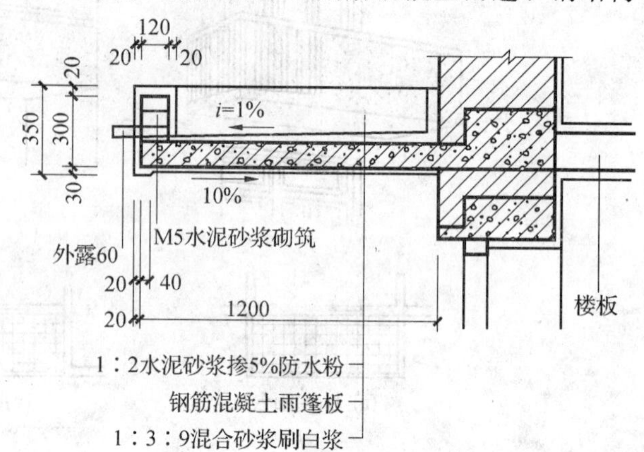

图 5.50　钢筋混凝土雨篷

(2) 钢结构悬挑雨篷

钢结构悬挑雨篷由支撑系统、骨架系统和板面系统三部分组成（图 5.51）。

(3) 玻璃采光雨篷

玻璃采光雨篷是用阳光板、钢化玻璃作雨篷面板的新型透光雨篷。其特点是结构轻巧，造型美观，透明新颖，富有现代感，也是现代建筑中广泛采用的一种雨篷（图 5.52）。

图 5.51　钢结构悬挑雨篷

图 5.52　玻璃采光雨篷

5.4 屋顶

5.4.1 屋顶的类型及设计要求

屋顶是房屋最上部的围护结构，应满足相应的使用功能要求，提供适宜的内部空间环境。屋顶也是房屋顶部的承重结构，受到材料、结构、施工条件等因素的制约。屋顶又是建筑体量的一部分，其形式对建筑物的造型有很大影响，因而设计中还应注意屋顶的美观问题。在满足其他设计要求的同时，力求创造出适合各种类型建筑的屋顶。

1. 屋顶的形式

按所使用的材料，屋顶可分为钢筋混凝土屋顶、瓦屋顶、金属屋顶、玻璃屋顶等；按屋顶的外形和结构形式，又可以分为平屋顶、坡屋顶、悬索屋顶、薄壳屋顶、拱屋顶、折板屋顶等形式的屋顶。

(1) 平屋顶

大量性民用建筑一般采用混合结构或框架结构，结构空间与建筑空间多为矩形，这种情况下采用与楼盖基本类同的屋顶结构，就形成平屋顶。平屋顶易于协调统一建筑与结构的关系，较为经济合理，因而是广泛采用的一种屋顶形式，如图 5.53 所示。

图 5.53 平屋顶

平屋顶既是承重构件，又是围护结构。为满足多方面的功能要求，屋顶构造具有多种材料叠合、多层次做法的特点。

平屋顶也应有一定的排水坡度，一般把坡度在 2%～5%的屋顶称为平屋顶。

(2) 坡屋顶

坡屋顶是我国传统的屋顶形式，广泛应用于民居等建筑。现代的某些公共建筑考虑景观环境或建筑风格的要求也常采用坡屋顶。

坡屋顶的常见形式有：单坡、双坡屋顶，硬山及悬山屋顶，四坡歇山及庑殿屋顶，圆形或多角攒尖屋顶等，如图 5.54 所示。

坡屋顶的屋面防水材料多为瓦材，坡度一般为 20°～30°。其受力较平屋顶复杂。坡屋顶的结构应满足建筑形式的要求。

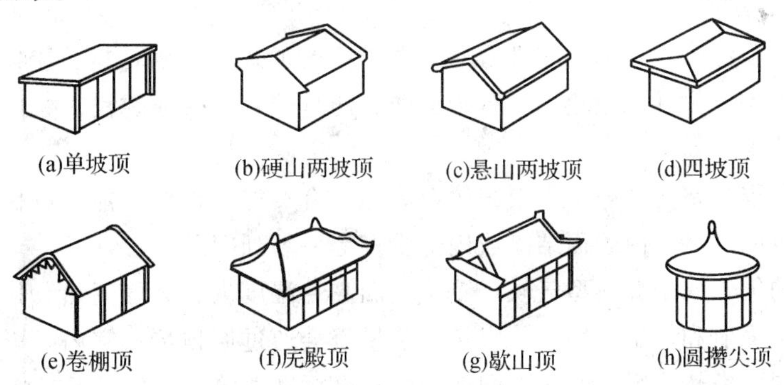

图 5.54 坡屋顶

(3) 其他形式的屋顶

民用建筑通常采用平屋顶或坡屋顶，有时也采用曲面或折面等其他形状特殊的屋顶，如折板屋顶、薄壳屋顶、拱屋顶、桁架屋顶、悬索屋顶、网架屋顶等，如图 5.55 所示。

这些屋顶的结构形式独特，其传力系统、材料性能、施工及结构技术等都有一系列的理论和规范，再通过结构设计形成结构覆盖空间。建筑设计应在此基础上进行艺术处理，以创造出新型的建筑形式。

(a)薄壳屋顶　(b)拱屋顶

(c)悬索屋顶　(d)网架屋顶

图 5.55　其他形式的屋顶

2. 屋顶的设计要求

(1) 防水要求

作为围护结构，屋顶最基本的功能是防止渗漏，因而屋顶构造设计的主要任务就是解决防水问题。一般通过采用不透水的屋面材料及合理的构造处理来达到防水的目的，同时也根据情况采取适当的排水措施，将屋面积水迅速排掉，以减少渗漏的可能。因而，一般屋面都需要做一定的排水坡度。

屋顶的防水是一项综合性技术，它涉及建筑及结构的形式、防水材料、屋顶坡度、屋面构造等问题，需综合加以考虑。设计中应遵循“合理设防、防排结合、因地制宜、综合治理”的原则。

(2) 保温隔热要求

在寒冷地区的冬季，室内一般都需要采暖，屋顶应有良好的保温性能，以保持室内温度。否则不仅浪费能源，还可能产生室内表面结露或内部受潮等一系列问题。

南方炎热地区的气候属于湿热型气候，夏季气温高、湿度大、天气闷热。如果屋顶的隔热性能不好，在强烈的太阳辐射和气温作用下，大量的热量就会通过屋顶传入室内，影响人们的工作和休息。在处于严寒地区与炎热地区之间的中间地带，对高标准建筑也需作保温或隔热处理。

对于有空调的建筑来说，为了保持其室内气温的稳定，减少空调设备的投资和经常维持费用，要求其外围护结构具有良好的热工性能。

(3) 结构要求

屋顶要承受风、雨、雪等荷载及其自重。如果是上人的屋顶，和楼板一样，还要承受人和家具等活荷载。屋顶将这些荷载传递给墙柱等构件，与它们共同构成建筑的受力骨架，因而屋顶应有足够的强度和刚度，以保证房屋的结构安全；从防水的角度考虑，也不允许屋顶受力后有过大的结构变形，否则易使防水层开裂，造成屋面渗漏。

(4) 建筑艺术要求

屋顶是建筑外部形体的重要组成部分，其形式对建筑物的性格特征具有很大的影响，屋顶设计还应满足建筑艺术的要求。

中国古典建筑的坡屋顶造型优美，具有浓郁的民族风格，如图 5.56 所示。如天安门城楼采用重檐歇山屋顶和金黄色的琉璃瓦屋面，使建筑显得灿烂辉煌。新中国成立后，我国修建的不少著名建筑，也采用了中国古建筑屋顶的某些手法，取得了良好的建筑艺术效果。如北京民族文化宫塔楼为四角重檐尖屋顶，配以孔雀蓝琉璃瓦屋面，其民族特色分外鲜明。又如毛主席纪念堂虽采用的是平屋顶，但在檐口部分采用了两圈金黄色琉璃瓦，就与天安门广场上的建筑群取得了协调统一。国外也有很多著名建筑，由于重视了屋顶的建筑艺术处理而使建筑各具特色。

(a)天安门

(b)毛主席纪念堂

图 5.56　中国古典式建筑的屋顶

(5) 其他要求

除了上述方面的要求外，社会的进步及建筑科技的发展还对建筑的屋顶提出了更高的要求。

例如，随着生活水平的提高，人们要求其工作和居住的建筑空间与自然环境更多地取得协调，改善生态环境。这就提出了利用建筑的屋顶开辟园林绿化空间的要求。国内外的一些建筑，如美国的华盛顿水门饭店、香港葵芳花园住宅、广州东方宾馆、北京长城饭店等，利用屋顶或天台铺筑屋顶花园，不仅拓展了建筑的使用空间，美化了屋顶环境，也改善了屋顶的保温隔热性能，取得了很好的综合效益。

再如，现代超高层建筑出于消防扑救和疏散的需要，要求屋顶设置直升飞机停机坪等设施，某些有幕墙的建筑要求在屋顶设置擦窗机轨道，某些“节能型”建筑要求利用屋顶安装太阳能集热器等。

屋顶设计时应对这些多方面的要求加以考查研究，协调好与屋顶基本要求之间的关系，以期最大限度地发挥屋顶的综合效益。

5.4.2 屋顶的排水

1. 排水坡度的表示方法

(1) 角度法

角度法是用屋顶坡面与坡面水平投影面的夹角来表示屋面的排水坡度，如图 5.57 (a) 所示。表示方法为：$\alpha=30°$等。角度法一般用于表示坡屋顶。

(2) 斜率法

斜率法是用屋顶的高度与坡面的水平投影长度之比表示屋面的排水坡度，表示方法为 $H:L$，如 1∶2、1∶30 等。斜率法既可用于坡屋顶也可用于平屋顶，如图 5.57 (b) 所示。

(3) 百分比法

百分比法是用屋顶的高度与坡面水平投影长度的百分比来表示排水坡度，表示方法为：$i=1\%$、$i=2\%$等。百分比法主要用于表示平屋顶，如图 5.57 (c) 所示。

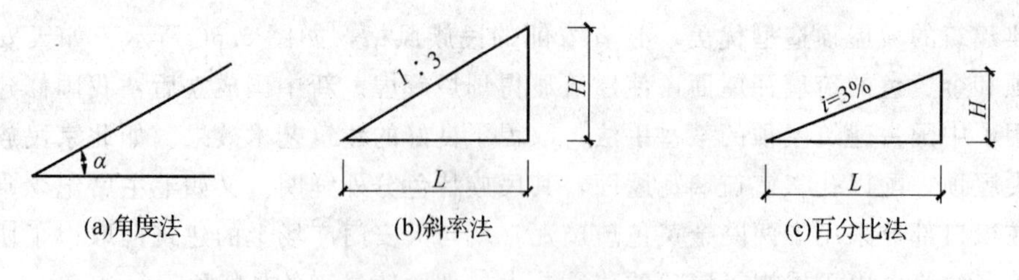

图 5.57　坡度表示方法

2. 影响屋面坡度的因素

(1) 年降雨量的影响

建筑物所在的地区年降雨量大小对屋面坡度影响很大，年降雨量大，屋面坡度要适当增加，减小漏雨性，也能及时排掉屋顶积聚的雨水。屋面防水材料相同时，南方的屋面坡度要比北方大。

(2) 屋面防水材料尺寸大小的影响

防水材料尺寸小，接缝就会多，易产生渗漏，屋面坡度宜选大些，以利于排水。反之防水材料覆盖面积大，接缝就会少，防水层形成一个密闭的整体，不易渗漏，屋面坡度可以小一些。坡屋顶的防水材料多为瓦材，如小青瓦、平瓦、琉璃筒瓦等，覆盖面积较小，应采用较大的坡度，一般为1∶2～1∶3。如果防水材料的覆盖面积较大，接缝少而且严密，使防水层形成一个封闭的整体，屋面坡度就可以小一些。平屋顶的防水材料多为卷材或现浇混凝土等，其屋面坡度一般为2%～3%即可。

(3) 其他因素的影响

屋面坡度的大小也取决于其他一些因素，如屋面有上人活动的要求，屋面排水的路线较长等，屋面坡度要小一些，另外蓄水或种植屋面都要求屋面坡度小些。

3. 屋面排水坡度的形成方式

(1) 材料找坡

在屋面板上用轻质材料来垫置坡度的方法称为材料找坡，常用的材料有石灰炉渣、水泥焦渣等，但因材料找坡的强度和平整度较低，需在其上加设水泥砂浆找平层后再做防水层。采用材料找坡的屋顶，室内可获得较为平整的顶棚，材料找坡适用于跨度不大的平屋顶，坡度宜为2%，如图5.58所示。屋面坡度太大会增加屋面荷载，跨度大时尤为明显。

(2) 结构找坡

将屋面的结构层根据排水坡度倾斜搁置的方法称为结构找坡，如图5.59所示。这种方法不需设材料找坡，荷载小，施工方便，省工省料，但室内顶棚呈倾斜状态。坡屋顶就是结构找坡，由屋架形成排水坡度。结构找坡适用于单坡跨度大于9 m的屋顶，且坡度不应小于3%。

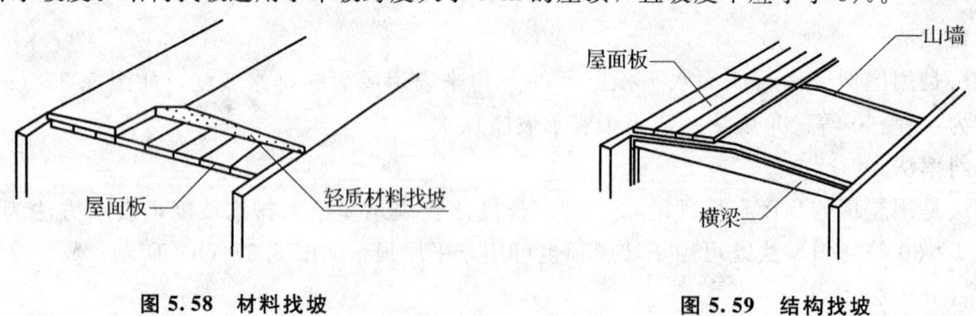

图 5.58　材料找坡

图 5.59　结构找坡

4. 屋顶排水方式

屋顶的排水方式分为无组织排水和有组织排水两类。

(1) 无组织排水

无组织排水又称自由落水，是雨水自由地从檐口落至室外地面的一种排水方式。这种排水方式构造简单，造价低廉，缺点是雨水自由下落，容易溅湿墙面，日久对墙体不利。若建筑物较高，自由落水易形成水帘，给使用上带来不便。无组织排水适用于三层及三层以下或檐高不大于 10 m 的中、小型建筑物或少雨地区建筑。常见无组织排水如图 5.60 所示。

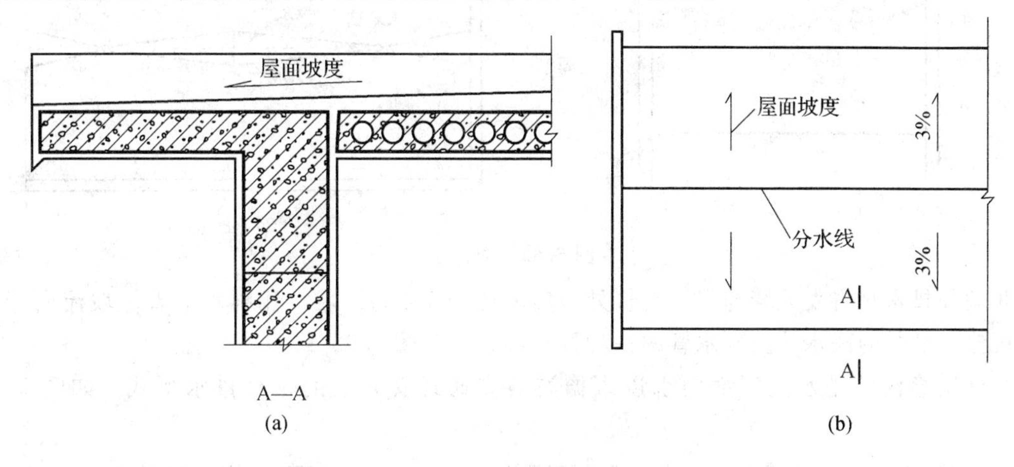

图 5.60　无组织排水

（2）有组织排水

有组织排水是指通过排水系统，将屋面汇集的雨水有组织地排至地面。所谓排水系统是把屋面划分成若干汇水区，使雨水有组织地排到檐沟中，通过雨水口排至雨水斗，再经雨水管排到室外，最后排往城市地下排水管网系统，如图 5.61 所示。

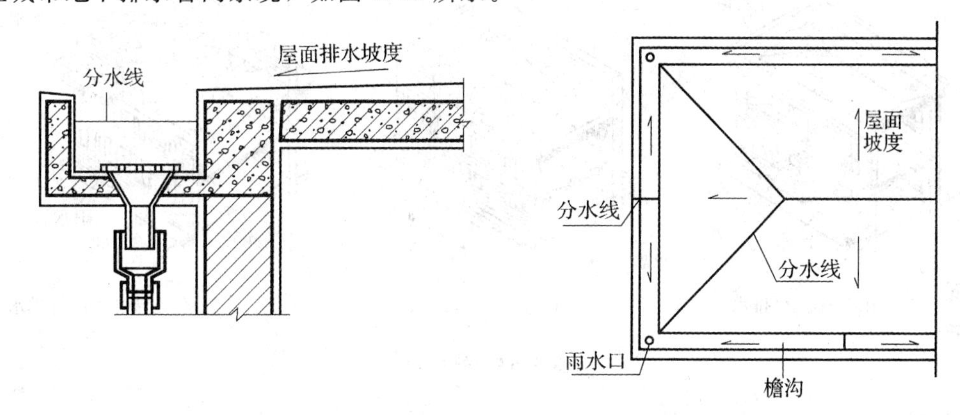

图 5.61　有组织排水

有组织排水分为内排水和外排水两种方式。

①内排水方案的屋面向内倾斜，坡度方向与外排水相反，如图 5.62 所示。屋面雨水汇集到中间天沟内，再沿天沟纵坡流向水落口，最后排入室内水落管，经室内地沟排往室外。内排水的雨水管设置在室内，常用于多跨或高层建筑、立面有特殊要求的建筑．另外，在严寒地区为防止雨水管冻裂也可将其放在室内。雨水管位置应避免设在主要使用房间内，一般设在卫生间、过道、楼梯间等次要使用房间内，也可设置管道井。由于内排水构造复杂、维修不便并极易渗漏，故一般建筑常采用有组织外排水方式。

②外排水可分为挑檐沟外排水、女儿墙外排水和女儿墙挑檐沟外排水三种。

挑檐沟外排水是屋面汇集的雨水直接导入挑檐沟内，再由沟内纵坡导入雨水口排至雨水斗的一种排水形式。平屋顶挑檐沟外排水通常采用钢筋混凝土檐沟，坡屋顶挑檐沟外排水檐沟悬挂在坡屋顶的悬挑处，如图 5.63（a）所示，可采用镀锌薄钢板或石棉水泥等轻质材料制作，水落管则仍可用铸铁、塑料、陶瓦、石棉水泥等材料。

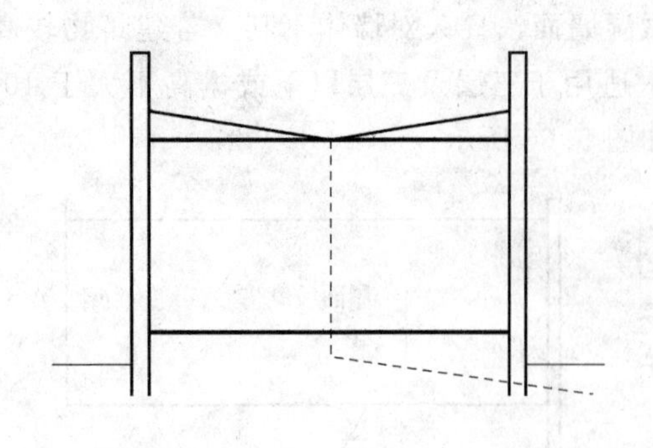

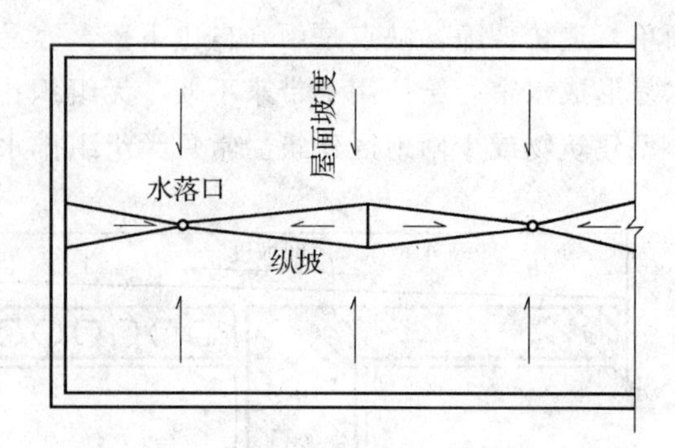

图 5.62　内排水

女儿墙外排水是将女儿墙与屋面交接处做出坡度为1%的纵坡，让雨水沿着纵坡流向弯管式雨水口，再流入墙外的雨水斗及雨水管的一种排水形式，如图 5.63（b）所示。

女儿墙挑檐沟外排水是屋面雨水进入檐沟前先通过女儿墙的一种排水形式，如图 5.63（c）所示。

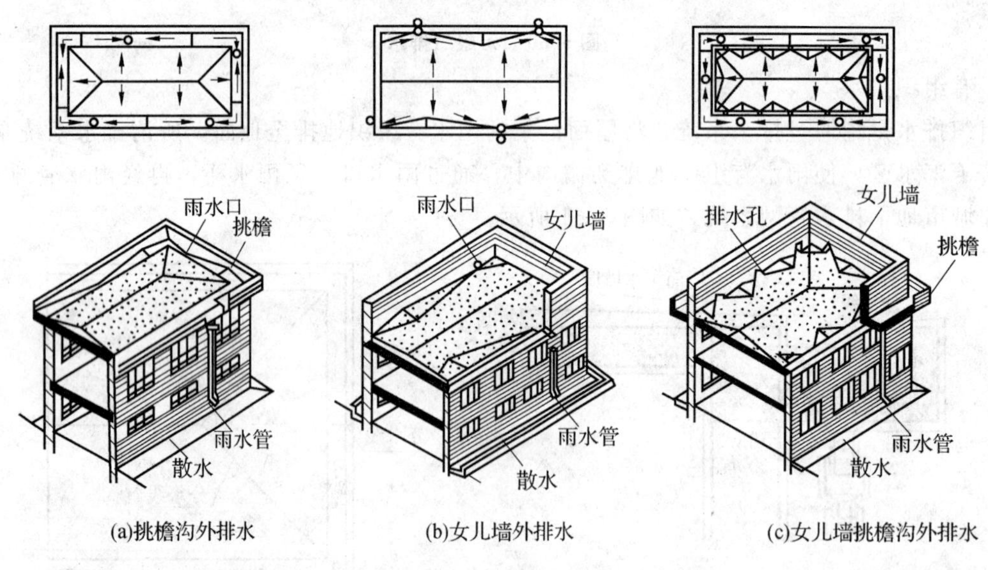

(a)挑檐沟外排水　(b)女儿墙外排水　(c)女儿墙挑檐沟外排水

图 5.63　外排水

5.4.3 屋顶的防水构造

屋顶的防水按防水做法主要有分为卷材防水屋面、刚性防水屋面和涂膜防水屋面三种。

卷材防水屋面是用防水卷材与胶粘剂结合在一起，形成连续致密的构造层，从而达到防水目的。卷材防水层具有一定的延伸性和适应变形的能力，也被称为柔性防水屋面。常用的卷材类型有沥青防水卷材、高聚物改性沥青防水卷材和合成高分子防水卷材。

卷材防水屋面的构造组成（由下而上）如图 5.64 所示。

①结构层：屋顶承重结构，一般采用现浇钢筋混凝土或预制钢筋混凝土面板。

②找平层：保证卷材基层表面的平整度，防止卷材凹陷或断裂。找平层的厚度取决于基层的平整度，一般采用 15～30 mm 厚 1∶3 水泥砂浆。为了防止找平层水泥砂浆变形开裂影响到防水层，宜在找平层设置分隔缝。分隔缝间距不宜大于 6 m，缝宽一般为 20 mm。

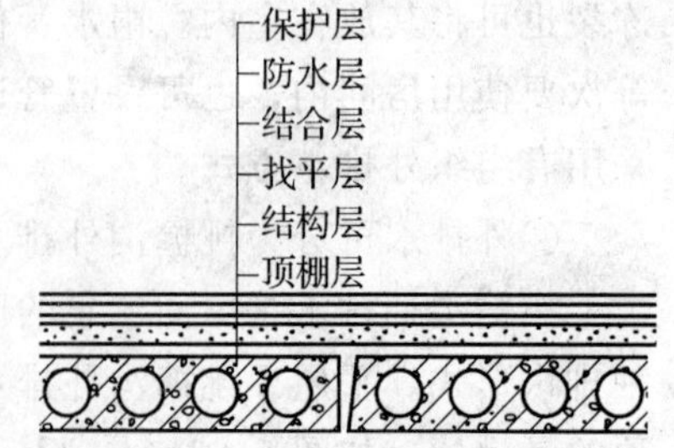

图 5.64　卷材防水屋面构造组成

③结合层：由于砂浆找平层表面存在孔隙和小颗粒粉尘，很难使沥青与找平层粘接牢固，结合

层的作用就是在基层与卷材胶粘剂间形成一层胶质薄膜，使卷材与基层胶结牢固。沥青类卷材常用冷底子油做结合层，冷底子油是用沥青加入柴油或汽油等溶剂稀释而成，配制时不用加热，故称冷底子油；高分子卷材多采用配套基层处理剂。卷材防水层与基层的粘结方法有满粘法、空铺法、条粘法、点粘法等。

④防水层：沥青防水卷材、高聚物改性沥青防水卷材和合成高分子防水卷材。卷材铺设应采用搭接的方法，上下层及相邻两幅卷材的搭接接缝应错开。平行于屋脊的搭接缝应顺水流方向搭接；垂直于屋脊的搭接缝应顺最大频率风向搭接。

⑤保护层：保护层是保护卷材类防水层在阳光和大气的作用下老化、变脆和开裂，同时还可以防止沥青类卷材中沥青过热流淌，并防止暴雨对沥青的冲刷。保护层构造做法应视屋面的利用情况而定。

泛水是指屋面与垂直墙面如女儿墙、山墙、烟囱、变形缝等相交处的处理。对于卷材防水屋面，具体做法：首先将屋面的卷材防水层铺至垂直面上不小于 250 mm 的高度，并加铺一层卷材，形成卷材防水，并把转角处卷材下的找平层做成圆角或 45°斜角，最后把泛水上口的卷材收头固定，如图 5.65 所示。

刚性防水屋面即用刚性材料（配筋细石混凝土或防水混凝土）做防水层的屋面。刚性防水屋面施工方便，构造简单，造价较低。但刚性防水层对温度变化、结构变形敏感，容易产生裂缝且对施工质量要求较高，不适用于用松散材料作保温层的屋面、较大振动的屋面及北方温差变化较大的地方。刚性防水屋面构造组成（由下而上）如图 5.66 所示。

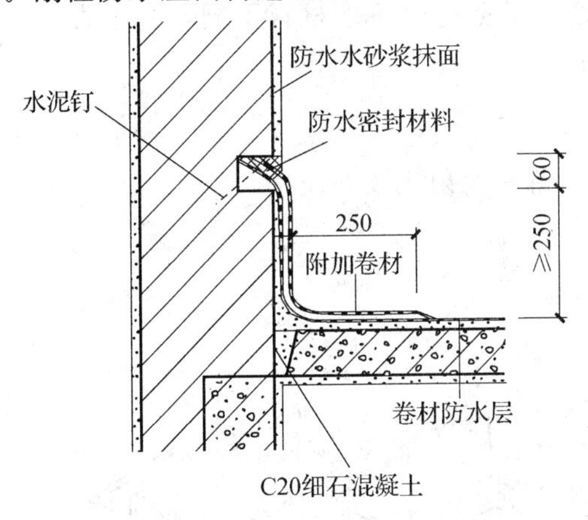

图 5.65　卷材防水屋面泛水构造做法

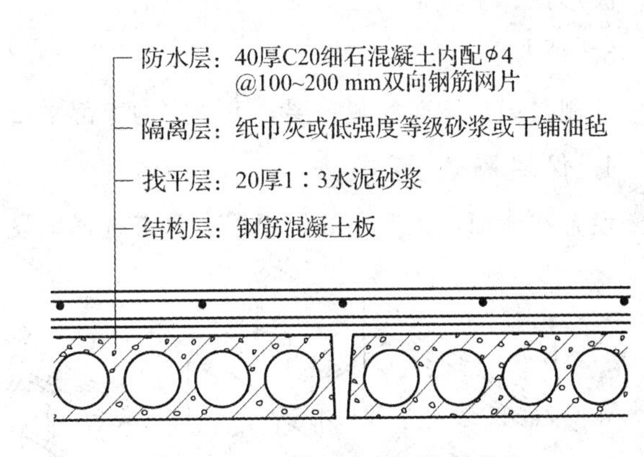

图 5.66　刚性防水屋面构造做法

分格缝又称分仓缝，是为防止刚性防水层因结构变形、温度变化和混凝土收缩等引起开裂，而在屋面所设置的“变形缝”。分格缝应设置在装配式结构屋面板的支承端、屋面转折处、与立墙的交接处。分格缝的纵横间距不宜大于 6 m。屋脊处应设一纵向分格缝；横向分格缝每开间设一道，并与装配式屋面板的板缝对齐；沿女儿墙四周也应设分隔缝。其他突出屋面的结构物四周均应设置分格缝。分格缝的构造做法如图 5.67 所示。

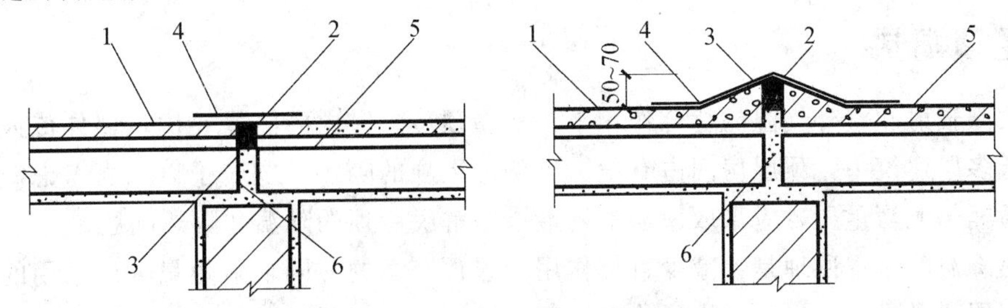

图 5.67　分格缝构造做法

1—刚性防水屋面；2—密封材料；3—背衬材料；4—防水卷材；5—隔离层；6—细石混凝土

涂膜防水是在自身有一定防水能力的结构层表面涂刷一定厚度的防水涂料，经常温胶联固化后，形成一层具有一定韧性防水涂膜的防水方法。涂膜防水由于防水效果好，施工简单方便，特别适合于表面形状复杂的结构防水施工。

5.4.4 坡屋顶的构造组成

坡屋顶一般由承重结构和屋面两部分组成，必要时还设有保温隔热层及顶棚层等。

1. 承重结构

承重结构是主要承受屋面荷载并把它传递到墙或柱上，一般有椽子、檩条、屋架或大梁等。常见坡屋顶承重结构体系有屋架承重、山墙承重和梁架承重等，如图 5.68 所示。

①屋架承重是指用三角形屋架来搁置檩条以支撑屋面荷载的结构形式，常用于要求有较大使用空间的建筑。

②山墙承重是按坡屋顶的坡度，把横墙上部砌成三角形（山墙），上部直接搁置檩条承受屋顶荷载的结构形式，具有施工简单、经济等优点，常用于宿舍、办公室等多数相同开间并列的建筑。

③梁架承重是指柱和梁组成排架，檩条搁置于梁间承受屋面荷载并将排架联系成一个完整的整体骨架。梁架支撑是我国屋顶传统的结构形式，墙体不承重，只起分割与维护作用。

2. 屋面

屋面是坡屋顶的覆盖层，直接承受雨、雪、风和太阳辐射等作用。一般由屋面材料和基层组成。屋面按基层的组成方式有无檩体系和有檩体系两种。根据屋面防水材料不同，有小青瓦、平瓦、波形瓦、平板金属皮、灰土顶等屋面。

3. 顶棚

顶棚是屋顶下面的覆盖层，可使室内上部平整，有装饰和反射光线的作用。

4. 保温隔热层

设置在屋面或顶棚层处，根据需要有选择地设置。

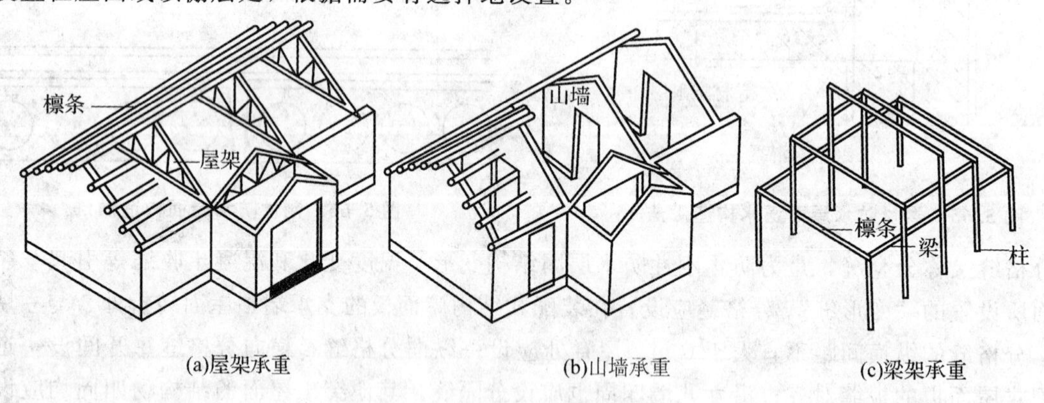

图 5.68　坡屋顶承重结构体系

5.4.5 屋顶隔热

在夏季太阳辐射和室外气温的综合作用下，从屋顶传入室内的热量要比从墙体传人室内的热量多得多。在低多层建筑中，顶层房间占有很大比例，屋顶的隔热问题应予以认真考虑。我国南方地区的建筑屋顶隔热尤为重要，应采取适当的构造措施解决屋顶的降温和隔热问题。

屋顶隔热降温的基本原理是：减少直接作用于屋顶表面的太阳辐射热量。所采用的主要构造做法是：屋顶间层通风隔热、屋顶蓄水隔热、屋顶植被隔热、屋顶反射阳光隔热等。

1. 屋顶通风隔热

通风隔热就是在屋顶设置架空通风间层，使其上表面遮挡阳光辐射，同时利用风压和热压作用将间层中的热空气带走，使通过屋面板传入室内的热量大为减少，从而达到隔热降温的目的。通风间层的设置通常有两种方式：一种是在屋面上做架空通风隔热间层，另一种是利用吊顶棚内的空间做通风间层。

（1）架空通风间层

架空通风隔热间层设置于屋面防水层上，架空层内的空气可以自由流通，其隔热原理是：一方面利用架空的面层遮挡直射阳光，另一方面架空层内被加热的空气与室外冷空气产生对流，将层内的热量源源不断地排走，从而达到降低室内温度的目的。

架空通风层通常用砖、瓦、混凝土等材料及制品制作，其中最常用的是架空通风隔热（图5.69），即架空隔热小板与通风桥。

（2）顶棚通风隔热

利用顶棚与屋面间的空间做通风隔热层可以起到架空通风层同样的作用。如图5.70所示是几种常见的顶棚通风隔热屋面构造示意。

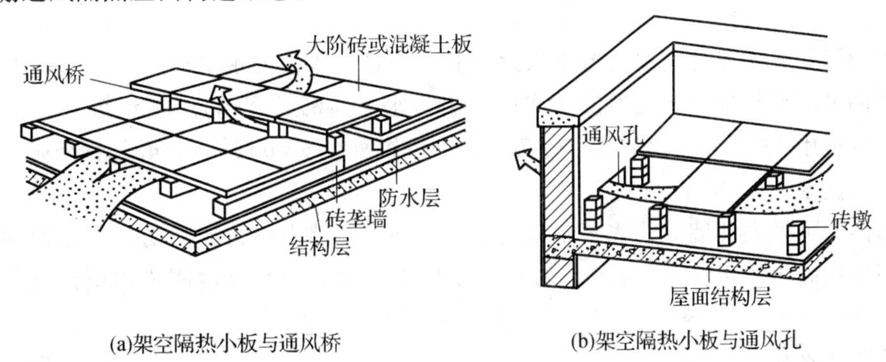

(a)架空隔热小板与通风桥　(b)架空隔热小板与通风孔

图5.69　架空通风隔热

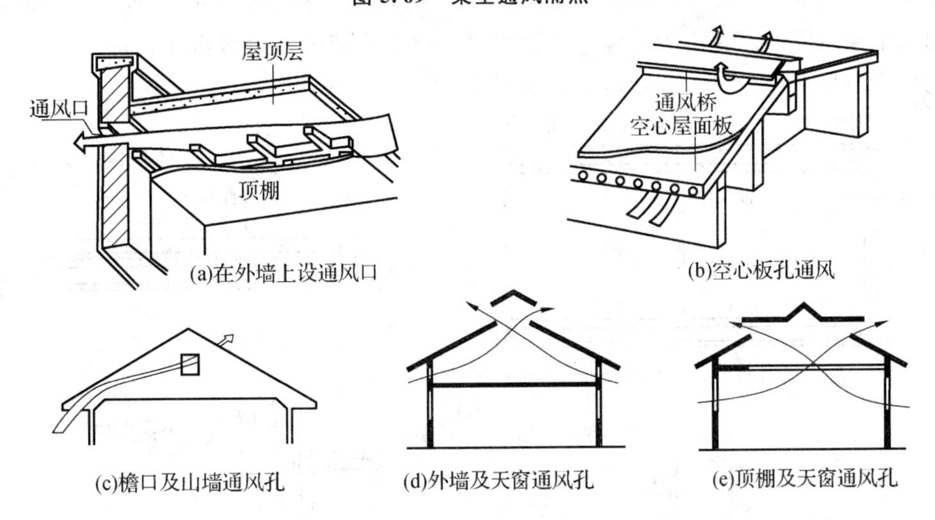

(a)在外墙上设通风口　(b)空心板孔通风

(c)檐口及山墙通风孔　(d)外墙及天窗通风孔　(e)顶棚及天窗通风孔

图5.70　顶棚通风隔热屋面

2. 蓄水隔热

蓄水隔热屋面利用平屋顶所蓄积的水层来达到屋顶隔热的目的，其原理为：在太阳辐射和室外气温的综合作用下，水能吸收大量的热而由液体蒸发为气体，从而将热量散发到空气中，减少了屋顶吸收的热量，起到隔热的作用。水面还能反射阳光，减少阳光辐射对屋面的热作用。水层在冬季还有一定的保温作用。此外，水层长期将防水层淹没，使混凝土防水层处于水的养护下，减少由于温度变化引起的开裂和防止混凝土的碳化，使诸如沥青和嵌缝胶泥之类的防水材料在水层的保护下推迟老化过程，延长使用年限。

(1) 蓄水隔热屋面的设计要点

蓄水屋面的构造设计主要应解决好以下几方面的问题：

①蓄水层深度及屋面坡度。

过厚的水层会加大屋面荷载，过薄的水层夏季又容易被晒干，不便于管理。从理论上讲，50 mm深的水层即可满足降温与保护防水层的要求，但实际比较适宜的水层深度为150～200 mm。为保证屋面蓄水深度的均匀，蓄水层面的坡度不宜大于0.5%。

②防水层的做法。

蓄水屋面既可用于刚性防水屋面，也可用于卷材防水屋面。采用刚性防水层时也应按规定做好分格缝，防水层做好后应及时养护，蓄水后不得断水。采用卷材防水层时，其做法与前述的卷材防水屋面相同，应注意避免在潮湿条件下施工。

③蓄水区的划分。

为了便于分区检修和避免水层产生过大的风浪。蓄水屋面应划分为若干蓄水区，每区的边长不宜超过10 m。

蓄水区间用混凝土做成分仓壁，壁上留过水孔，使各蓄水区的水层连通，如图5.71 (a) 所示，但在变形缝的两侧应设计成互不连通的蓄水区。当蓄水屋面的长度超过40 m时，应做横向伸缩缝一道。分仓壁也可用M10水泥砂浆砌筑砖墙，顶部设置直径6 mm或8 mm的钢筋砖带。

④女儿墙与泛水。

蓄水屋面四周可做女儿墙并兼作蓄水池的仓壁。在女儿墙上应将屋面防水层延伸到墙面形成泛水，泛水的高度应高出溢水孔100 mm。若从防水层面起算，泛水高度刚为水层深度与100 mm之和，即250～300 mm。

⑤溢水孔与泄水孔。

为避免暴雨时蓄水深度过大，应在蓄水池外壁上均匀布置若干溢水孔，通常每开间约设一个，以使多余的雨水溢出屋面。为便于检修时排除蓄水，应在池壁根部设泄水孔，每开间约一个。泄水孔和溢水孔均应与排水檐沟或水落管连通，如图5.71 (b)、(c) 所示。

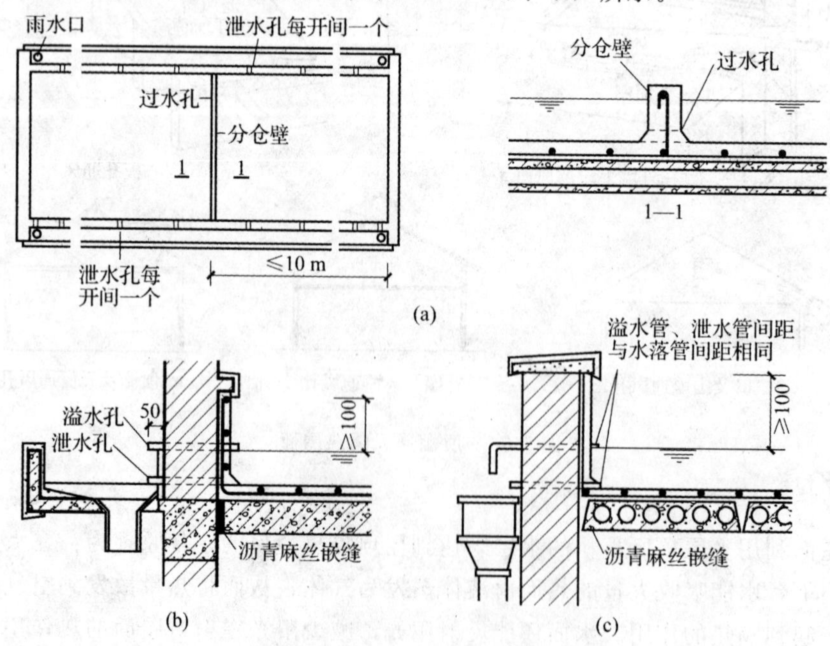

图5.71　蓄水屋面

综上所述，蓄水屋面与普通平屋盖防水屋面不同的就是增加了一壁三孔。所谓一壁是指蓄水池的仓壁，三孔是指溢水孔、泄水孔、过水孔。一壁三孔概括了蓄水屋面的构造特征。

3. 种植隔热

种植隔热的原理是：在平屋顶上种植植物，借助栽培介质隔热及植物吸收阳光进行光合作用和遮挡阳光的双重功效来达到降温隔热的目的。种植隔热根据栽培介质层构造方式的不同可分为一般种植隔热和蓄水种植隔热两类。

(1) 一般种植隔热屋面

一般种植隔热屋面是在屋面防水层上直接铺填种植介质，栽培各种植物。如图 5.72 所示是一般种植屋面构造示意。

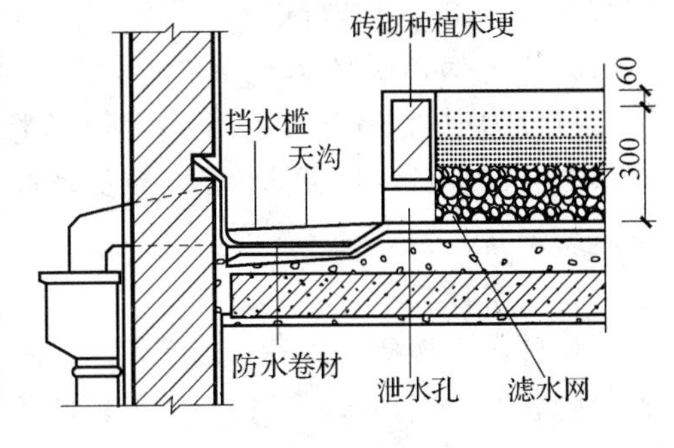

图 5.72　种植屋面构造示意

(2) 蓄水种植隔热屋面

蓄水种植隔热屋面是将一般种植屋面与蓄水屋面结合起来，进一步完善其构造后所形成的一种新型隔热屋面。

4. 反射降温隔热

屋面受到太阳辐射后，一部分辐射热量被屋面材料吸收，另一部分被屋面反射出去。反射热量与入射热量之比称为屋面材料的反射率（用百分数表示）。该比值取决于屋顶表面材料的颜色和粗糙程度，色浅而光滑的表面比色深而粗糙的表面具有更大的反射率。表 5.1 为不同材料不同颜色屋面的反射率。设计中如果能恰当地利用材料的这一特性，也能取得良好的降温隔热效果。例如屋面采用浅色砾石、混凝土，或涂刷白色涂料，均可起到明显的降温隔热作用。如果在吊顶棚通风隔热层中加铺一层铝箔纸板，其隔热效果更加显著，因为铝箔的反射率在所有材料中是最高的。

表 5.1　各种屋面材料的反射率

屋面材料与颜色	反射率/%	屋盖表面材料与颜色	反射率/%
沥青	15	石灰刷白	80
油毡	15	砂	59
镀锌薄钢板	35	红	26
混凝土	35	黄	65
铝箔	89	石棉瓦	34

5.5　楼梯与电梯

楼梯、电梯、自动扶梯、台阶、坡道是解决竖向交通的重要设施。

5.5.1　楼梯的组成与形式

1. 楼梯的组成

楼梯一般由楼梯段、休息平台、栏杆或栏板三个部分所组成（图 5.73）。

(1) 楼梯段

设有踏步，是联系建筑物两个楼层平台之间的倾斜构件，俗称“梯跑”。踏步水平的面称为踏面，垂直的面称为踢面。踏步步数太多，容易使人产生疲劳感，所以踏步步数不宜超过 18 级。踏步步数太少，不易被人察觉，所以踏步步数最少不易少于 3 级。

(2) 楼梯休息平台

连接两个楼梯段之间的水平部位，也叫楼梯平台。它的作用有缓解疲劳，供人们上下楼梯时暂时休息之用、改变行进方向之用以及分配各层人流之用。根据楼梯平台所处的位置和标高不同，可分为中间平台和楼层平台。中间平台是两楼层之间的平台，楼层平台是与楼层地面标高相一致的平台。

(3) 栏杆和扶手

栏杆位于楼梯段和平台边缘处，保障人们行走时的安全的围护构件。扶手位于栏杆或栏板顶部，供人们上下楼梯时倚扶所用的连续构件。一般情况，靠近梯井临空一侧都要设置栏杆（板）扶手，称为临空扶手；楼梯梯段宽达三股人流（1 650 m）时，除了设置临空扶手，还要设置靠墙扶手；当楼梯梯段宽达四股人流（2 200 m）时应加设中间扶手。

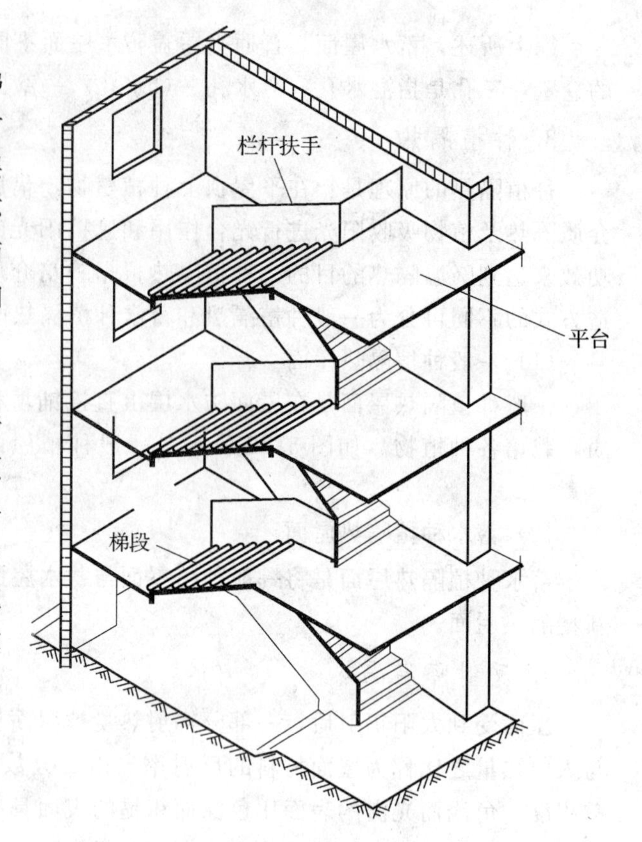

图 5.73　楼梯的组成

2. 楼梯的形式

(1) 按楼梯的形式划分

①直行单跑楼梯（图 5.74 (a)）：

此种类型楼梯中间没有楼梯休息平台，楼梯梯段踏步数不宜超过 18 级，故此种楼梯用于层高较低的建筑中。

②直行多跑楼梯（图 5.74 (b)）：

此种类型楼梯增设了中间休息平台，将单段梯变成多段梯，一般为双跑梯段，适用于层高较高的建筑中，如公共建筑中人流较多的大厅，具有导向性强，直接顺畅，气派感强。

③平行双跑楼梯（图 5.74 (c)）：

上完一层楼刚好回到原起步方位，与楼梯上升的空间回转往复性吻合，当上下多层楼面时，比直跑楼梯节约交通面积并缩短人流行走距离，是最常用的楼梯形式之一。

④双分式和双合式楼梯（图 5.74 (d)）：

双分式楼梯第一跑在中间，并为一个较宽的梯段，经过楼梯平台后分成两个以第一跑一半的梯段宽上到楼层。此种楼梯常用作办公类建筑，严谨对称。

双合式楼梯与双分式楼梯类似，区别是楼层平台起步第一跑位于中间，而双合式楼梯第一炮位于两边。

⑤折行多跑楼梯：

折行双跑楼梯第一跑与第二跑梯段之间折角为 90 度或其他角度，适用于仅上一层楼的影剧院、体育场等建筑门厅中。

折行多跑楼梯是指楼梯段数较多的折行楼梯，如三跑楼梯（图 5.74 (e)）、四跑楼梯（图 5.74 (f)）等。由于折行多跑楼梯围绕中间部分形成较大的楼梯井，安全性降低，故不适用于幼儿园、中小学等建筑中。

⑥交叉楼梯和剪刀楼梯：

交叉楼梯可视为是由两个直行单跑楼梯交叉并列而成。交叉楼梯通行人流大，同时为上下楼层的人流提供了两个方向，仅适用于层高较低的建筑中（图 5.74 (g)）。

剪刀楼梯可视为由两个双跑式楼梯的对接。剪刀楼梯中间加上防火分隔墙，耐火极限大于等于 2 小时。并在楼梯周边设防火墙、防火门形成楼梯间，就成了防火剪刀楼梯。其特点是两边梯段互不相通，形成两个各自独立的空间通道，也就成了两部独立的疏散楼梯，满足双向疏散之用。适用于高层塔式建筑（图 5.74（h））。

⑦螺旋形楼梯（图 5.74（i））：

此种类型楼梯平面呈圆形，常围绕一根单柱布置。平台和踏面均为扇形平面，踏步内侧宽度很小，且形成较陡的坡度，行走时安全度降低，所以这种楼梯不能用作主要人流交通和疏散楼梯。

⑧弧形楼梯（图 5.74（j））：

此种类型楼梯围绕较大的轴心空间旋转，且仅为一段弧环。平台和踏面也为扇形平面，踏步内侧宽度较大，导致坡度不是很陡，可以用来通行较多的人流。弧形楼梯也可以看做是折行楼梯的演变形式。常布置在公共建筑门厅，具有较强的导向性，同时造型美观。

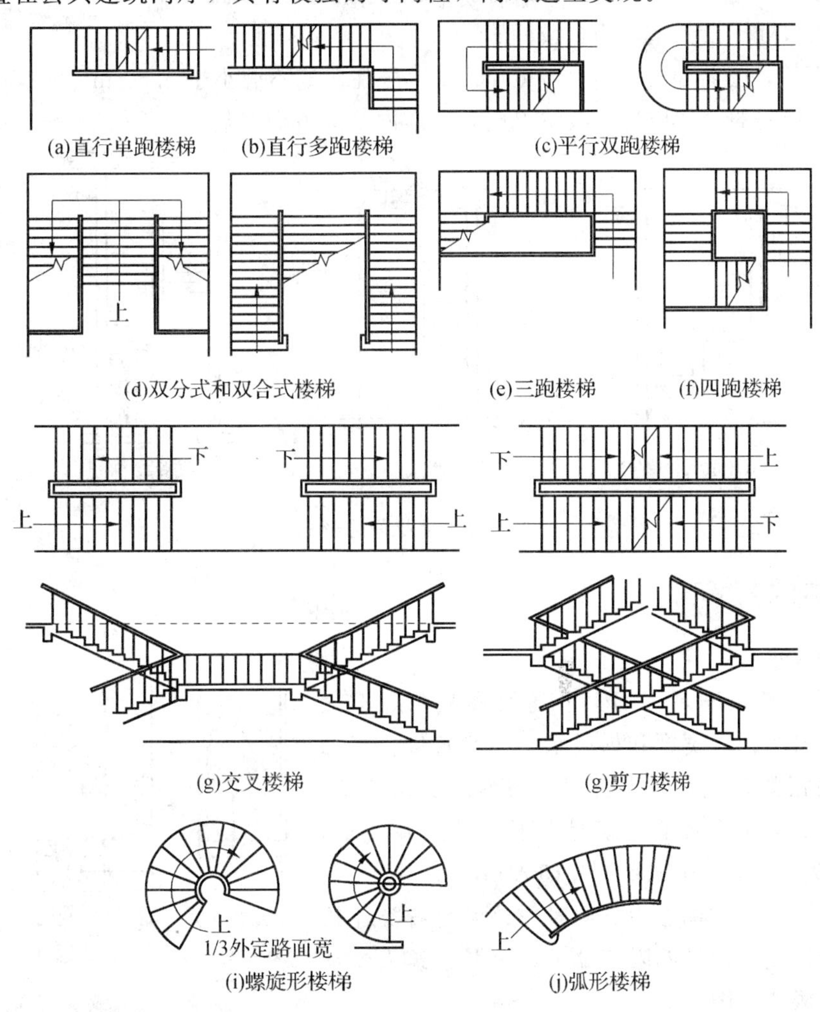

图 5.74　楼梯的形式

（2）按楼梯间形式划分

楼梯间是容纳楼梯的结构，包围楼梯的各个构件的房间。同时它是一个相对独立的建筑部分，联系整个建筑的交通运输。由于防火的要求不同，楼梯间有以下三种形式：

①开敞式楼梯间。

楼梯与门厅、走道或其他楼层空间直接连通，不设隔墙和门。如图 5.75（a）所示，一般用于多层建筑（除防火规范规定的需设置封闭楼梯间的建筑）。

②封闭楼梯间。

裙房和除单元式和通廊式住宅外的建筑高度不超过 32 m 的二类建筑应设封闭楼梯间（图 5.75（b））。封闭楼梯间的设置应符合下列规定：

a. 楼梯间应靠外墙，并应直接天然采光和自然通风，当不能直接天然采光和自然通风时，应按防烟楼梯间规定设置。

b. 楼梯间应设乙级防火门，并应向疏散方向开启。

c. 楼梯间的首层紧接主要出口时，可将走道和门厅等包括在楼梯间内，形成扩大的封闭楼梯间，但应采用乙级防火门等防火措施与其他走道和房间隔开。

（3）防烟楼梯间

对于一类建筑和除单元式和通廊式住宅外的建筑高度超过 32 m 的二类建筑以及塔式住宅，均应设防烟楼梯间（图 5.75（c））。防烟楼梯间的设置应符合下列规定：

a. 楼梯间入口处应设前室、阳台或凹廊。

b. 前室的面积，公共建筑不应小于 6.00 m^2，居住建筑不应小于 4.50 m^2。

c. 前室和楼梯间的门均应为乙级防火门，并应向疏散方向开启。

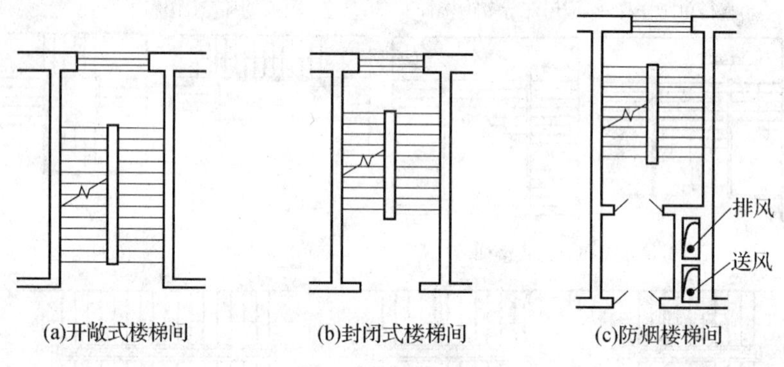

图 5.75 楼梯间的形式

5.5.2 楼梯的尺度

（1）梯段的尺度

楼梯梯段尺度必须满足人们上下通行和紧急疏散之用。梯段的尺度分为梯段宽度和梯段水平投影长度。楼梯梯段净宽应该根据紧急疏散时人流通行股数多少来确定。作为疏散楼梯，其最小宽度必须满足两股人流通行要求，每股人流宽度为 0.55 m＋（0～0.15）m，其中（0～0.15）m 为人流在行进中的摆幅，同时应该满足各类建筑设计规范中对梯段宽度的最低限度要求，公共建筑人流众多的场所应取上限值（图 5.76）。

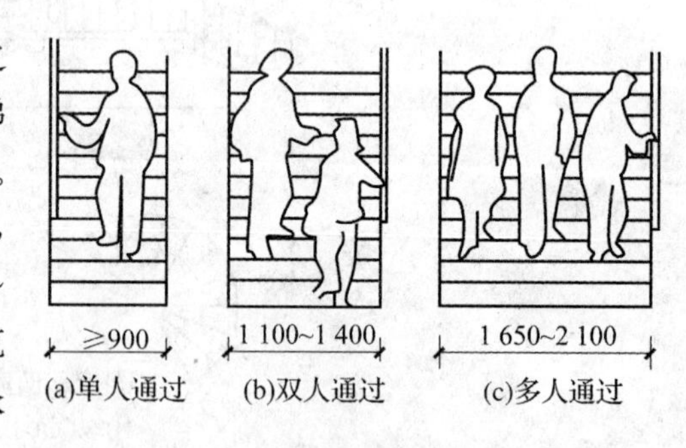

图 5.76 楼梯梯段的通行宽度

（2）楼梯的坡度

楼梯的坡度指的是楼梯梯段的坡度。根据建筑物的使用功能合理选择楼梯梯段坡度，达到既使用方便又经济合理的目的。一般来说，居住建筑楼梯坡度可以陡些，公共建筑人流较多，楼梯坡度可以缓些。供老年人、幼儿使用的建筑中，楼梯坡度相应更缓些。通常楼梯段可用的坡度范围为 25°～45°，其中 30°左右较为通用。

（3）楼梯踏步尺寸

楼梯的踏步是由踏面和踢面组成，踏步尺寸与人行走的尺度有关，踏面太宽，行走舒适，但增加了梯段水平投影面积；踏步太窄，人行走时脚跟部分悬空，行走不安全。

假设楼梯梯段踏步的踏面宽为 b，踢面高为 h，踏步尺寸可以取下面经验公式作为其取值依据：

$$b+2h=（600\sim620）\text{mm} \text{ 或 } b+h=450\ \text{mm}$$

式中（600～620）mm 是成年人的平均步距值。

当踏面尺寸较小时，可以采用增加踏面口或将踢面倾斜的方式加宽踏面。踏面口一般出挑 20～25 mm，出挑太多，会导致行走不便（图 5.77）。

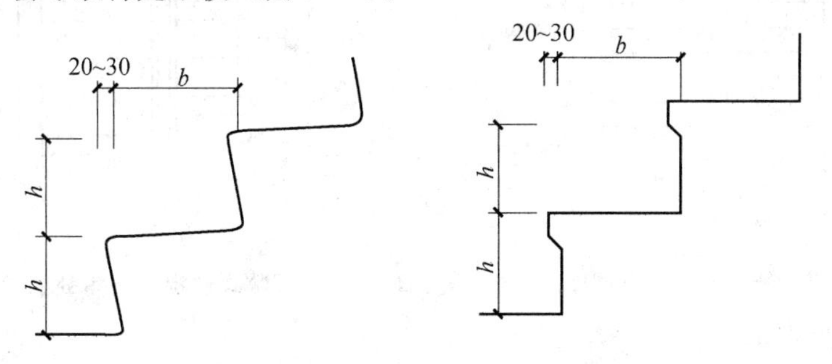

图 5.77 增加踏步宽度的方法

楼梯梯段水平投影长度计算方法为：$L=b\times（N/2-1）$，其中 L 为踏面水平投影长度，N 为上下一个楼层的踏步总数（图 5.78）。

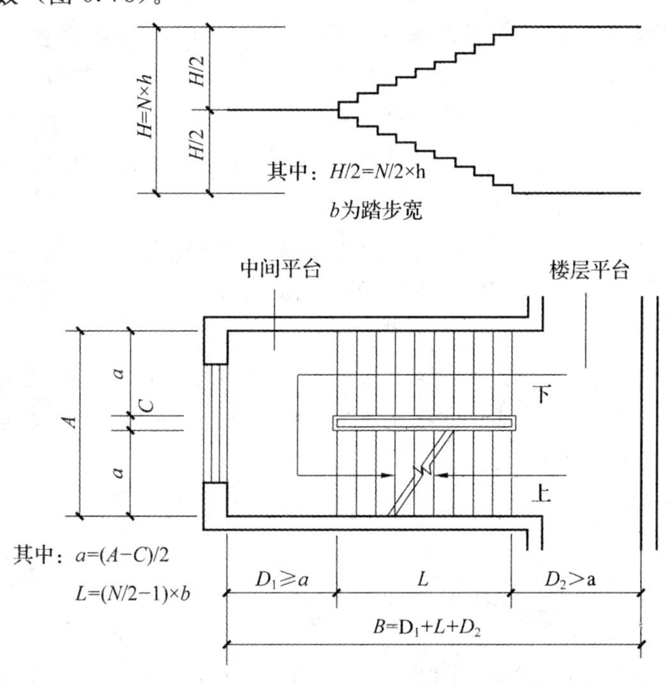

图 5.78 楼梯各部位尺寸示意图

（4）楼梯平台宽度

楼梯平台宽度分为中间平台宽度和楼层平台宽度。一般情况下，中间平台宽度要大于楼梯梯段宽，并不得小于 1 200 mm，保证通行楼梯梯段同股人流数并方便携带物品通过（图 5.79）。楼层平台宽度要根据楼梯的形式来定，开敞楼梯间平台通行的人流可以借用过道宽度来满足，但为防止走廊上的人流与从楼梯上下的人流发生拥挤或干扰，楼层平台应有一个缓冲空间（图 5.80）；封闭楼梯间要比中间平台宽一些，有利于人流停留和疏散之用。

（5）楼梯梯井宽度

梯井是指梯段之间形成的空隙，此空隙从顶到底层贯通。为了安全，梯井宽度一般为 60～200 mm，当梯井超过 200 m 时，应在梯井部位设水平防护措施。

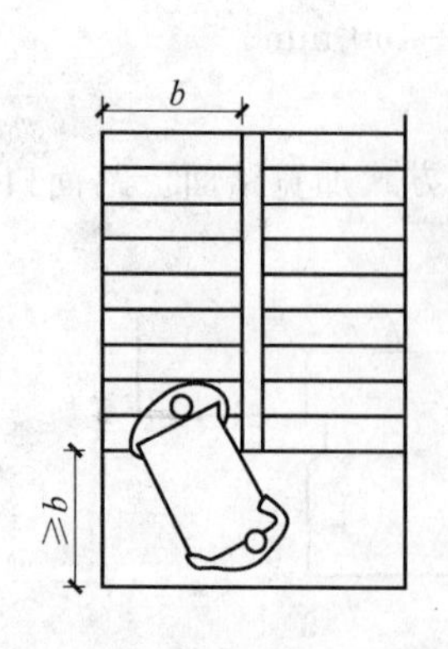

图 5.79 平台的通行宽度

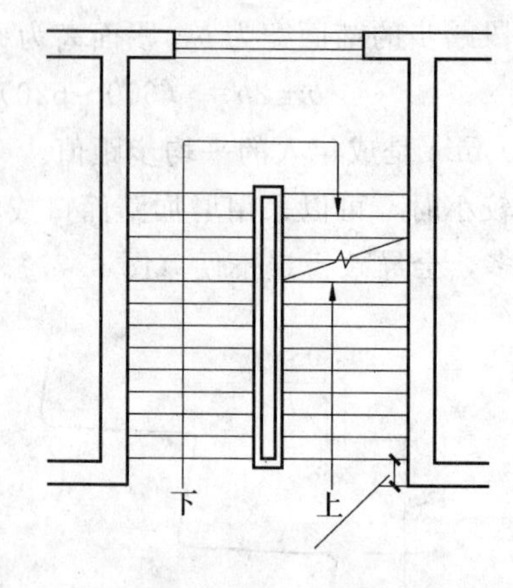

图 5.80 开敞式楼梯间转角处的平面布置

(6) 栏杆扶手尺度

栏杆扶手高度是指踏步前缘线到扶手顶面的垂直距离。栏杆扶手高度的确定主要是根据我过成年男性平均身高确定，其身体重心高度大约在 1～1.05 m，为防止跌落，扶手高度不应低于这一身体重心高度。

室内楼梯栏杆扶手的高度：自踏步前缘线量起不宜小于 0.90 m，靠楼梯井一侧水平扶手超过 0.50 m 时，其高度不应小于 1.05 m。

室外楼梯栏杆扶手高度：栏杆扶手临空高度在 24 m 以下时，栏杆高度不应低于 1.05 m，临空高度在 24 m 以 24 m 以上（包括中高层住宅）时，栏杆高度不应低于 1.10 m，高层建筑室外楼梯栏杆高度应再适当提高，但不宜超过 1.20 m。

注：栏杆高度应从楼地面或屋面至栏杆扶手顶面垂直高度计算，如底部有宽度大于或等于 0.22 m,且高度低于或等于 0.45 m 的可踏部位，应从可踏部位顶面起计算。栏杆离楼面或屋面 0.10 m高度内不宜留空；

住宅、托儿所、幼儿园、中小学及少年儿童专用活动场所的栏杆必须采用防止少年儿童攀登的构造，当采用垂直杆件做栏杆时，其杆件净距不应大于 0.11 m；并且增设供儿童方便抓扶的附加扶手，其高度一般为 0.60 m（图 5.81）。

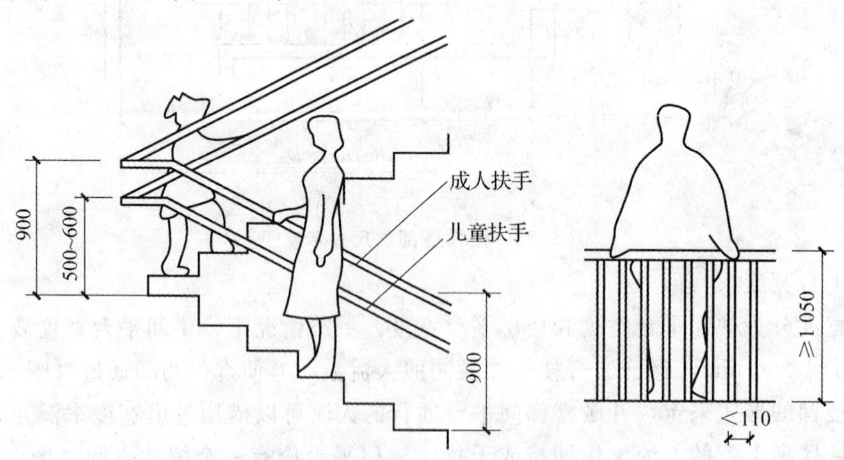

图 5.81 栏杆扶手高度及平台处安全栏杆

(7) 楼梯净空高度

楼梯净空高度包括楼梯段净高和平台处净高。楼梯梯段净高是指踏步前缘到顶棚垂直高度，不应小于 2 200 mm。楼梯平台净高是指楼梯平台结构下缘至人行通道的垂直高度，不应小于 2 000 mm（图 5.82）。

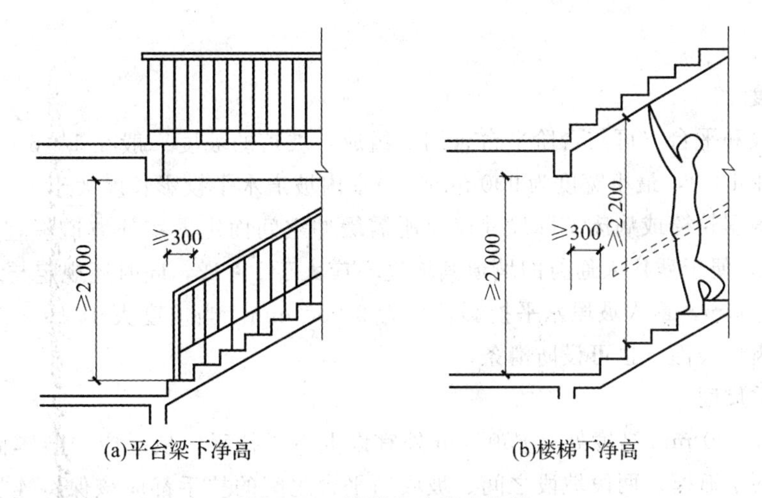

(a)平台梁下净高　　(b)楼梯下净高

图 5.82　楼梯净空高度控制

5.5.3 台阶和坡道

1. 台阶

台阶位于室外环境中，是联系室内外高差的重要交通部件，由踏步和平台组成。台阶要求提高行走舒适性，故坡度较楼梯平缓，一般为 20°，其踏步宽度（b）一般为 300～400 mm 左右，踏步高度（h）一般在 100～150 mm 左右，踏步步数根据室内外高差确定。平台位于踏步和出入口之间，是室内外的过渡，起到缓冲作用。平台深度一般不小于 1 000 mm，平台表面宜比相邻室内地面低 10～20 mm，并向外找坡 3%，目的是防止雨水倒流或积聚（图 5.83）。人流密集的场所台阶高度大于0.70 m并侧面临空时，应该设置抓扶及防止跌落的栏杆或护墙等防护设施，其一般尺度及设计要求，可参照本章楼梯栏杆（板）扶手要求进行设计。

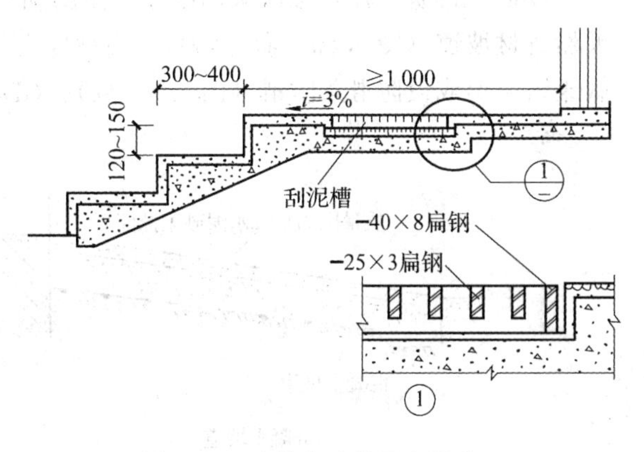

图 5.83　室外台阶的尺度要求

室外台阶形式多样，有单面踏步式，双面踏步式、三面踏步式以及单面踏步带花池等形式（图 5.84）。

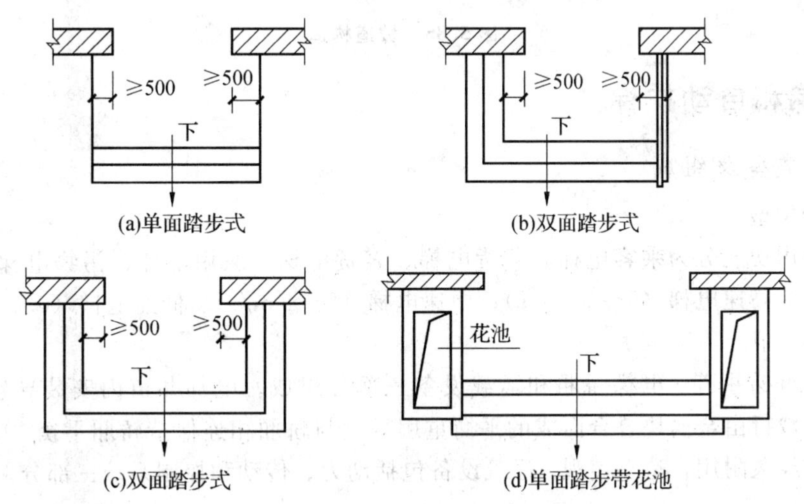

(a)单面踏步式　　(b)双面踏步式

(c)双面踏步式　　(d)单面踏步带花池

图 5.84　室外台阶形式

2. 坡道

(1) 坡道尺度

坡道是有坡段和平台（可与台阶平台合用）组成，坡道的坡度一般在 1∶6～1∶12 之间，室内坡道坡度不宜大于 1∶8，最小宽度为 900 mm，当室内坡道水平投影长度大于 15 m 时，宜设置休息平台，平台宽度根据轮椅或病床实际尺寸以及所需缓冲空间而定。室外坡道不宜大于 1∶10，最小宽度为 1 500 mm，便于残疾人通行的坡道其坡度不应大于 1∶12，同时还规定与之相配的每段坡道的最大高度为 750 mm，最大坡段水平投影长度为 9 000 mm。当坡度大于 1∶8 时，必须做防滑处理，一般做成锯齿形表面，也可设防滑条。

(2) 坡道扶手尺度

坡道两侧宜在 900 mm 高度处和 650 mm 处宜设上下层扶手，扶手应安装牢固，能承受身体重量，扶手形式要便于抓握。两段坡段之间、坡段与平台之间的扶手都应该保持连贯性。坡道扶手起点和终点处应水平延伸 300 mm 以上。为了安全起见，当坡道侧面凌空时，宜在栏杆下端设置高度不小于 50 mm 的安全挡台，这样可以防止拐杖或盲杖棍等工具向外滑出，对轮椅也起到制约作用。

(3) 坡道的构造

坡道与台阶一样，也应采用耐久、耐磨和抗冻性能好的材料，一般常用混凝土坡道，也可采用天然石材坡道（图 5.85 (a)、(b)）。当坡度大于 1/8 时，坡道表面应做防滑处理，一般将坡道表面做成锯齿形或设防滑条防滑（图 5.85 (c)、(d)），亦可在坡道的面层上做划格处理。

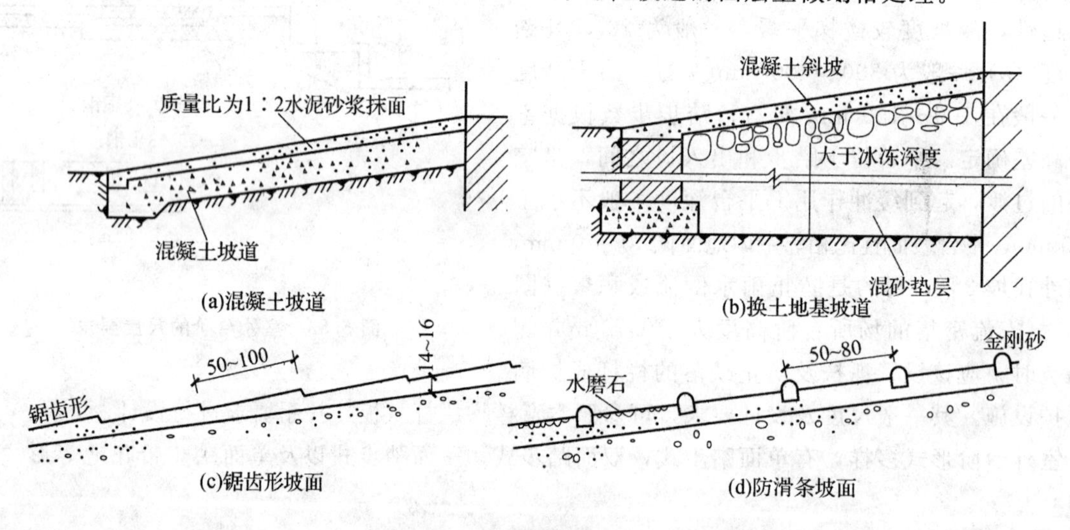

图 5.85　坡道构造

5.5.4 电梯和自动扶梯

1. 电梯的类型及组成

(1) 电梯的类型

电梯按照使用功能分为乘客电梯、载货电梯、客货电梯、医用电梯、污物电梯、消防电梯等。按照行驶速度分为高速电梯（5～10 m/s）、中速电梯（2～4 m/s）、低速电梯（0.5～1.75 m/s）。

(2) 电梯的组成

电梯通常由电梯井道、电梯轿厢和运载设备三部分组成。电梯井道内安装导轨、撑架和平衡重，轿厢沿导轨滑行由金属块叠合而成的平衡重用吊索与轿厢相连保持轿厢平衡。电梯轿厢供载人或载货用，要求经久耐用，造型美观。运载设备包括动力、传动和控制系统三部分。

2. 自动扶梯

自动扶梯的坡度比较平缓，一般为 30°，运行速度为 0.5～0.7 m/s，规格有单人和双人两种。

自动扶梯的平面布置方式有折返式、平行式、连贯式和交叉式几种自动扶梯构造，自动扶梯基本尺寸。另一种和电动扶梯十分类似的行人运输工具，是自动人行道。两者的分别主要是自动行人道是没有阶梯的，多数只会在平地上行走，或是稍微倾斜。常用于大型超市、机场或者火车站等人流较多的地方。

5.6 门和窗

门和窗是房屋围护结构的重要建筑配件。窗的主要作用是采光、通风、日照以及供人们向外观景和眺望。门的主要作用是联系和分隔空间（室内与室外之间、房间与走道之间、房间与房间之间）。同时，由于它们是围护结构的一部分，因此也就应该具有保温、隔热、隔声防水、防风沙等围护作用。

5.6.1 门窗的种类

（1）门窗按材料分类

常见的门有木门、铝合金门、钢质门、塑料门、全玻璃门、不锈钢门、玻璃钢门等，常见的窗有钢窗、铝合金窗、塑料窗等类型。此外，标准较高的公共建筑的主要人口常用全玻璃门，它具有简洁、美观、视线无阻挡及构造简单等特点，分为全玻璃无框门和全玻璃有框门两种。

（2）门窗按形式和制造工艺分类

门可分为镶板门、拼板门、夹板门、纱门、实拼门、百叶门等；窗可分为玻璃窗、百叶窗和纱窗等。玻璃窗应用广泛，有固定扇和开启扇之分。

（3）门窗按其开启方式的不同分类

门的开启方式，常见的有以下几种方式（图 5.86）：

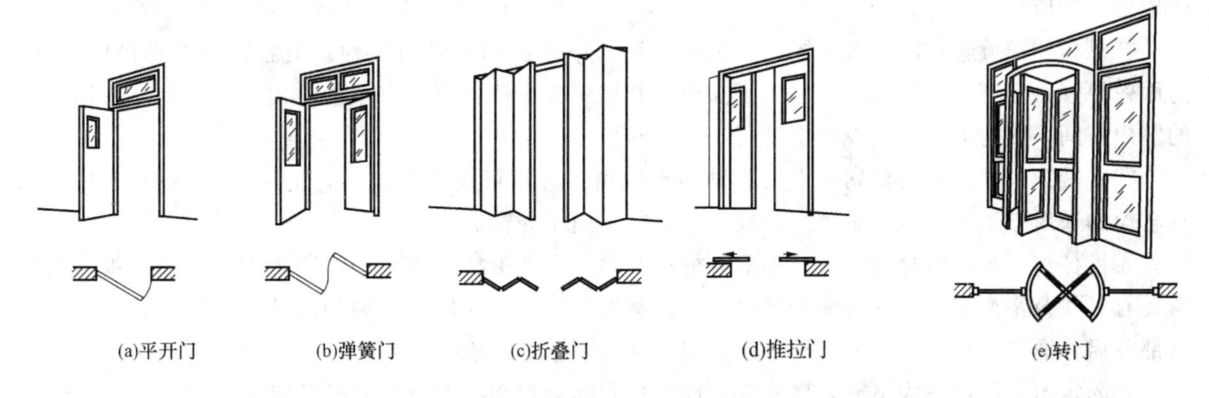

图 5.86 门的常见开启方式

①平开门：平开门具有构造简单，开启灵活，制作安装和维修方便等特点。分单扇、双扇和多扇，内开和外开等形式，是一般建筑中使用最广泛的门。

②弹簧门：其形式区别于平开门在于侧边用弹簧铰链或下边用地弹簧代替普通铰链，开启后能自动关闭。单向弹簧门常用于有自关要求的房门，如卫生间的门等。双向弹簧门多用于人流出人频繁或有自动关闭要求的公共场所，如公共建筑门厅的门等。双向弹簧门扇上一般要安装玻璃，供出人的人相互观察，以免碰撞。

③推拉门：亦称扯门，可藏在夹墙内或贴在墙面外。门扇沿上下设置轨道左右滑行，有单扇和双扇两种。推拉门占用面积小，受力合理，不易变形，但构造较复杂。

④折叠门：用于两个空间需要更加扩大联系的门。门扇可拼合、折叠推移到洞口的一侧或两

侧，少占房间的使用面积。

⑤转门：转门由外框、圆顶、固定扇和活动扇（三扇活动门呈Y状/四扇活动扇呈十字状）四部分组成，是在弧形门套内水平旋转的门，对防止内外空气对流有一定的作用。

⑥卷帘门：由金属片或金属条组成，放在两侧滑槽内，门上部的滚轴将门扇页片卷起。卷帘门按材质不同有铝合金面板、钢质面板、钢筋网格和钢直管网四种。按开启方式分为手动卷帘门和电动卷帘门两种类型。它适用于开启不频繁的、洞口较大的场所，具有防火、防盗、坚固等优点。

⑦上翻门、升降门：一般适用于门洞口较大，有特殊要求的房间如车库的自动开启门等。

窗的开启方式，常见的有以下几种方式（图5.87）：

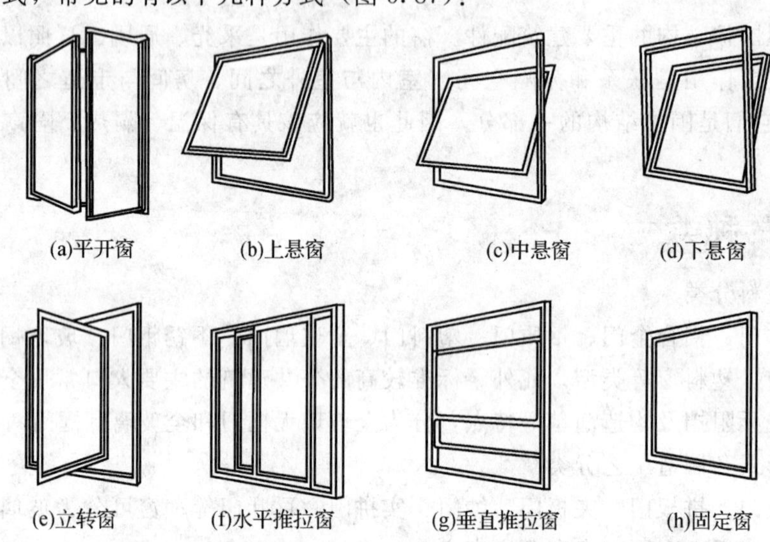

图5.87　门窗的常见开启方式

①平开窗。平开窗有内开和外开之分。它构造简单，制作、安装、维修、开启都比较方便，在一般建筑中应用最广泛。

②悬窗。按旋转轴的位置不同，分为上悬窗、中悬窗和下悬窗三种。上悬窗和中悬窗向外开，防雨效果好，且有利于通风，尤其用于高窗，开启较为方便；下悬窗不能防雨，且开启时占用较多的室内空间，多与上悬窗组成双层窗用于有特殊要求的房间。

③立转窗。立转窗为窗扇可以沿竖轴转动的窗。竖轴可设在窗扇中，也可以略偏于窗扇一侧。立转窗的通风效果好，但由于密闭性较差，一般不用于外窗。

④推拉窗。推拉窗分水平推拉和垂直推拉两种。水平推拉窗需要在窗扇上下设轨槽，垂直推拉窗要有滑轮及平衡措施。推拉窗开启时不占据室内外空间，窗扇和玻璃的尺寸可以较大，但它不能全部开启，通风效果受到影响。推拉窗对铝合金窗和塑料窗比较适用。

⑤固定窗。固定窗为不能开启的窗，仅作采光和通视用，玻璃尺寸可以较大。

（4）按门的特殊电子装置分类

门按特殊电子装置可分为微波感应自动门、防盗自动门及智能感应门等，智能感应门多用于智能化建筑，如刷卡、指纹、眼纹等入门感应装置。

（5）按特殊功能分类

门按特殊功能可分为防火门、保温门、隔声门、防射线门等。

5.6.2 门窗的尺度

门的尺度是指门洞口的高度和宽度。门作为日常交通和紧急时疏散的通道，其尺度决定于人的通行和家具的搬运要求、机械设备的尺寸。窗的尺度主要取决于房间的采光通风需求。当门窗开设在外墙上时，还应结合建筑物的比例关系，考虑造型美观需求。门窗洞口尺寸还应符合建筑模数协调标准的要求。

门的尺度应根据交通需要、家具规格及安全疏散要求等综合考虑。常用的平开木门的洞口宽一般在 700～3 300 mm 之间，高度则保持在 2 100～3 300 mm 之间。单扇门的宽度一般不超 1 000 mm，门扇高度不低于 2 100 mm，带亮子的门的亮子高度一般为 300～600 mm。公共建筑和工业建筑的门可按需要适当提高，具体尺寸可查阅当地标准图集。

窗的尺度一般根据采光通风要求进行房间的采光计算。同时考虑结构构造要求和建筑造型等因素的影响。从构造上讲，一般平开窗的窗扇宽度为 400～600 mm，高度为 800～1 500 mm，亮子高约为 300～600 mm。固定窗和推拉窗窗扇尺度可适当大些。窗洞口的常用宽度为 600～2 400 mm。高度则为 900～2 100 mm，基本尺度以 300 mm 为扩大模数。选用时可查阅标准图集。

5.6.3 门窗的节能

节能型建筑门窗不是特指某类材料的门窗，而是指能达到现行节能建筑设计标准的门窗，即门窗的保温隔热性能（传热系数）和空气渗透性能（气密性）两项物理性能指标达到或高于所在地区《民用建筑节能设计标准（采暖居住建筑部分）》及其各省、市、区实施细则技术要求的建筑门窗统称为节能门窗。

目前，新型节能门窗有木塑、铝塑复合门窗和钢塑复合节能保温窗及隔热保温型喷塑铝合金门窗等。

1. 节能门窗的材料

节能门窗主要体现在节能型框材设计、节能玻璃的选择及节能窗户的层数设计、密封材料的选择等方面。

①节能门窗的框材。目前有铝合金断热型材、铝木复合型材、钢塑整体挤出型材以及 UPVC 塑料型材等，其中使用较广的是 UP－VC 塑料型材，它所使用的原料是高分子材料硬质聚氯乙烯。

②节能门窗的玻璃。为了解决大面积玻璃造成能量损失过大的问题，将普通玻璃加工成中空玻璃、镀膜玻璃、高强度 LOW－E 玻璃等。

③节能窗户的层数。最好做双层窗，在高纬度严寒地区甚至可能采用三层窗。

④密封条。普通铝合金门窗选用的是一般的 PVC 密封条，铝合金节能门窗选用三元乙丙橡胶或热塑性三元乙丙橡胶密封条，以此保证它的密封性能和使用寿命。

2. 常见节能门窗类型

①塑钢共挤门窗。具有良好的保温隔热节能性能，传热系数仅为钢材的 1/357，铝材的 1/1 250，门窗的隔热、保温效果显著，对具有暖气、空调设备的现代建筑物更加适用。

②铝合金节能门窗（断桥隔热铝合金门窗）。新一代铝合金节能门窗，是在铝型材中间穿入隔热条，将铝型材室内外两面隔开形成断桥，所以又称其为“断桥隔热铝合金”门窗。其型材表面的内外两侧可做成不同颜色，装饰色彩丰富，适用范围广泛。

③铝木复合门窗。铝木复合门窗是在保留纯实木门窗特性和功能的前提下，将经过精心设计的隔热（断桥）铝合金型材和实木通过特殊工艺、机械方法复合而成的框体。两种材料通过高分子尼龙件连接，充分照顾了木材和金属收缩系数不同的属性。铝木复合门窗具有强度高、色彩丰富、装饰效果好、耐候性好的优点，适合各种天气条件和不同的建筑风格。

【重点串联】

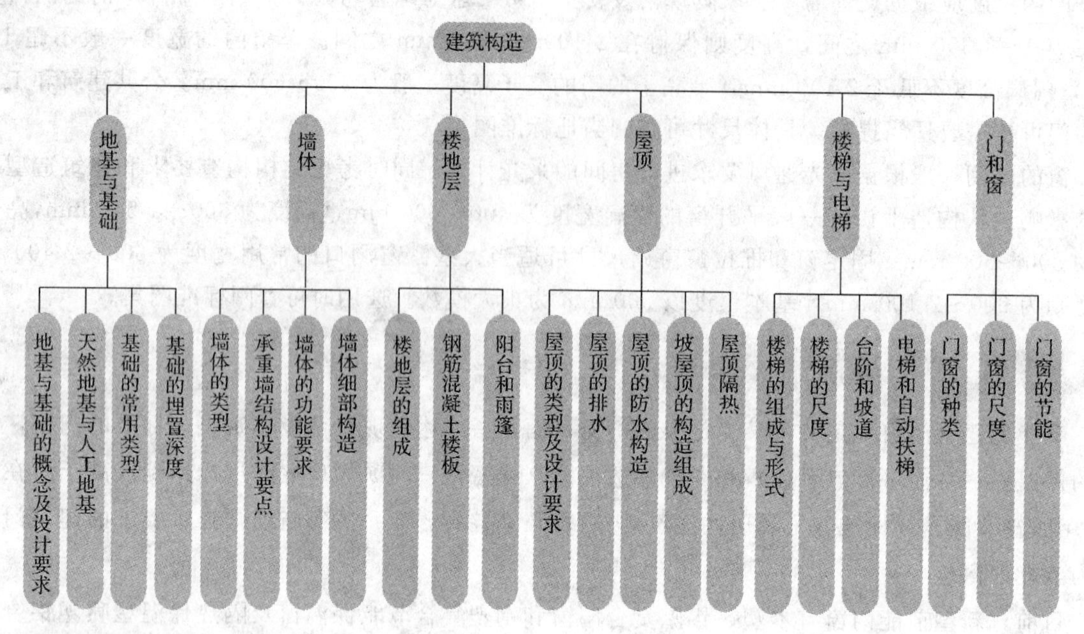

【知识链接】

1.《民用建筑设计通则》(GB 50352—2005)
2.《建筑设计防火规范》(GB 50016—2006)
3.《建筑模数协调统一标堆》(GBJ 2—86)

拓展与实训

基础能力训练

一、填空题

1. 建筑构件按燃烧性能分为三类：________、________、________。
2. 耐火极限的定义：________。
3. 顶棚按构造做法分为________、________两种。
4. 楼梯由________、________、________三部分组成。
5. 屋面防水材料分为________、________、________三种。
6. 屋面的排水坡的形成方式分为________、________两种。

二、选择题

1. 公共建筑中，建筑高度在（　　）以上的为高层建筑。
   A. 24 m　　B. 30 m　　C. 40 m　　D. 50 m
2. 关于民用建筑表述错误的是（　　）。
   A. 农业建筑　　B. 居住建筑　　C. 公共建筑　　D. 商业建筑
3. 下列对深基础和浅基础的说法，正确的是（　　）。
   A. 当基础埋深大于或等于 4 m 时，叫深基础
   B. 当基础埋深大于或等于基础宽度的 5 倍时，叫深基础
   C. 确定基础埋深时，应优先考虑浅基础
   D. 当基础埋深小于 4 m 或基础埋深小于基础宽度的 4 倍时，叫浅基础

4. 建筑等级为二级的建筑物使用年限为（　　）。

A. 100 年　　B. 50 年　　C. 25 年　　D. 15 年

三、简答题

1. 影响基础埋深的因素有哪些？
2. 为增加墙体的稳定性而采取的加固措施有哪些？
3. 外窗台的构造要点有哪些？
4. 简述挑檐沟外排水设计步骤。

工程模拟训练

到民用建筑工地进行调研，了解基础、墙体、楼地层、屋顶、楼梯和门窗各部分和组成的构造形式。

链接职考

1. 室外坡道最小宽度不得小于（　　）。

A. 1 800 mm　　B. 1 500 mm　　C. 1 200 mm　　D. 900 mm

2. 楼梯的坡度是楼梯段沿水平面倾斜的角度。楼梯的允许坡度在 23°～ 45°之间。坡度大于 45°时，应设计成（　　）。

A. 台阶　　B. 踏步　　C. 爬梯　　D. 坡道

3. 泛水是屋面防水层与垂直墙交接处的防水处理，其常见高度为（　　）。

A. 120 mm　　B. 180 mm　　C. 200 mm　　D. 250 mm

4. 屋顶按屋面坡度及结构选型的不同，可分为平屋顶、坡屋顶及其他形式的屋顶，其中平屋顶是指屋面坡度小于（　　）的屋顶。

A. 1 %　　B. 3 %　　C. 5 %　　D. 10 %

5. 混凝土刚性防水屋面中，为减少结构变形对防水层的不利影响，常在防水层与结构层之间设置（　　）。

A. 隔蒸汽层　　B. 隔离层　　C. 隔热层　　D. 隔声层

6. 净高指室内顶棚底表面到室内地坪表面间的距离，当中间有梁时，以（　　）表面计算。

A. 梁顶　　B. 梁底　　C. 楼板底　　D. 楼板面

模块 6

工业建筑概述

【模块概述】

工业建筑是指用以从事工业生产的各种房屋（一般称厂房）。它与民用建筑一样，要体现适用、安全、经济、美观的方针；在设计原则、建筑用料和建筑技术等方面，两者也有许多共同之处。但由于生产工艺复杂多样，在设计配合、使用要求、室内采光、屋面排水等方面，工业建筑又具有其自身的特点和要求。

【知识目标】

1. 了解工业建筑的特点和类型；
2. 掌握单层厂房的结构类型和组成；
3. 掌握单层厂房定位轴线的布置原则；
4. 了解单层厂房常用的起重运输设备；
5. 了解天窗的类型及常用天窗组成及构造。

【技能目标】

能够了解常见的工业厂房的类型、结构组成、定位轴线的布置等。

【课时建议】

3 课时

6.1 工业建筑的基本概念

工业建筑是指从事各类工业生产及直接为生产服务的房屋，是工业建设必不可少的物质基础。从事工业生产的房屋主要包括生产厂房、辅助生产用房以及为生产提供动力的房屋，这些房屋往往称为“厂房”或“车间”。直接为生产服务的房屋是指为工业生产储存原料、半成品和成品的仓库，存储与修理车辆的用房，这些房屋均属工业建筑的范畴。

工业建筑既为生产服务，也要满足广大工人的生活需求。随着科学技术及生产力的发展，工业建筑的类型越来越多，生产工艺对工业建筑提出的一些技术要求更加复杂，为此，对工业建筑的设计要符合安全适用、技术先进、经济合理的原则。为了便于掌握工业建筑的设计原理，首先介绍有关工业建筑的知识。

6.1.1 工业建筑的特点

1. 生产工艺决定厂房的结构形式和平面布置

每一种工业产品的生产都有一定的生产程序，即生产工艺流程。为了保证生产的顺利进行，保证产品质量和提高劳动生产率，厂房设计必须满足生产工艺要求。不同生产工艺的厂房有不同的特征。

2. 厂房内部空间大

由于厂房中的生产设备多，体积大，各部分生产联系密切，并有多种起重运输设备通行，致使厂房内部具有较大的敞通空间，因此厂房对结构要求较高。例如，有桥式吊车的厂房，室内净高一般都在 8 m 以上。厂房长度一般均在数十米，有些大型轧钢厂，其长度可达数百米甚至超过千米。

3. 厂房屋顶面积大，构造复杂

当厂房宽度较大时，特别是多跨厂房，为满足室内采光、通风的需要，屋顶上往往设有天窗；为了屋面防水、排水的需要，还应设置屋面排水系统（天沟及落水管），这些设施均使屋顶构造复杂。

4. 厂房骨架承载力较大

工业厂房由于跨度大，屋顶自重大，并且一般都设置一台或数台起重量为数十吨的吊车，同时还要承受较大的振动荷载，因此多数工业厂房采用钢筋混凝土骨架承重。对于特别高大的厂房，或有重型吊车的厂房，或高温厂房，或地震烈度较高地区的厂房需要采用钢骨架承重。

5. 需满足生产工艺的某些特殊要求

对于一些有特殊要求的厂房，为保证产品质量和产量、保护工人身体健康及生产安全，厂房在设计时常采取一些技术措施解决这些特殊要求。如热加工厂房所产生大量余热及有害烟尘的通风；精密仪器、生物制剂、制药等厂房要求车间内空气保持一定的温度、湿度、洁净度；有的厂房还有防振、防辐射等要求。

综上所述，进行工业建筑设计应满足以下要求：①生产工艺的要求；②建筑技术的要求；③卫生及安全的要求；④建筑经济的要求。

6.1.2 工业建筑的分类

由于现代工业生产类别繁多，生产工艺的多样化和复杂化，工业建筑类型很多。在建筑设计中通常按厂房的用途、层数、生产状况等方面进行分类。

1. 按厂房的用途分类

(1) 主要生产厂房

主要生产厂房是用于完成从原料到成品的整个加工、装配等整个生产过程的厂房。例如机械制造的铸造车间、热处理车间、机械加工车间和机械装配车间等。这类厂房的建筑面积较大，职工人数较多，在全厂生产中占重要地位，是工厂的主要部分。

(2) 辅助生产车间

辅助生产车间是为主要生产车间服务的各类厂房。如机械制造厂的机械修理车间、电机修理车间、工具车间等。

(3) 动力厂房

动力厂房是为全厂提供能源的各类厂房。如发电站、变电所、锅炉房、煤气站、乙炔站、氧气站和压缩空气站等。动力设备的正常运行对全厂生产特别重要，故这类厂房必须有足够的坚固耐久性、妥善的安全措施和良好的使用质量。

(4) 储藏用建筑

储藏用建筑是储存各种原料、半成品、成品的仓库。如机械厂的金属材料库、油料库、辅助材料库、半成品库及成品库。由于所储藏物品性质的不同，在防火、防潮、防爆、防腐蚀、防质变等方面将有不同的要求，在设计时应根据不同要求按有关规范、标准采取妥善措施。

(5) 运输用建筑

运输用建筑是用于停放、检修各种交通运输工具的房屋。如机车库、汽车库、起重车库、电瓶车库、消防车库和站场用房等。

(6) 其他

不属于上述类型用途的建筑，如水泵房、污水处理建筑等。

2. 按建筑层数分类

(1) 单层厂房

单层厂房指层数仅为一层的工业厂房，适用于生产工艺流程以水平运输为主，有大型起重运输设备及较大动荷载的厂房。如机械制造工业、冶金工业和其他重工业等（图 6.1）。

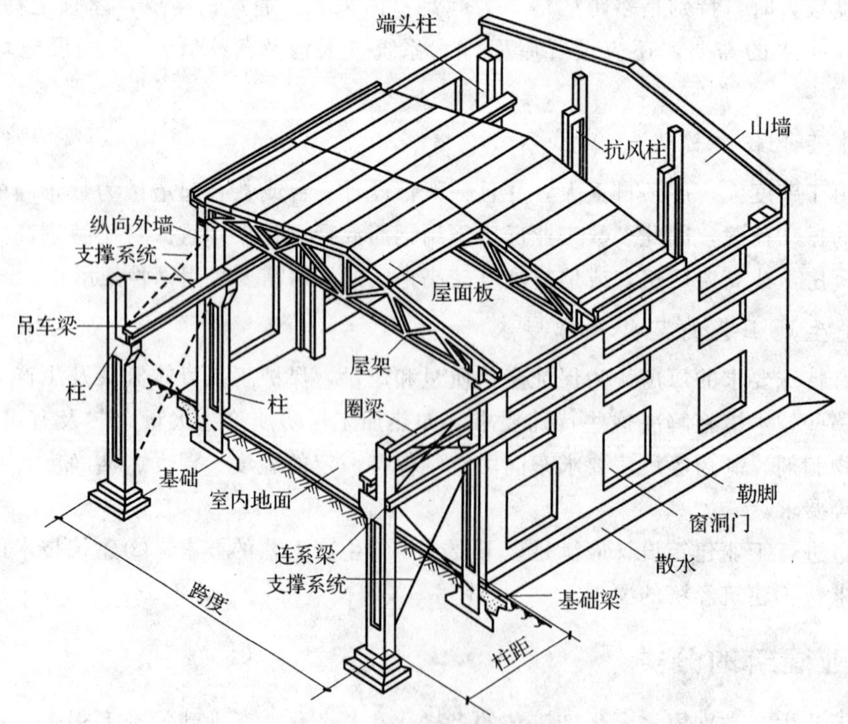

图 6.1 单层厂房构件组成

(2) 多层厂房

多层厂房指层数在二层以上的厂房，一般为2～6层。其中双层厂房广泛应用于化纤工业、机械制造工业等。多层厂房多应与电子工业、食品工业等轻工业。这类厂房的特点是设备较轻、体积较小、工厂的大型机床一般放在底层，小型设备放在楼层上，厂房内部的垂直运输以电梯为主，水平运输以电瓶车为主。建在城市中的多层厂房，能满足城市规划布局的要求，可丰富城市景观，节约用地面积，在厂房面积相同的情况下，四层的厂房造价最为经济（图6.2）。

(3) 混合层数厂房

混合层数厂房指同一厂房内既有单层又有多层的厂房，多用于化学工业、热电站等，高大的生产设备位于中间的单层部分，周边为多层（图6.3）。

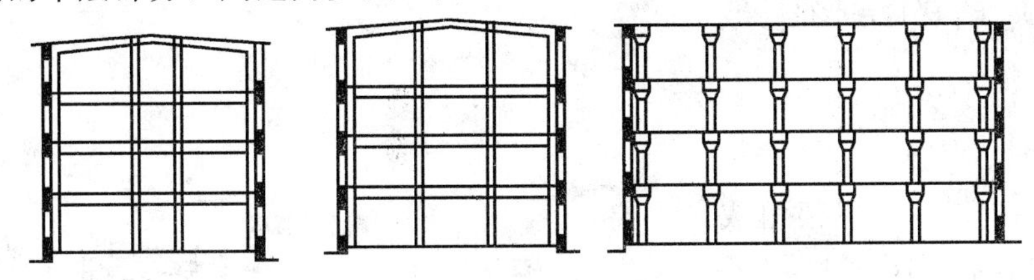

图6.2 多层工业厂房

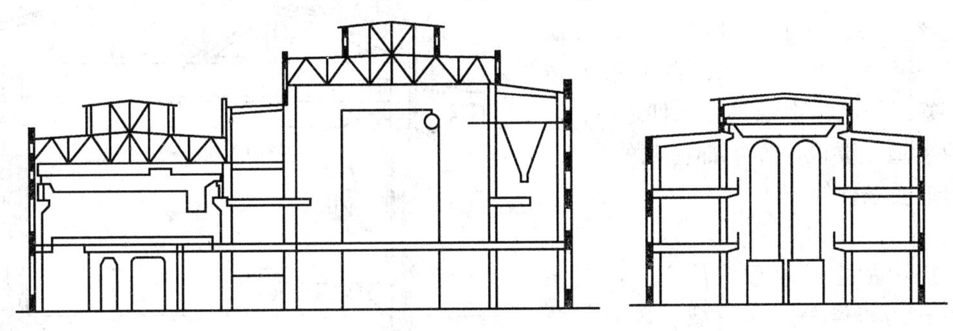

图6.3 混合层数厂房

3. 按生产状况分

(1) 热加工车间

热加工车间指在高温状态下进行生产，生产过程中散发出大量热量、烟尘等有害物的车间。如铸造、炼钢、轧钢、锻压等车间等。

(2) 冷加工车间

冷加工车间指在正常温、湿度条件下进行生产的车间。如机械加工、机械装配、工具、机修等车间等。

(3) 恒温、恒湿车间

恒温、恒湿车间指在温度、湿度相对恒定条件下进行生产的车间。这类车间室内除装有空调设备外，厂房也要采取相应的措施，以减少室外气象条件对室内温、湿度的影响。如纺织车间、精密仪器车间、酿造车间等。

(4) 有侵蚀性介质作用的车间

有侵蚀性介质作用的车间指在含有酸、碱、盐等具有侵蚀性介质的生产环境中进行生产的车间。由于侵蚀性介质的作用，会对厂房耐久性有侵害作用，在车间建筑材料选择及构造处理上应有可靠的防腐蚀措施。如化工厂、化肥厂的某些车间，冶金工厂中的酸洗车间等。

(5) 洁净车间

洁净车间指产品的生产对室内环境的洁净程度要求很高的车间。这类车间通常表现在无尘、无菌、无污染，如集成电路车间、医药工业中的粉针车间、精密仪表的微型零件加工车间等。

6.2 单层厂房的结构组成及类型

单层厂房的骨架结构，由支撑各种竖向的与水平的荷载作用的构件所组成。厂房依靠各种结构构件合理地连接为一个整体，组成一个完整的结构空间，以保证厂房的坚固、耐久。我国广泛采用钢筋混凝土排架结构和刚架结构，通常由横向排架、纵向联系构件、支撑系统构件和围护结构等几部分组成。

6.2.1 单层厂房的结构组成

1. 承重结构

(1) 横向排架

横向排架由基础、柱、屋架组成，主要是承受厂房的各种荷载（图 6.4）。

① 基础。

基础支撑厂房上部的全部荷载，并将荷载传递到地基中去，因此，基础起着承上传下的作用，是厂房结构中的重要构件之一。

基础的类型主要取决于上部荷载的大小、性质及工程地质条件等。

② 柱。

柱是厂房中的主要承重构件之一，它主要承受屋盖和吊车梁等竖向荷载、风荷载及吊车产生的纵向和横向水平荷载，有时还要承受墙体、管道设备等荷载。故柱应具有足够的抗压和抗弯能力。设计中要根据受力情况选择合理的柱子形式。

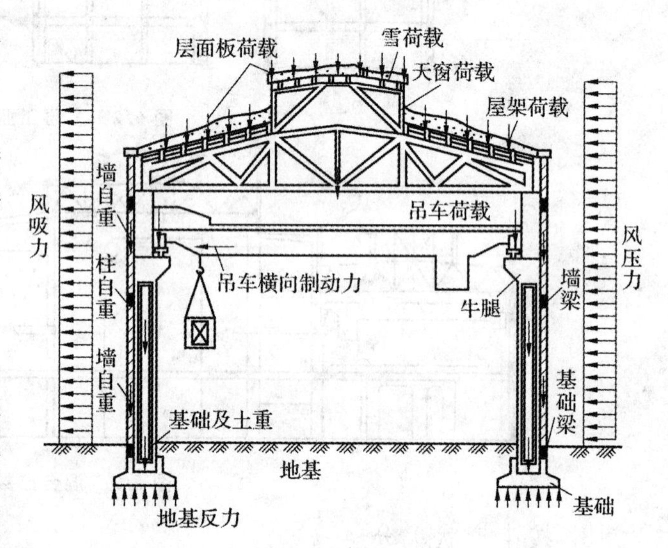

图 6.4 横向排架

③ 屋架（或屋面梁）。

屋架或屋面梁是单层厂房排架结构中的主要结构构件之一，它直接承受屋面荷载和安装在屋架上的悬挂吊车、管道及其他工艺设备的重量，以及天窗架等荷载。屋架和柱、屋面构件连接起来，使厂房组成一个整体的空间结构，对于保证厂房的整体刚度起着重要作用。

a. 屋架的类型：

按材料主要分为钢筋混凝土屋架、钢屋架木屋架和刚木屋架。按钢筋的受力情况分为预应力和非预应力两种。其中钢筋混凝土屋架在单层工业厂房中采用较多。

当厂房跨度较大时采用桁架式屋架较经济，其外形有三角形、梯形、折线形和拱形四种形式。

(a) 三角形屋架：

屋架的外形如等腰三角形，屋面坡度为 1/2～1/5，适用于跨度 9 m、12 m、15 m 的中、轻型厂房，如图 6.5 所示。

(b) 梯形屋架：

屋架的上弦杆件坡度一致，屋面坡度一般为 1/10～1/12，适用于跨度为 18 m、24 m、30 m 的中型厂房，如图 6.6 所示。

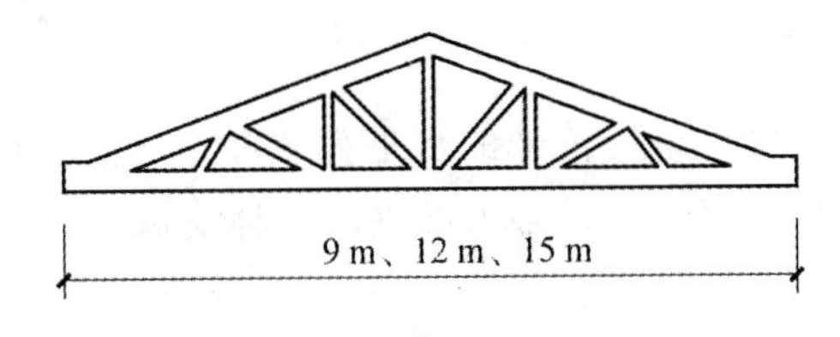

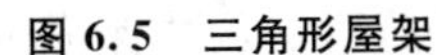
图 6.5　三角形屋架

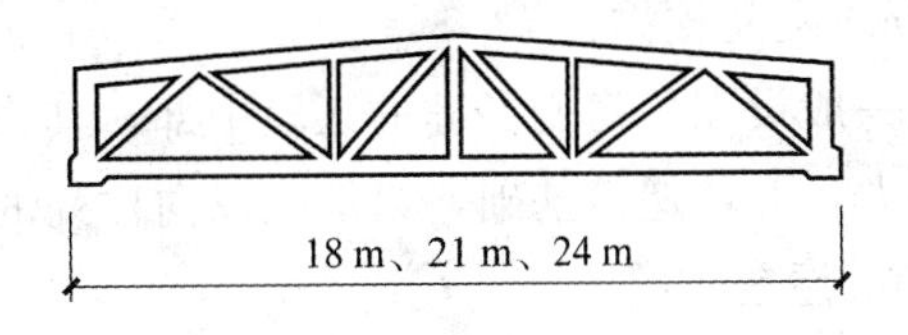

图 6.6　梯形屋架

(c) 折型屋架:

屋架上的弦杆件是由若干段折线形杆件组成。屋面坡度一般为 1/5～1/15，适用于 15 m、18 m、24 m、36 m 的中型和重型工业厂房，如图 6.7 所示。

(d) 拱形屋架:

屋架上的弦杆件是由若干段曲线形杆件组成。屋面坡度一般为 1/3～1/30，适用于 18 m、24 m、36 m 的中、重型工业厂房，如图 6.8 所示。

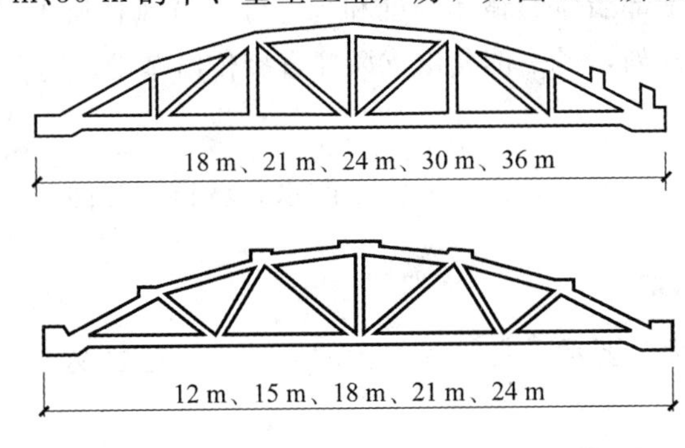

图 6.7　折形屋架

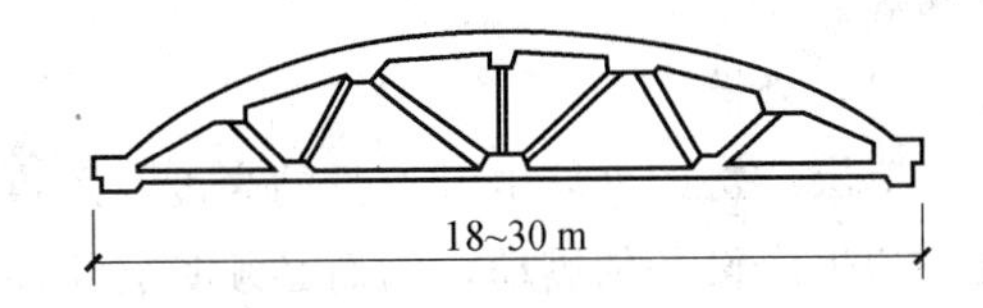

图 6.8　拱形屋架

(2) 纵向联系构件

纵向联系构件是由吊车梁、基础梁、连系梁、圈梁等组成，与横向排架构成骨架，保证厂房的整体性和稳定性；纵向构件主要承受作用在山墙和天窗端壁并通过屋盖结构传来的纵向风载、吊车纵向水平荷载、纵向地震力，并将这些力传递给柱子。

① 吊车梁:

根据生产工艺要求需布置吊车作为内部起重的运输设备时，沿厂房纵向布置吊车梁，以便安装吊车运行轨道。吊车梁搁置在牛腿柱上，承受吊车荷载（包括吊车起吊重物的荷载及启动或制动时产生的纵、横向水平荷载），并把它们传给柱子，同时也可增加厂房的纵向刚度。

② 基础梁:

单层厂房采用钢筋混凝土排架结构时，外墙和内墙仅起围护或分隔作用。此时如果墙下设基础则会由于墙下基础所承受的荷载比柱基础小得多，而产生不均匀沉降，导致墙体开裂。

③ 连系梁:

连系梁是厂房纵向柱列的水平联系构件，主要用来增强厂房的纵向刚度，并传递风荷载至纵向柱列。有设在墙内与墙外两种，设在墙内的连系梁也称墙梁，有承重和非承重之分。

④ 圈梁:

圈梁是沿厂房外纵墙、山墙在墙内设置的连续封闭梁。它将墙体与厂房排架柱、抗风柱连在一起，以加强厂房的整体刚度及墙的稳定性。

圈梁的数量与厂房高度、荷载以及地基状况有关。圈梁的位置通常在柱顶设一道、吊车梁附近增设一道、如果厂房高度过高可考虑增设多道圈梁，并尽量兼做窗过梁。圈梁截面一般为矩形或 L 形。

(3) 支撑系统与抗风柱

① 支撑系统:

单层厂房的支撑系统包括柱间支撑和屋盖支撑两大部分。其作用是加强厂房结构的空间刚度，保证结构构件在安装和使用阶段的稳定和安全；承受并传递水平风荷载、纵向地震力以及吊车制动时的冲击力。

a. 柱间支撑：

一般设在厂房变形缝的区段中部，其作用是承受山墙抗风柱传来的水平荷载和吊车产生的水平制动力，并传递给基础，以加强纵向柱列的整体刚性和稳定性，是必须设置的一种支撑。

b. 屋盖支撑：

一般设在屋盖之间，其作用是保证屋架上下弦杆件在受力后的稳定，并保证山墙传来的风荷载的传递。它包括水平支撑和垂直支撑两部分。

垂直支撑是设置在屋架间的一种竖向支撑，它主要是保证屋架或屋面梁安装和使用的侧向稳定，并能提高厂房的整体刚度。

② 抗风柱：

由于单层工业厂房山墙一般比较高大，需承受较大的水平风荷载的作用，为保证山墙的稳定性，应在单层工业厂房的山墙处设置抗风柱以增加端部墙体的整体刚度和稳定性。抗风柱所承受的荷载一部分由抗风柱上端通过屋盖系统传递到纵向柱列，另一部分由抗风柱直接传给基础。

2. 围护结构

单层厂房的外围护结构包括外墙、屋顶、地面、门窗、天窗、地沟、散水、坡道、消防梯、吊车梯等。

(1) 外墙

单层厂房的外墙由于本身的高度与跨度都比较大，要承受自重和较大的风荷载，还要受到起重设备和生产设备的震动，因而必须具有足够的刚度和稳定性。

单层厂房外墙按承重方式不同分为承重墙、承自重墙和框架墙。承重墙一般用于中、小型厂房，其构造与民用建筑构造相似；当厂房跨度和高度较大，或厂房内起重运输设备吨位较大时，通常由钢筋混凝土排架柱来承受屋盖和起重运输荷载，外墙只承受自重起围护作用，这种墙称为承自重墙；某些高大厂房的墙体往往分成几段砌筑在墙梁上，墙梁支承在排架柱上，这种墙称为框架墙。承自重墙和框架墙是厂房外墙的主要形式。根据墙体材料不同，厂房外墙又可分为砌块墙、板材墙和轻质板材墙。

(2) 屋盖结构

屋盖结构分为有檩体系和无檩体系两种。有檩屋盖由小型屋面板、槽板、檩条、屋架或屋面梁、屋盖支撑系统组成。其整体刚度较差，只适用于一般中、小型的厂房。无檩屋盖由大型屋面板、屋面梁或屋架等组成，其整体刚度较大，适用于各种类型的厂房。一般屋盖由屋面板、屋面架（屋面梁）、屋架支撑、天窗架、檐沟板等组成。

6.2.2 单层厂房的结构类型

单层厂房结构的分类方式有：①按其承重材料分成混合结构型、钢筋混凝土结构型、钢结构型等；②按其施工方法分为装配式和现浇式钢筋混凝土结构型；③按其主要承重结构的形式分为排架结构型、钢架结构型和空间结构型，以下主要介绍后一种分类。

1. 排架结构型

排架结构是目前单层厂房中最基本的、最普遍的结构形式，柱与屋架（屋面梁）铰接，柱与基础刚接，如图 6.9 所示。屋架、柱子、基础组成了厂房的横向排架，连系梁、吊车梁、基础梁等均为纵向连系构件，它们和支撑构件将横向排架联成一体，组成坚固的骨架结构系统。依其所用材料不同分为钢筋混凝土排架结构、钢筋混凝土柱与钢屋架组成的排架结构和砖架结构。

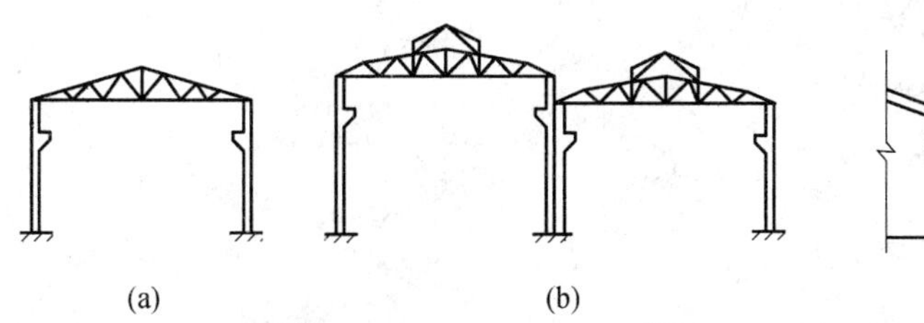
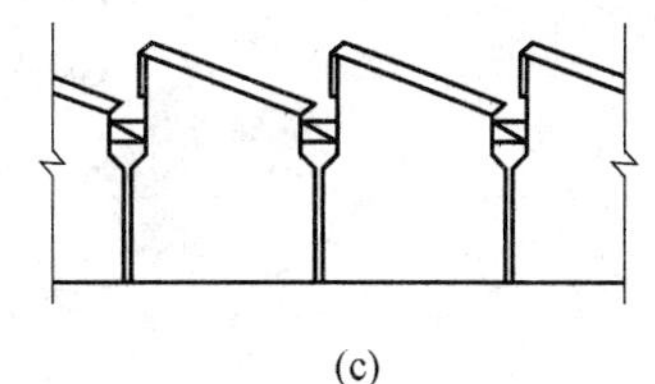

图 6.9 排架结构

2. 刚架结构型

刚架结构是将屋架（或屋面梁）与柱子合并为一个构件，柱子与屋架（或屋面梁）的连接处为刚性节点，柱子与基础一般做成铰接。刚架结构的优点是梁柱合一，构件种类较少，结构轻巧，空间宽敞，但刚度较差，适用于屋盖较轻的无桥式吊车或吊车吨位不大、跨度和高度较小的厂房和仓库。常用的钢架结构是装配式门式刚架。门式刚架顶节点做成铰接的称为三铰门架。也可以做成两铰门式刚架。为了便于施工吊装，两铰门式刚架通常做成三段，常在横梁中弯矩为零（或弯矩较小）的截面处设置接头，用焊接或螺栓连接成整体。常用的两铰和三铰钢架形式如图 6.10 所示。

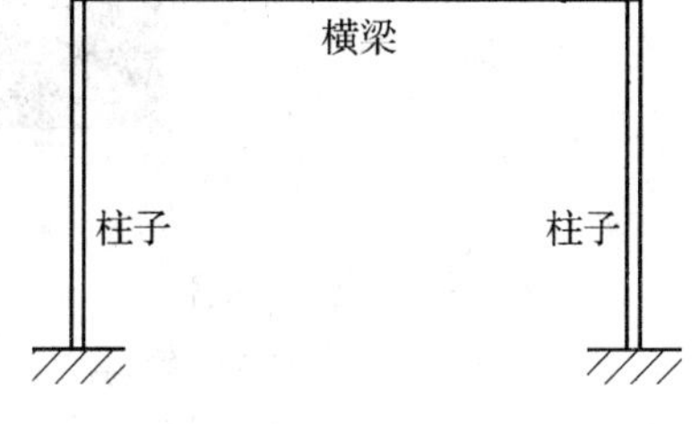

图 6.10 钢架结构

3. 空间结构型

这是一种屋面体系为空间结构的体系。这种体系充分发挥了建筑材料的强度潜力，提高了结构的稳定性，使结构由单向受力的平面结构，成为能多向受力的空间结构体系。一般常见的有折板结构、网格结构、薄壳结构、悬索结构等。

（1）折板结构厂房

由若干狭长的薄板以一定角度相交连成折线形的空间薄壁体系，将屋面与屋面承重结构合为一体。它适宜用于长条形平面的屋盖，两端应有通长的墙或圈梁作为板的支点。一般常用 V 型、梯形、T 型、马鞍形壳板等。

（2）网格结构厂房

网格结构是杆件按一定的规律布置，通过节点连接而成的一种网状空间杆体系结构。它空间刚度大，整体性和稳定性好，有良好的抗震性能，适用于各种支撑条件和各种平面形状、大小跨度。但是它用钢量大，采用钢管时取材有一定困难，需要大面积采取防腐及防火措施，屋面造价较高。此结构分为平板网架和曲面网架。如图 6.11 所示。

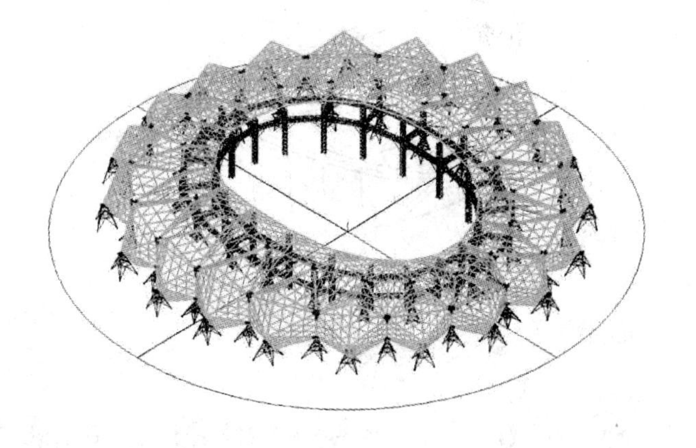

图 6.11 网格结构

（3）薄壳结构厂房

薄壳是一种曲面的薄壁结构。它能充分发挥材料强度，能将承重与维护两种功能融合为一。材料大多采用钢筋混凝土。它按曲面生成的形状分筒壳、圆顶薄壳、双曲扁壳和双曲抛物面壳等。此种结构较为费工费模板。如图 6.12 所示。

图 6.12　薄壳结构

(4) 悬索结构厂房

这是以一系列高强钢索作为主要承重构件并按一定规律悬挂在相应支撑结构上的一种张力结构。它受力合理、自重较轻、耗钢量少，安装时不需要大型起重设备。它能根据各种平面形状要求，组成不同的结构体系，并可较经济地跨越很大的跨度，适应生产工艺要求。它有单层悬索结构、双层悬索结构、索网结构和混合悬挂体系之分。如图 6.13 所示。

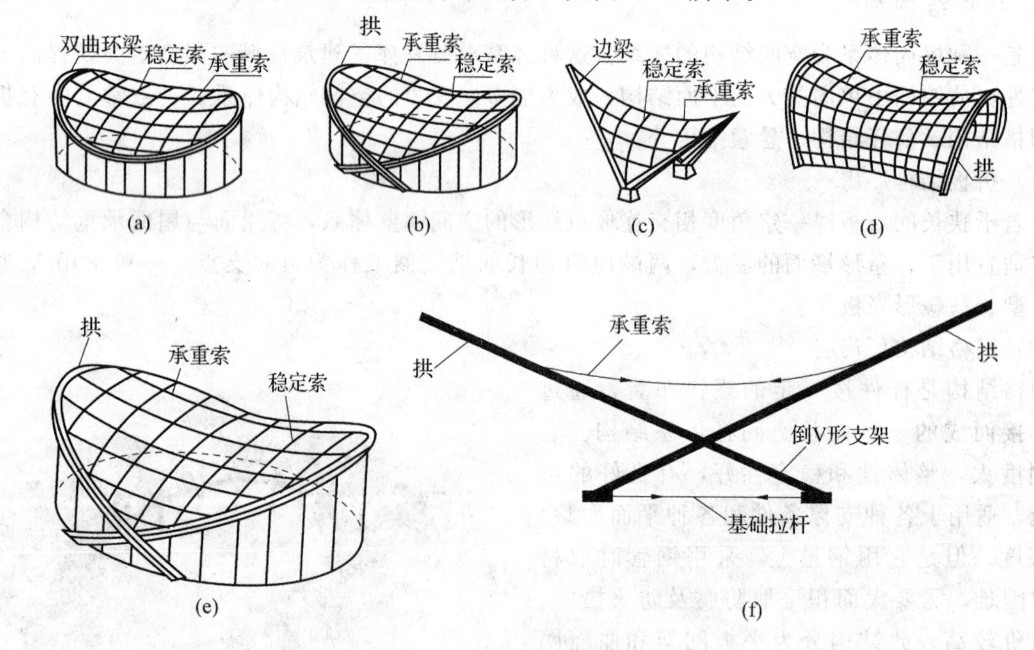

图 6.13　悬索结构

6.3　单层厂房的定位轴线

厂房的定位轴线是确定厂房主要承重构件的位置及其标志尺寸的基线，同时也是施工放线、设备定位和安装的依据。柱子是单层厂房的主要承重构件，为了确定其位置，在平要布置纵横向定位轴线。厂房柱子与纵横向定位轴线在平面上形成有规律的网格，称柱网。柱网中，柱子纵向定位轴线间的距离称为跨度，横向定位轴线间的距离称为柱距。

6.3.1 柱网尺寸及其选择

柱网是厂房承重柱的定位轴线在平面上排列所形成的网格。柱网尺寸的确定实际上就是确定厂房的跨度和柱距，跨度是柱子纵向定位轴线间的距离，柱距是相邻柱子横向定位轴线间的距离。通常把与横向排架平行的轴线称为横向定位轴线；与横向排架平面垂直的轴线称为纵向定位轴线。纵、横向定位轴线在平面上形成有规律的网格，如图 6.14 所示。

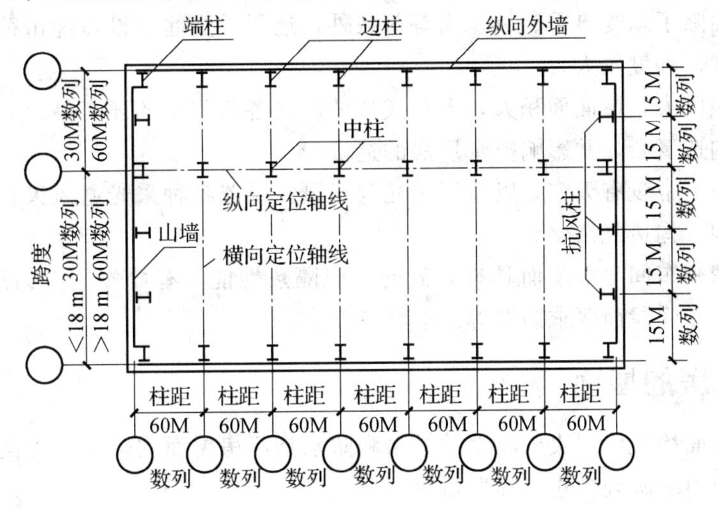

图 6.14　单层厂房定位轴线

柱网的选择与生产工艺、建筑结构、材料、施工技术水平、基地状况等因素密切相关，并且要符合《厂房建筑模数协调标准》(GBJ 6—86) 中的规定。

1. 跨度

两纵向定位轴线间的距离称为跨度。单层厂房的跨度在 18 m 及 18 m 以下时，取扩大模数 30M 数列，如 9 m、12 m、15 m、18 m；在 18 m 以上时取扩大模数 60M 数列，如 24 m、30 m、36 m等。

2. 柱距

两横向定位轴线的距离称为柱距。单层厂房的柱距应采用扩大模数 60M 数列，如 6.0 m、12.0 m,一般情况下均采用 6.0 m。抗风柱柱距宜采用扩大模数 15M 数列，如 4.5 m、6.0 m、7.5 m。

6.3.2 定位轴线的划分及其确定

定位轴线的划分以柱网布置为基础，并与柱网的布置相一致。厂房的定位轴线分为横向定位轴线和纵向定位轴线两种。

1. 横向定位轴线

厂房横向定位轴线主要用来标定纵向构件的标志端部，如屋面板、吊车梁、连系梁、基础梁、墙板、纵向支撑等。中间柱与横向定位轴线的关系如图 6.15 所示。

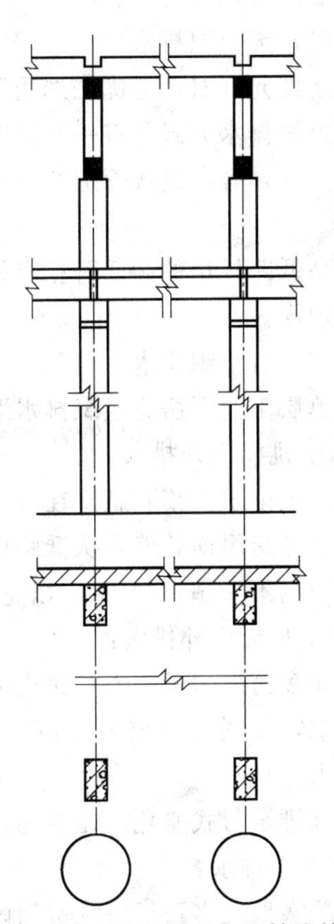

图 6.15　中间柱与横向定位轴线的关系

2. 纵向定位轴线

纵向定位轴线主要用来标定厂房横向构件的标志端部，如屋架的标志尺寸以及大型屋面板的边缘。厂房纵向定位轴线应视其位置不同而具体确定。

6.4 单层工业厂房屋面与天窗

单层工业厂房屋面的功能、构造与民用建筑屋面基本相同，但由于面积大同时承受振动、高温、腐蚀、积灰等内部生产工艺条件的影响，也存在一定差异，单层工业厂房屋面具有以下特点：

①单层厂房屋面除了承受自重、风、雪等荷载外，还要承受起重设备冲击荷载和机械振动的影响，因此要求其刚度、强度较大。

②单层厂房体积巨大，屋面面积大，多跨成片的厂房各跨间有的还有高差，使排水路径长，接缝多，排水、防水构造复杂，并影响整个厂房的造价。

③单层厂房屋面上常设有天窗，以便于采光与通风。设置各种采光通风天窗，不仅导致屋面荷载的增加，还使结构、构造复杂化。

④恒温恒湿的精密车间要求屋面具有较高的保温隔热性能，有爆炸危险的厂房屋面要求防爆、泄压，有腐蚀介质的车间屋面要求防腐等。

6.4.1 单层厂房的屋面

在工业厂房的屋面构造中解决好屋面的排水和防水是厂房屋面构造的主要问题，较一般民用建筑构造复杂，同时应力求减轻自重，降低造价。

1. 屋面排水

单层厂房屋面排水方式和民用建筑一样，分无组织排水和有组织排水两种。按屋面部位不同，可分屋面排水和檐口排水两部分，其排水方式应根据气候条件、厂房高度、生产工艺特点、屋面积大小等因素综合考虑。

(1) 无组织排水

条件允许时，应优先选用无组织排水，如在少雨地区、屋面坡度较小和等级较低的厂房，多采用无组织排水方式。有一些特殊要求的厂房，在生产过程中会散发大量粉尘的屋面或散发腐蚀性介质的车间，容易造成管道堵塞而渗漏，宜采用无组织排水。无组织排水有檐口排水、缓长坡排水等方式。

高低跨厂房的高低跨相交处若高跨为无组织排水，在低跨屋面的滴水范围内要加铺一层滴水板作保护层。

(2) 有组织排水

单层工业厂房有组织排水形式可具体归纳为以下几种：

① 挑檐沟外排水：

屋面雨水汇集到悬挑在墙外的檐沟内，再从雨水管排下。当厂房为高低跨时，可先将高跨的雨水排至低跨屋面，然后从低跨挑檐沟引入地下，如图 6.16 (a) 所示。采用该方案时，水流路线的水平距离不应超过 20 米，以免造成屋面渗水。

② 长天沟外排水：

在多跨厂房中，为了解决中间跨的排水，可沿纵向天沟向厂房两端山墙外部排水，形成长天沟外排水，如图 6.16 (b) 所示。长天沟板端部作溢流口，以防止在暴雨时因竖管来不及泄水而使天沟浸水。

该排水形式避免了在室内设雨水管，构造简单，排水简捷。

③ 内排水：

严寒地区多跨厂房宜选用内排水方案。中间天沟内排水将屋面汇集的雨水引向中间跨及边跨天沟处，再经雨水斗引入厂房内的雨水竖管及地下雨水管网，如图 6.16 (c) 所示。

内排水优点是不受厂房高度限制，屋面排水较灵活，适用于多跨厂房。严寒地区采用可防止因结冻胀裂引起屋檐和外部雨水管的破坏。缺点是铸铁雨水管等金属材料消耗大，室内须设天沟，有时会妨碍工艺设备的布置，构造复杂，造价高。

④ 内落外排水：

当厂房跨度不多或地下管线铺设复杂时，可用悬吊式水平雨水管将中间天沟的雨水引至两边跨的雨水管中，构成所谓内落外排水，如图 6.16（d）所示。

内落外排水优点是可以简化室内排水设施，生产工艺的布置不受地下排水管道的影响，但水平雨水管易被灰尘堵塞，有大量粉尘积于屋面的厂房不宜采用。

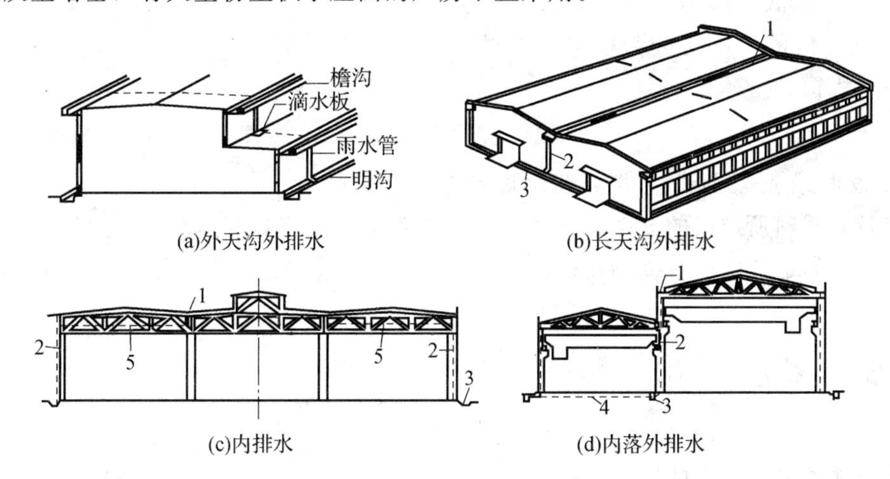

图 6.16　单层厂房屋面有组织排水形式

1—天沟；2—立管；3—明（暗）沟；4—地下雨水管；5—悬吊管

2. 屋面防水

单层厂房的屋面防水主要有卷材防水、构件自防水等类型。应根据厂房的使用要求和防水、排水的有机关系，结合屋盖形式、屋面坡度、材料供应、地区气候条件及当地施工经验等因素来选择合适的防水形式。

3. 屋面的保温与隔热

①屋面的保温有保温层铺在屋面板上部、保温层设在屋面板下部和保温层与承重基层相结合等三种做法。保温层铺在屋面板上部与民用建筑做法相同；保温层设在屋面板下部有直接喷涂保温层和吊挂保温层两种做法；保温层与承重基层相结合即把屋面板和保温层结合起来，甚至将承重、保温、防水功能三者合一，目前常用的有配筋加气混凝土屋面板和夹心钢筋混凝土屋面板。

②屋面隔热。当厂房高度在 9 m 以上可不考虑隔热，主要用加强通风来达到降温的目的；当厂房高度小于 9 m 或小于等于跨度的二分之一时宜作隔热处理，具体做法就是在屋面上架空混凝土板或预制水泥隔热拱。

6.4.2 厂房的天窗

在大跨度和多跨度的单层工业厂房中，由于面积大，仅靠侧窗不能满足自然采光和自然通风的要求，常在屋面上设置各种类型的天窗。

天窗按其在屋面的位置不同分为上凸式天窗、下沉式天窗和平天窗。

1. 上凸式天窗

上凸式天窗包括矩形天窗、M 型天窗、梯形天窗等，这几种天窗构造均沿厂房纵向布置，双侧采光，是我国单层工业厂房采用最多的一种，但增加了厂房的体积和屋顶重量，结构复杂，造价高，抗震性能差。现就矩形天窗为例介绍上凸式天窗的构造。

矩形天窗主要由天窗架、天窗扇、天窗屋面板、天窗端壁、天窗侧板组成，如图 6.17 所示。天窗侧板一般做成与屋面板长度相同的钢筋混凝土槽。

2. 下沉式天窗

下沉式天窗是在拟设天窗的部位把屋面板下移，铺在屋架的下弦上，利用屋架上、下弦之间的空间做成采光口或通风口。与矩形天窗相比可省去天窗架及其附件，从而降低了厂房的高度，减轻了天窗自重。根据下沉部位的不同可分为横向下沉式、纵向下沉式、井式天窗。

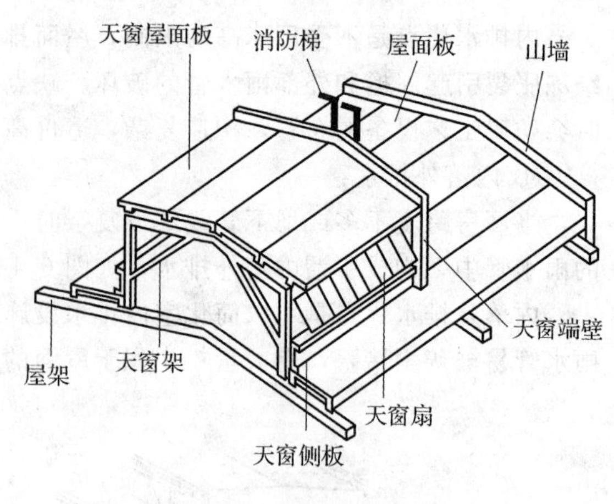

图 6.17 矩形天窗构造

3. 平天窗

平天窗是根据采光需要设置带空洞的屋面板，在空洞上安装透光材料所形成的天窗。它具有采光效率高，不设天窗架，构造简单屋面荷载小，布置灵活等优点，但易造成太阳直接热辐射和眩光，防雨、防雹较差，易产生冷凝水和积灰。

6.5 多层厂房

多层厂房是随着科学技术的进步、新兴工业的产生而得到迅速发展的一种厂房建筑形式。它对提高城市建筑用地效率，改善城市景观等方面起着积极作用。随着国家工业的协调发展，精密机械、仪表、电子工业、国防工业、食品、生物工业等的比重逐渐增加，多层厂房将得到迅速发展。目前我国的高科技开发区、经济开发区内，多层通用厂房、标准厂房等已经作为一种商品供售，这也给建筑设计提出了新的课题。

6.5.1 多层厂房的特点

1. 厂房占地面积少

一般情况下，多层厂房占地仅为单层的 1/2～1/6，这在目前用地紧张，土地有偿使用且价格昂贵的情况下，无疑是一大优势。不仅如此，由于用地紧凑，可以在城市内限定的小块用地上，建成一定规模的厂区。另外，厂区占地少也使各车间各部门之间联系方便，工人上下班路线短捷，工厂便于保安管理。

2. 节约投资

多层厂房在节约用地的同时也节约了投资，厂区内的道路、官网相对减少，铁路、公路运输及水电等各种工业管线长度缩短，都可以节约部分投资。对于单体建筑，与单层厂房相比，减少了场地、地基的土石方量，减少了屋面等围护结构面积，也相应地节约了投资。在实际工程中，是否节约投资须根据生产工艺、场地条件、施工技术等具体情况，通过综合技术经济分析来最后确定。

3. 在水平和垂直两个方向组织生产工艺

多层厂房内的生产是在不同标高的楼层上进行的。生产工艺之间不仅有水平方向的联系，而且有竖直方向的联系，有利于组织各工段间合理的生产流线。多层厂房还可以分层管理和出售。

6.5.2 多层厂房的适用范围

多层厂房通常用于某些生产工艺适宜垂直运输的工业企业（如制糖、造纸、面粉等工厂）和需要在不同标高作业的工业企业（如热电和化工工厂），以及生产设备和产品的体积、重量较小，适于采用多层生产的工业企业（如精密仪表、电子工业等）。以上各类厂房在建筑设计上应优先选用多层建筑。

多层厂房对于保证建筑空间的温湿度、洁净度也是有利的，如空调车间设于多层建筑的中间层，可减少冷热负荷；洁净车间设于顶层，远离地面，远离尘源，洁净度容易得到保证。

6.5.3 多层厂房的结构形式及特点

①混合结构：经济、保温隔热好；但开间 4～6 m，空间小，层数 4～5 层，层高 5.4～6.0 m。

②钢筋砼结构：框架结构，平面布置灵活、室内空间大。

③钢结构：承载力大，室内空间大，造价高。

6.5.4 多层厂房平面设计

1. 平面布置的形式及特点

①内廊式：特点是各工序（工种）生产过程互不干扰。适用于各工段面积不大，生产上既相互联系，又互不干扰的工艺流程。但平面布置灵活性不够，不利于技术改造（图 6.18）。

②统间式（大厅式）：厂房的主要生产部分集中在一个空间内，不设分隔墙，而将辅助生产部分和交通运输部分布置在中间或两端的平面形式。适用于生产工艺密切联系、干扰小而又需大面积大空间的生产工段（图 6.19）。

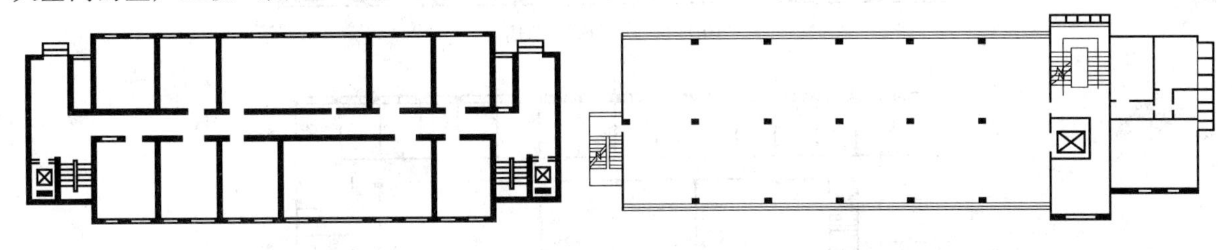

图 6.18 内廊式平面布置　　图 6.19 统间式平面布置

③厅廊式（大宽度式）：它表现为厅廊相结合，大小空间相结合，如双廊式、三廊式、环廊式、穿套式均属此类形式（图 6.20）。厅廊式主要适用于技术要求较高的恒温、恒湿、洁净、无菌等生产车间。

④混合式：将上述各种平面布置形式混合在一起的布置形式。它的特点是用不同的平面空间满足不同的工艺要求，但造成了厂房的平、立、剖面均较复杂，结构类型增多、施工复杂、抗震不利的缺陷。多用于城市规划限制的情况下，或生产工艺较为特殊时（图 6.21）。

2. 柱网布置

柱网布置是多层厂房平面设计的主要内容之一，常见的柱网形式可以概括为以下几种：

(1) 对称不等跨布置

它能较好地适应某种特定工艺的具体要求，提高面积利用率，但厂房构件种类过多，不利于建筑工业化。如图 6.22 (a) 所示。

(2) 等跨布置

这种方式容易形成大空间，同时可以用轻质隔墙把大空间分隔成小空间或改造成内廊式平面。它主要适用于需要大面积布置生产工艺的厂房，如机械、仪表、电子等工业生产。如图 6.22 (b) 所示。

等跨式常采用的柱网尺寸是：柱距多为 6.0 m；跨度有 6.0 m、7.5 m、9.0 m 及 12 m。

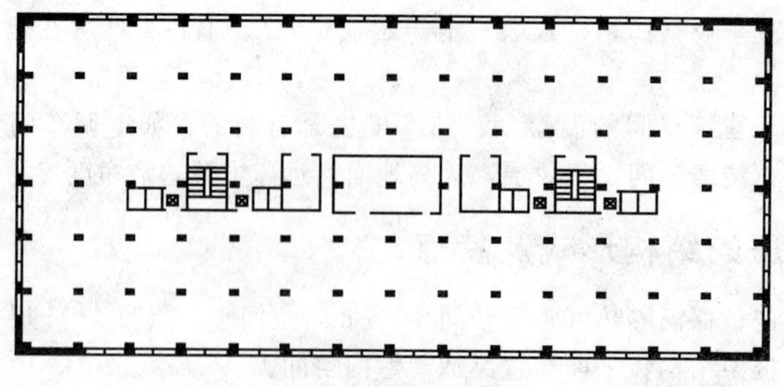

(a)辅助房间布置在中部

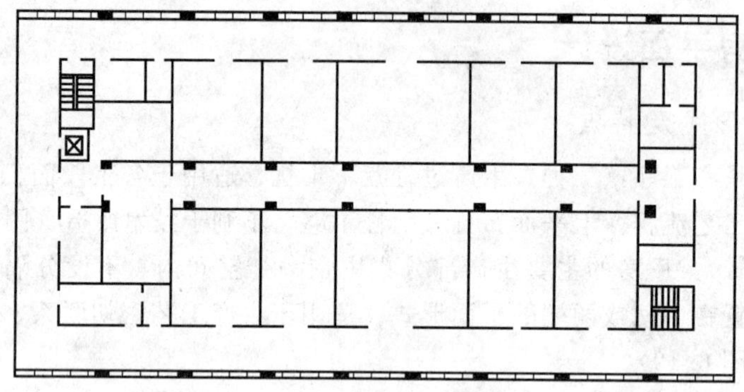

(b)环状通道布置在外围

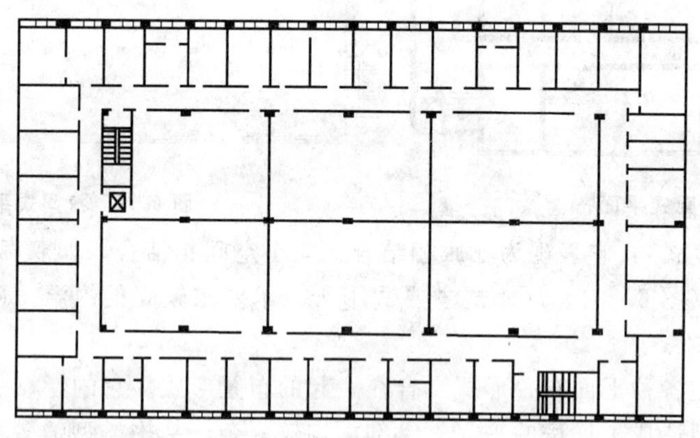

(c)环状通道布置在中间

图 6.20　厅廊式平面布置

(3) 大跨度柱网

这种柱网的跨度一般大于 9 m，中间不设柱，它为生产工艺的变革提供了灵活性。随着近年来结构技术的进步，这种柱网的最大跨度可达 24 m。如图 6.22 (c) 所示。

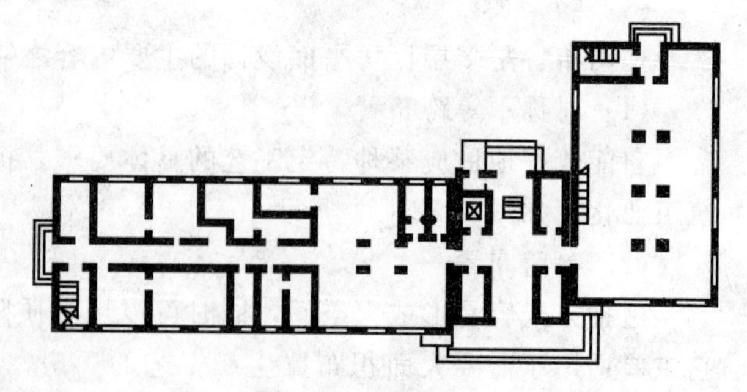

图 6.21　混合式平面布置

(4) 柱距、跨度的参数选择

为了使厂房建筑构配件尺寸达到标准化和系列化，以利于工业化生产，在《厂房建筑模数协调标准》中对多层厂房跨度和柱距尺寸做了如下规定：

①多层厂房的跨度应采用扩大模数 15M 数列，宜采用 6.0 m、7.5 m、9.0 m、10.5 m 和 12 m。

②厂房的柱距应采用扩大模数 6M 数列，宜采用 6.0 m、6.6 m 和 7.2 m。

③内廊式厂房的跨度可采用扩大模数 6M 数列，宜采用 6.0 m、6.6 m 和 7.2 m。

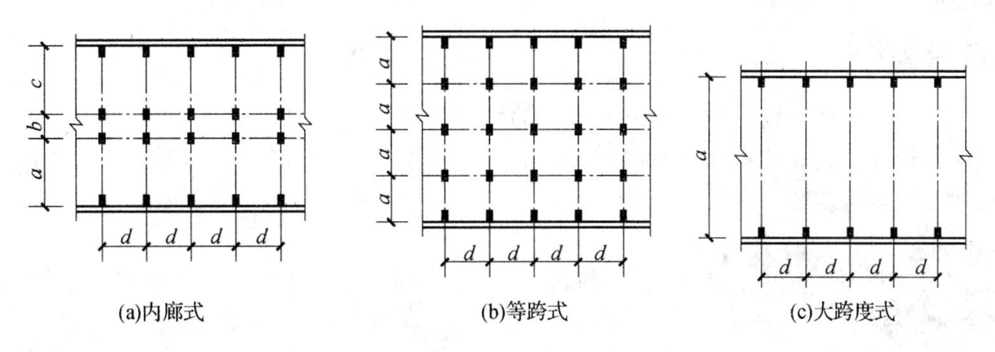

图 6.22　柱网布置的类型

④走廊的跨度应采用扩大模数 3M 数列，宜采用 2.4 m、2.7 m 和 3.0 m。

3. 楼、电梯间和生活及辅助用房的布置

①原则：方便运输、有利工人活动，避免人员、物流交叉，便于安全疏散、防火、卫生等要求。

②布置方式：a. 外贴厂房周围；b. 厂房内部；c. 独立布置；d. 嵌入厂房不同区段交接处。

③楼梯数量、宽度及与电梯井道的组合。数量、宽度应满足垂直运输和防火疏散的要求，详见《建筑设计防火规范》。电梯数量应满足生产工艺的要求。布置方式：同侧布置；楼梯环绕；分侧布置。

④生活及辅助用房

生活和辅助用房尽量与楼、电梯组合在一起，可以布置在车间的端部、中部等位置。

当生产车间的层高低于 3.6 m 时，将生活间布置在主体建筑内是合理的，有利于车间与生活间的联系，使用方便，结构施工简单，设计时采用这种布置方式较多。

在生产车间的层高大于 4.2 m 时，生活间应与车间采用不同层高，否则会造成空间上的浪费。降低生活间层高有利于增加生活间面积，充分合理的利用建筑空间。此时生活间的层高可采用 2.8 m～3.2 m，以能满足采光、通风要求为准。但此种布置的缺点是剖面较复杂，会增加结构、施工的复杂性。

【重点串联】

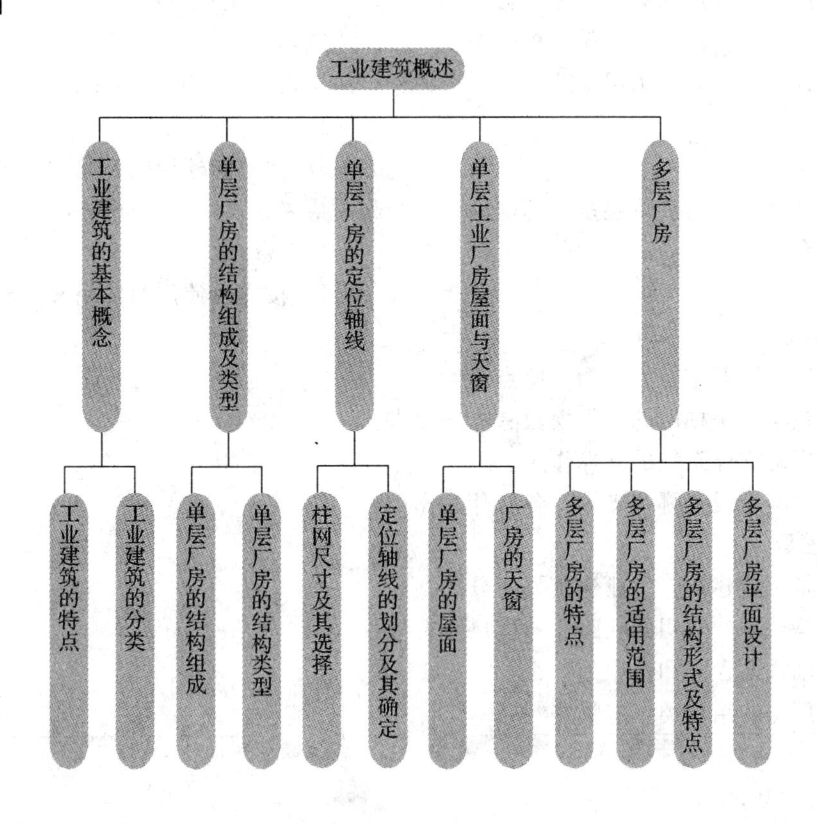

【知识链接】

1.《民用建筑设计通则》(GB 50352—2005)
2.《建筑设计防火规范》(GB 50016—2006)
3.《建筑模数协调统一标堆》(GBJ 2—86)

拓展与实训

基础能力训练

一、填空题

1. 厂房屋盖结构有________、________两种类型。
2. 厂房横向排架是由________、________、________组成。
3. 厂房纵向排架是由________、________、________、________、________组成。
4. 屋架之间的支撑包括________、________、________、________。
5. 钢筋混凝土排架结构单层厂房当室内最大间距为________，室外露天最大间距为________时，需设伸缩缝。
6. 柱间支撑按其位置可分为________和________。

二、选择题

1. 有吊车厂房结构温度区段的纵向排架柱间支撑布置原则以下列（　）项为正确做法。
   A. 下柱支撑布置在中部，上柱支撑布置在中部及两端
   B. 下柱支撑布置在两端，上柱支撑布置在中部
   C. 下柱支撑布置在中部，上柱支撑布置在两端
   D. 下柱支撑布置在中部及两端，上柱支撑布置在中部
2. 当单层工业厂房纵向排架柱列数（　）时，纵向排架也需计算。
   A. ≤8　　B. ≤9　　C. ≤6　　D. ≤7
3. 排架计算时，对一单层单跨厂房一个排架，应考虑（　）台吊车。
   A. 4 台　　B. 2 台
   C. 3 台　　D. 按实际使用时的吊车台数计
4. 排架计算时，对一单层多跨厂房的一个排架，应考虑（　）台吊车。
   A. 4 台　　B. 2 台
   C. 3 台　　D. 按实际使用时的吊车台数计

三、简答题

1. 简述厂房屋盖结构的类型及特点。
2. 排架结构厂房柱网的布置模数有哪些要求？
3. 简述厂房支撑系统的支撑作用。
4. 屋架之间需设置哪些支撑？各有什么作用？

四、简答题

1. 什么是工业建筑？工业建筑如何分类？
2. 什么是柱网？常用的柱距、跨度尺寸有哪些？
3. 定位轴线的含义和作用是什么？
4. 单层厂房的结构类型有哪些？

工程模拟训练

对工业厂房进行调研，了解厂房类型和构造形式。

链接职考

1. 排架结构内力组合时，任何情况下都参与组合的荷载是（　　）。

A. 活荷载　　B. 风荷载

C. 吊车竖向和水平荷载　　D. 恒荷载

2. 单层厂房排架柱内力组合中可变荷载的下列特点，（　　）有误。

A. 吊车竖向荷载，每跨都有 D_{max} 在左、D_{min} 在右及 D_{min} 在左、D_{max} 在右两种情况；每次只选一种

B. 吊车横向水平荷载 T_{max} 同时作用在该跨左、右两柱，且有正、反两个方向

C. D_{max} 或 D_{min} 必有 T_{max}，但有 T_{max} 不一定有 D_{max} 或 D_{min}

D. 风荷载有左来风和右来风，每次选一种

模块 7

建筑方案设计及案例

【模块概述】

建筑方案设计是一项综合性很强的工作，涉及建筑学科领域里的很多分支。对于建筑学专业的同学来说，了解方案前期所包含的内容，学习如何寻找方案的设计灵感并将其同理性思维融合在一起，最终通过平、立、剖面、总平面以及效果图和模型将其表达出来是我们在学校学习建筑设计的主要任务。

【知识目标】

1. 了解设计前期包含哪些内容；
2. 了解感性创意的来源；
3. 掌握理性分析的方法；
4. 掌握方案设计的表达方法。

【技能目标】

1. 熟悉建筑方案设计的正确方法；
2. 理解感性思维与理性分析的关系，把握建筑设计的实质；
3. 通过案例分析进一步掌握建筑设计的基本方法。

【课时建议】

4 课时

7.1 前期工作与设计阶段划分

1. 建设程序阶段划分

根据我国基本建设的程序，建造一栋房屋通常需要以下六个环节：

①项目的拟定，计划的编制与审批。

②基地的选用、勘查与征用。

③房屋设计。

④建筑施工。

⑤设备安装。

⑥竣工验收与交付使用。

建筑师的工作包括参加建设项目的决策，编制各设计阶段的设计文件，配合施工并参与竣工验收，其中最主要的工作是设计前的准备与各阶段的设计。

2. 建筑设计前期的准备工作

①接手设计任务，核实查看并熟悉设计任务的必要文件。例如建设单位立项报告、上级主管部门审批文件、设计要求、建筑面积与造价；工程勘察报告以及设计合同；城建部门统一建设项目的批文、用地红线以及规划要求等等。

②结合设计任务，学习有关方针政策和设计规范。

③根据设计任务的要求，积极做好资料搜集和调查研究工作。

a. 资料搜集：主要包括自然条件与环境条件中的数据、地形图、现状图、规划文件、地质报告等。还有同类建筑设计的论文、总结与手册。

b. 调查研究：(a) 走访建设单位、主管单位，对使用功能和建设标准的核查。(b) 调研建材的质量和装饰效果以及施工条件与施工水平等。(c) 现场勘查、核对地形图与现状图，初步拟建建筑位置与总图关系，必要时可进行传统建筑经验和生活习俗的调研。

3. 建筑设计阶段的划分

为了保证设计质量，避免发生不必要的返工，建筑设计也应循序渐进逐步深入，分阶段进行。通常将设计阶段划分为若干阶段：国际上一般分为“概念设计”“基本设计”和“详细设计”三个阶段；而我国建筑设计过程按工程复杂程度、规模大小及审批要求，一般划分为两阶段设计或三阶段设计。两阶段设计是指初步设计和施工图设计两个阶段，一般的工程多采用两阶段设计。对于大型民用建筑工程或技术复杂的项目，采用三阶段设计，即初步设计、技术设计和施工图设计。

各阶段设计文件应当符合国家规定的设计深度要求，并注明工程合理使用年限。各设计阶段的主要内容及深度要求如下：

(1) 初步设计

偏重于建筑内外空间组合设计和环境空间设计。成果图有：总平面图、各层平面图、立面图、剖面图以及必要的效果图、预算书和建筑设计说明书等。

(2) 技术设计

在初步设计的基础上，除了进行建筑设计外，同时需要结构、设备等各工种的技术设计。其成果图有：总平面图，各平、立、剖面图，重要节点详图以及结构选型、布置，材料用料预算书和设备技术图，同时还需要各设计说明书。

(3) 施工图设计

在同意扩初设计的基础上进行施工图设计，作为施工依据。其成果图有：总平面图，各层平、立、剖面图，各节点详图等。所有尺寸必须标总尺寸、轴线尺寸、门窗洞口尺寸、详细尺寸（如墙厚）并有施工说明书。

除此以外，还有建筑结构施工图、施工说明书以及建筑设备施工图和施工说明书。

7.2 感性创意

感性创意就是设计者希望通过设计作品传达某种情感，表达某些理念，是创造性的思维和想象阶段。沙利文认为建筑师的工作就是让建筑材料活起来，用思想、情感状态赋予它们活泼的生命，以主观意愿改变它们。很多成功的建筑大师都不仅仅有塑造形态的高超技巧，同时还挖掘建筑与历史、文化、伦理的关系，甚至将哲学理念引入建筑创作中，将其哲学思想物化、具体化。

创意不是凭空而来的，而是积累后的顿悟；我们需要经历多次由理性到感性再到理性的反复之后，才能得到最终的方案。以下是几种常见的感性创意来源。

7.2.1 变陌生为熟悉

所谓的变陌生为熟悉，就是将新的事物容纳到我们所熟悉的事物系统中去。任何方案的设计都不是真正的从零开始、从无到有，而是以熟悉的空间、尺度等作为参考原型，依照对生活模式和建筑模式的固有理解，将新的事物融入旧有的事物中去，从而使旧有事物散发新的活力。这就要求我们研读大量的优秀建筑设计案例，形成高级的建筑设计潜意识，以便融合新事物，实现感性创意。

随着设计经验的积累和社会阅历的增加，我们对从前学到和接触到的社会学、哲学、历史、音乐、语言学、诗歌、舞蹈等方面知识的理解都更加深刻。这些知识都可能成为激发建筑创意的灵感，成为我们感性创意的来源。建筑师也会因为将这些建筑学科之外的“陌生”知识融入自己的设计理念中，从而开辟出建筑设计的一片新领域。譬如说埃森曼的理论就融入了解构哲学，将自己的建筑设计审美化、图解化。又比如现代主义建筑大师赖特创造了“有机建筑”理论，密斯用“少就是多”来表达科技干预建筑的高效性，迈耶以其“白色派”建筑成为抽象巴洛克美学的歌者，而盖里却以“建筑就是雕塑，因为它是三维体”的理论加入到了解构主义建筑师的阵营。可见，将建筑学以外的学科融入筑设计中不仅可以激发设计的灵感，甚至还有可能开辟新的建筑设计领域。

7.2.2 变熟悉为陌生

所谓的变熟悉为陌生，就是打破常规，破除思维定式，举一反三，以此来获得建筑设计的灵感。不要将熟知的规律变为迂腐和毫无生气的累赘，要善于联想、转化、变换。例如很多建筑学的同学学习建筑设计一段时间以后很容易养成先设计建筑平面，并依靠建筑平面产生建筑造型的设计习惯。但事实上，这种设计习惯在很大程度上限制了建筑设计思维的发散，束缚了设计者的创造性。很多建筑设计精品早就摆脱了这种设计思维，从立体的界面出发进行建筑创作。建筑的空间摆脱传统的“方形”；界面不一定全部封闭；墙、顶、地也不一定就是水平和铅垂面以正交模式交接等设计思维就是变熟悉为陌生的最好诠释。

7.2.3 类比与移植

在建筑设计中，类比与移植就是借助不同的建筑类型或其他事物，深入细致地比较其相似与相异之处，直接或间接地进行联想想象、移花接木、转换改型等。

这方面比较有代表性的是仿生建筑。仿生建筑以生物界某些生物体功能组织和形象构成规律为研究对象，探寻自然界中科学合理的建造规律，并通过这些研究成果的运用来丰富和完善建筑的处理手法，促进建筑形体结构以及建筑功能布局等的高效设计和合理形成。从某种意义上说，仿生建筑也是绿色建筑，仿生技术手段也应属于绿色技术的范畴。北京奥运会的"水立方"是典型的仿生建筑。在这个建筑中，结构工程师通过对起泡现象进行结构分析与模仿而产生的充气结构，打破了传统的充气结构形式，创造了史无前例的建筑外观形象。如图 7.1 所示。

图 7.1　水立方

7.2.4 逆向思维

逆向思维是极端发散思维的结果，指有意寻找矛盾对立面、颠倒主客体关系、克服思维流程的单一性、突破观念壁垒的否定式创作方法。设计时，次要的、被动的、隐形的因素，如果被重新挖掘考量，加以强化，使其成为显性要素，很可能会使整个体系发生质的颠覆。

在建筑设计中，建筑大师文丘里主张"不要排斥异端""用不一般的方式和意外的观点看一般的东西"，促使人们转换眼光，从非常理的角度认识事物的另一面，开阔了人们的设计视野。贝聿铭的卢浮宫扩建工程就是逆向思维的设计实例，他在古典建筑群中，反常地加入了一个玻璃与钢结构组成的透明金字塔，其造型、结构、材料等方面几乎与周围的古典建筑极端对立，然而却获得了异常生动的效果，最终得到了公众的认同，成为闻名世界的设计作品（图 7.2）。还有弗兰克・盖里设计的西班牙古根海姆博物馆（图 7.3），一反建筑方方正正的传统模式，扭曲的形体、无序的堆砌，是现代科技才可以培育出来的"金属花"。罗杰斯和皮亚诺设计的巴黎蓬皮杜艺术中心（图 7.4），设备管线及室内交通路线外置，犹如"开肠破肚"般的展示出了建筑的所有内部结构，从观念和视觉上形成了另类的建筑艺术。

图 7.2　卢浮宫扩建工程

图 7.3　古根海姆博物馆

图 7.4　蓬皮杜艺术中心

7.3 理性分析

7.3.1 功能和流线分析

人们在特定情况下采取特定的典型行为方式，并在生活中频频发生而成为某种模式。比如一个家庭的特征是由发生在那里的特殊事件决定的：情感交流、一日三餐、休息睡眠、和睦冲突等，这些活动赋予了发生这些事情的地方一个特殊的称谓——住宅。因此不难理解，不同场所都因为“人”这个主体活动的不同而具有不同的意义与内容；设计建筑就是为了将这些活动组织起来，通过对活动的性质、类型、时序、所需环境、可能产生的影响等要素关联起来分析，将其“编译”到建筑中，成为合理的功能布局。这个“编译”的过程包含空间和时间两个方面，也就是功能分区和流线组织。

1. 功能分区

功能分析是脚踏实地地着手建筑设计的第一步。人类活动模式的复杂性与功能特化性决定了建筑形制的多样性，从不同的建筑类型出发获得多样的功能关系模式是建筑设计的起点之一。

所谓功能分区就是指将建筑空间按照不同的功能要求进行分类，并根据它们之间联系的密切程度加以组合、划分。

各类建筑都有自己的一定使用程序，建筑的平面布局要与这种使用程序相适应，不能与之发生冲突。因此，在进行功能分区时，要遵循以下原则：

(1) 处理好“主”与“次”的关系

处理主次关系的一般规律是：

①主要使用部分布置在较好的区位，靠近主要出入口，保证良好的朝向、采光、通风及良好的景象、环境等条件。

②辅助及附属部分则可放在较次要的区位，朝向、采光、通风等条件可能要差一些，并常设单独的服务出入口。

③辅助使用空间从属于主要使用空间布置。

④对待“主”与“辅”的关系要辩证的分析。

⑤辅助功能部分的设计也要认真对待。

(2) 处理好“内”与“外”的关系

一般来讲，对外性强的用房（如观众厅、陈列室、演讲厅、营业厅等）人流量大，应该靠近入口或直接进入。为使其位置明显，便于直接对外，通常环绕交通枢纽布置。而对内性较强的用房则应尽量布置在比较隐蔽的位置，以免公共人流穿过而影响其内部的使用。

例如展览类建筑中，陈列室是主要使用房间、对外性强，尤其是专题陈列室、外宾接待室及讲演厅等一般都是靠近门厅布置，而库房办公等用房则属对内的辅助用房，就不应布置在明显的重要的位置。

另外，有的用房虽然是直接为公众服务的，但从管理角度考虑又不希望公共性很强。例如旅馆的客房虽直接为旅客使用，但不希望任何人随意进出，所以一般常置于二楼以上，而将对外性强的公共部分置于底层。从此例也可认为，凡属对外性强的使用空间，必将是公众使用多或公共人流大的空间，反之，对外性就弱一些。

(3) 处理好“闹”与“静”或“动”与“静”的分区关系

例如小学校中的公共活动教室（如音乐教室、室内体育房等）及室外操场在使用中则会产生噪声，而教室、办公室则需要安静，两者就要求适当地分开。

还有在文化馆中，尽管主要的房间都是开展各种各样的活动，但由于活动的内容和特点不一，“闹”与“静”的情况和要求也就不同，一些活动用房（如乒乓球室、文娱室、球场等）比较喧闹，而另一些活动室（如下棋室、阅览室、学习室等）则要求安静，两组房间就需适当地分开。

（4）处理好“清”与“污”的分区关系

一般应将附属用房（如厨房、锅炉房、洗衣房等）置于常年主导风向的下风向，且不在公共人流的主要交通线上。此外，这些房间一般比较零乱，也不宜放在建筑物的主要一面，避免影响建筑物的整洁和美观。因此常以前后分区为多，少数可以置于底层或最高层。

功能分区具体方式主要体现在以下几个方面：

① 分散分区 ：

将功能要求不同的各部分用房分别按一定的区域，布置在几个不同的单幢建筑物中。

优点：可以达到完全分区的目的。

缺点：必然导致联系的不便。

解决：在这种情况下就要很好地解决相互联系的问题，常加建露廊相连接。

② 集中水平分区 ：

将各功能要求不同的各部分用房集中布置在同一幢建筑的不同的平面区域，各组取水平方向的联系或分隔。

这种分区方式的设计要点是：a. 将主要的、对外性强的、使用频繁的或人流量较大的用房布置在前部，靠近入口的中心地带；而将辅助的对内性强的使用人流少的或要求安静的用房布置在后部或一侧，离入口远一点。b. 可以利用内院，设置中间带等方式作为分隔的手段。

③ 垂直分区：

将功能要求不同的各部分用房集中布置于同一幢建筑的不同层上，以垂直方向进行联系或分隔。但要注意分层布置的合理，注意各层房间数量、面积大小的均衡，以及结构的合理性。并使垂直交通与水平交通组织紧凑方便。

分层布置一般是根据使用活动的要求，不同使用对象的特点及空间大小等因素来综合考虑。

例如中小学可以按照不同年级来分层，高年级教室布置在上层，低年级教室则应布置底层。还有多层的百货商店应将销售量大的家电商品置于底层，其他的如纺织品、文化用品等则可置于上面的各层。

总之，上述三种分区方法还应考虑建筑规模、用地大小、地形及规划要求等外界因素的影响，在实际工作中，相互结合运用，既可以单独采用水平分区或垂直的分区，也可以把它们结合起来使用。

2. 流线组织

人在建筑物内部的活动和物在建筑物内部的运送，就构成建筑的交通组织问题。它包括两个方面，一是相互的联系，二是彼此的分离。合理的交通路线组织就是既要保证相互联系的方便、简捷，又要保证必要的分隔，使不同的流线不相互交叉干扰。

这在公共建筑物中，尤其是那些使用频繁，拥有大量人流的医院、影剧院 、体育馆、展览馆等建筑物中显得特别重要。交通流线组织的合理与否一般是评价平面布局好坏的重要标准。它直接影响到布局的形式。下面着重介绍交通流线的类型、流线组织的要求及组织方式。

（1）交通流线

① 交通流线的类型：

建筑物内部交通流线按其使用性质可分为以下几种类型：

a. 公共人流交通线：即建筑物主要使用者的交通流线。

(a) 集中性的人流，即在一定的时间内很快聚集和疏散大量人流。如影剧院、体育馆、火车站等；

(b) 连续性的人流，如商业建筑、图书馆等。它们都存在一个合理的组织大量人流进与出的问题，并应满足各种使用程序的要求。

b. 内部工作流线：即内部管理工作人员的服务交通线，例如在某些大型建筑物中除了主要人流路线，还包括摄影、记者、电视等工作人员流线。

c. 辅助供应交通流线：如食堂中的厨房工作人员服务流线及食物供应线；车站中行包流线，医院建筑中食品、器械、药物等服务供应线；商店中货物运送线，图书馆中书籍的运送线等等。

② 交通流线组织的要求：

首先，应当把“主要人流路线”作为设计与组合空间的“主导线”。

例如设计一个图书馆应该以“读者人流路线”作为设计的“主导线”，把各个阅览室及为之服务的有关空间有机地组织起来；又比如对于某些有多种使用人流的建筑，如火车站，它有一般旅客人流，又有贵宾等其他人流，这时应该以广大人民群众进、出站的人流为“主要旅客人流”，并以它为设计的“主导线”，而不应该是像目前一些车站那样，过于侧重考虑首长、迎宾活动，而忽视一般旅客的基本使用。

其次，交通流线的组织还应考虑以下几点内容：

a. 不同性质的流线应明确分开，避免相互干扰；

b. 流线的组织应符合使用程序，力求流线简捷明确、通畅，不迂回，最大限度地缩短流线；

c. 流线组织，要有灵活性，以创造一定的灵活使用的条件；

d. 流线组织与出入口设置必须与室外道路密切结合，二者不可分割

例如在图书馆的设计中，人流路线的组织就要使读者方便地通达借书厅及阅览室，并尽可能地缩短运书的距离，缩短借书的时间。并且，流线组织中还要考虑全馆开放人流的组织和局部开放的人流组织（如大学图书馆在寒暑假期间），使其在局部开放时不影响其他不开放部分的管理。

③ 交通流线组织的方式：

主要指的是交通流线的平面组织、立体组织和平面立体相结合组织三种方式。

a. 平面组织：

即把不同的流线组织在同一平面的不同区域，与前述水平功能分区是一致的。例如在车站建筑中，将旅客进站流线和出站流线分开布置在两边；在商店中将顾客流线和货物流线分别布置于前部和后部。

这种水平分区的流线组织垂直交通少，联系方便，避免大量人流的上上下下。在中小型的建筑中，这种方式较为简单有效。但对某些大型建筑来讲，单纯的水平方向组织可能不易解决复杂的交通问题或往往使平面布局复杂化。

b. 立体组织：

即把不同的流线组织在不同的层上，以垂直方向把不同流线分开。例如在车站建筑中将，进站流线和出站流线分别布置于底层和二层；医院建筑中将门诊人流布置在底层，各病区人流按层组织在其上部。

这种垂直方向的流线组织，分工明确，可以简化平面，对较大型的建筑更为适合。但是它增加了垂直交通，同时分层布置要考虑荷载及人流量的大小。

c. 平面立体相结合的流线方式：

即既在平面上划分不同的区域，又按层组织交通流线，常用于规模较大，流线较复杂的建筑物中。

（2）人流疏散

① 人流疏散的类型：

人流疏散分正常和紧急两种情况。

正常人流疏散指的是连续的（商店）、集中的（剧场）和二者兼有的（展览馆）疏散方式；紧急疏散仅仅指集中疏散。

② 人流疏散的基本要求：

a. 公共建筑的人流疏散要求通畅。

b. 要考虑交通枢纽处的缓冲地带的设置，必要时可适当分散，以防过度的拥挤。

c. 连续性的活动宜将出口与入口分开设置。

d. 要按防火规范充分考虑疏散时间，计算通行能力。

3. 功能关系图

为了更清楚、更简明地表示建筑物内部的使用关系，常以一种简明的分析图表示公共建筑的内部使用程序，我们通常称之为功能关系图。

这种功能关系图对设计者来说是有效分析建筑功能的途径之一。它是功能分析的一种手段，不仅表示出使用程序，也表示各部分在平面布局中的位置及相互关系，同时也告诉我们功能分区的内容。在某种情况下，分析图本身就可以提出平面关系的方案来。

在功能复杂的建筑中，这种功能关系图更能清楚、简明地帮助我们分析各个部分使用上相互联系的关系，从而能把众多的房间按照其使用的关系分成较为简单的若干组，以便抓住它们的主要使用关系，更快地进行平面布局。

在利用功能关系图进行建筑设计时，我们需要注意以下几点：

①功能关系图仅仅是一个帮助我们进行方案设计的分析图，而不能简单地就把它看作是这个建筑物的平面布置图。虽然这种功能分析图有时可以启发我们提出一个平面方案，但是它只不过是所有可能的方案中的一个。某些时候若全然按照功能关系图进行布置，则会妨碍方案思路的发展，甚至会导致方案不能成立。某一类型的建筑，其功能关系图只有一个，而建筑设计方案却远远不止一个。

②使用程序——功能序列不能简单地看作是内部空间的组织程序。

建筑师在设计中不仅要按照使用程序——功能序列来组织功能布局，而且要根据使用程序来精心安排空间程序——审美序列，使人们在使用的过程中产生一种空间的美感，从而使功能序列和审美序列有机结合，彼此连贯一致。

7.3.2 结构选型

建筑方案设计并不要求掌握结构计算的具体方法，也无需为大量繁复的力学公式所累，但是却需要根据设想的形态来做与之相适应的结构类型。

所谓结构选型就是根据建筑的概念、形态意向、功能、高度、经济要素等因素来确定建筑的结构类型，使建筑的深入设计更为可行。

1. 结构选型应遵循的原则

（1）适应建筑功能的要求

对于有些公共建筑，其功能有视听要求，如：体育馆为保证较好的观看视觉效果，比赛大厅内不能设柱，必须采用大跨度结构；大型超市为满足购物的需要，室内空间具有流动性和灵活性，所以应采用框架结构。

（2）满足建筑造型的需要

对于建筑造型复杂、平面和立面特别不规则的建筑结构选型，要按实际需要在适当部位设置防震缝，形成较多有规则的结构单元。

(3) 充分发挥结构自身的优势

每种结构形式都有各自的特点和不足，有其各自的适用范围，所以要结合建筑设计的具体情况进行结构选型。

(4) 考虑材料和施工的条件

由于材料和施工技术的不同，其结构形式也不同。例如：砌体结构所用材料多为就地取材，施工简单，适用于低层、多层建筑。当钢材供应紧缺或钢材加工、施工技术不完善时，不可大量采用钢结构。

(5) 尽可能降低造价

当几种结构形式都有可能满足建筑设计条件时，经济条件就是决定因素，尽量采用能降低工程造价的结构形式。

2. 结构体系分类

(1) 从宏观组织形态来分

① 几何规律的结构体系：

大量的结构体系符合几何规律结构体系的范畴。主要指的是这类结构体系主要由大量简单的“点”“线”“面”的水平或垂直构成关系来形成承重系统，如我们最常见的框架结构。

② 非几何有机组织的体系：

随着科技的不断进步，现代建筑的很多结构形式来源于观察和分析自然界生物体或非生物体的形态，从力学逻辑归纳总结其规律而得到的结构体系。例如纸遇到垂直压力会变形，但是将一张纸折成折线形状就使得其具备了承受垂直荷载的能力，也就是折板结构。

(2) 根据结构外形特点来分

① 单层结构（1～3层，多用于单层厂房、食堂、影剧院、仓库）。

② 多层结构（2～6层）。

③ 高层结构（一般在7层以上）。

④ 大跨度结构（跨度为40～50 m）。

(3) 根据结构材料来分

① 钢筋混凝土结构。

② 砌体结构（砖砌体、石砌体、小型砌块、大型砌块、多孔砖砌体）。

③ 钢结构。

④ 木结构。

⑤ 塑料结构。

⑥ 薄膜充气结构。

(4) 根据建筑结构的主要结构形式分

① 墙体结构（以墙体作为支撑水平构件及承担水平力的结构）。

② 框架结构（由梁和柱刚性连接的骨架结构）。

③ 框架－剪力墙（抗震墙）结构。

④ 剪力墙结构（墙体既承担水平构件传来的竖向荷载，同时也承担风力和地震力传来的水平荷载）。

⑤ 筒体结构（由剪力墙组成或密柱框筒组成）。

⑥ 桁架结构。

⑦ 拱形结构。

⑧ 网架结构（以网架做屋盖）。

⑨ 空间薄壁结构（包括薄壳、折板、幕式结构）。

⑩ 钢索结构（悬索结构，以钢缆或钢拉杆为主要承重构件）。

（5）根据结构受力特点分

① 平面结构体系。

② 空间结构体系。

7.3.3 空间组合

建筑空间的形式多种多样，通常情况下建筑空间由顶界面、底界面和测界面所共同界定。但有些时候，空间界面并不完整、连续，或有局部缺失，如四面透空的亭廊、悬挑雨棚覆盖的入口等。处理好多种形式空间之间的组合关系直接影响到人们对建筑评价的高低。

在设计中，建筑空间处理应把握好以下几点

1. 空间的体量

空间的舒适度是以人的尺度和心理接受的感觉为基准，过大的空间会失去家庭的温馨感、亲和感，失去家庭特有的生活气氛，有时还会使人觉得自己渺小而冷漠、僻静。日本建筑师芦原义信曾指出："日本式建筑中四张半席的空间对两个人来说，是小巧、宁静、亲密的空间……"其所说的四张半席相当于我国 10 m^2 左右的小居室。意大利著名建筑师布鲁诺．赛维，在他的《建筑空间论》中曾谈到："尽管我们可以忽视空间，空间却影响着我们，并控制我们的精神活动。"有关研究表明，引起人们心理体验的，不仅是建筑物的物理实体，还有使用建筑空间的人和活动。

2. 空间的尺度

尺度问题就是在空间的高度上应考虑好的两个高度：绝对高度（实际层高）和相对高度。选择合适的层高在住宅设计中有着重要意义。

绝对高度：以人为尺度，过低会使人感到压抑；过高会使人感到不亲切。

相对高度：空间的高度与面积的比例关系，相对高度愈小，顶盖与地面的引力感愈强。

相对高度不能只着眼于尺寸，而要联系到实际的平面面积。人们在实际生活经验中体会到，在绝对高度不变的情况下，面积愈大空间愈显得低矮；另外，作为空间顶界面的天棚和底界面的地面——其相互平行、对应，如高度和面积保持适当的比例，则可以显示一种互相吸引的关系，这种关系可以造成一种亲和、适宜的感觉。

3. 空间的形状和比例

不同的形状空间，往往使人产生不同的感受，在选择空间形状时，必须把功能使用要求和精神感受要求统一起来考虑，使其不但适用而且又能按照一定的艺术意图给人以良好的精神感受。对于一般建筑空间来讲，所谓形状就是指"长、宽、高三者的比例关系"。由不同形状体量组合而成的建筑体形，可以利用长、宽、高三个向量要素在形状方面的差异性进行对比、组合以产生变化。在设计过程中，首先应处理好建筑物整体的比例关系；也就是从组合入手来推敲各基本体量长、宽、高三者的比例关系。

4. 空间围与透关系的处理

在建筑空间中，围与透是相辅相成的，只围而不透的空间会使人感到闭塞、气闷；只透而不围的空间尽管开敞，但这样的空间犹如置身室外，违反了建筑的本意和初衷。所以在设计中应把围与透这两种互相对立的因素统一起来考虑设计中的。

5. 色彩与质感的处理对空间的影响

在处理室内色彩时，要注意色彩对人心理的影响以及根据功能不同而要求不同，室内色彩一般遵循上浅下深的原则，这样能给人产生一种稳定的空间。还应掌握好色彩的对比和调和关系；只有调和没有对比会使人感到平淡而无生气；反之，过分强调对比则会破坏整个空间的整体感。

大面积的墙面、天花、地面等一般应选用调和色，局部如：踢脚板、护墙、门窗及到室内设施

(家具、窗帘、灯具等)，则可以选用对比色。这样整个房间的色彩就让人感到舒适、和谐而不单调、枯燥。但还应避免大面积(如天花、地面、墙面)使用纯度高的原色或其他过分鲜艳的单色。

6. 空间组合的几种形式

(1) 并联式组合

并联式组合空间是指具有相同功能性质和结构特征的空间单元以重复的方式并联在一起所形成的空间组合方式。这种组合方式简便、快捷，适用于功能相对单一的建筑空间。如教室、宿舍、医院病房、旅馆客房、住宅单元、幼儿园等等，这类空间的形态基本上是近似的，互相之间没有明确的主从关系，根据不同的使用要求可以相互联通也可以不联通。

(2) 串联式空间组合

各组合空间单元由于功能或形式等方面的要求，先后次序明确，相互串联形成一个空间序列，呈线性排列，故此和组合方式也称为“序列组合”或“线性组合”。这些空间可以逐个直接连接，也可以由一条联系纽带将各个分支连接起来。前者适用于那些人们必须依次通过各部分空间的建筑，其组合形式必然形成序列。如展览馆、纪念馆、陈列馆等，后者适用于分支较多，分支内部又较复杂的建筑空间，如综合医院、大型火车站、航空港等。中国古代宫殿建筑群为了创造威严的气氛，设计了结构完整、高潮迭起的空间序列，也属于此种组合方式，如北京故宫建筑群。在串联式组合的空间序列中，在功能上或象征方面有重要意义的空间，可以通过改变尺寸、形状等手法加以突出，也可以通过其所处的位置加以强调，如位于序列的首末、偏离线性组合或位于变化的转折处等。另外高层建筑的空间组合方式也可归于串联式组合，由垂直交通核心将各层空间在竖直方向上串联在一起。(并联式和串联式空间组合具有很强的适应性，可以配合各种场地情况，线型可直可曲，还可以转折，适用于功能要求不是很复杂的建筑。)

(3) 集中式组合方式

集中式组合通常是一种稳定的向心式构图，它由一定数量的次要空间围绕一个大的占主导地位的中心空间构成。处于中心主导空间一般为相对规则的形状，应有足够大的空间体量以便使次要空间能够集结在其周围；次要空间的功能、体量可以完全相同，也可以不同，以适应功能和环境的需要。一般说来，集中式组合本身没有明确的方向性，其入口及引导部分多设于某个次要空间。这种空间组合方式适用于体育馆、歌剧院等以大空间为主的建筑，西方古代的教堂也有很多采用这种空间组合方式。

(4) 辐射式组合

这种空间组合方式兼有集中式和串联式空间特征。由一个中心空间和若干呈辐射状扩展的串联空间组合而成，辐射式组合空间通过现行的分支向外伸展，与周围环境紧密结合。这些辐射状分支空间的功能、形态、结构可以相同，也可不同，长度可长可短，以适应不同的基地环境变化。这种空间组合方式常用于山地旅馆、大型办公群体等。另外设计中常用的“风车式”组合也属于辐射式的一种变体。

(5) 单元式组合

把空间划分若干个单元，用交通空间将各个单元联系在一起，形成单元组合。单元内部功能相近或联系紧密，单元之间关系松散，具有共同的或相近的形态特征。实践中常用的庭院式建筑即属于这种组合方式。单元之间的组合方式或可以采用某种几何概念，如对称或交错等，这种组合方式常用于度假村、疗养院、幼儿园、医院、文化馆、图书馆等建筑。

(6) 网格式组合

这种组合方式是将建筑的功能空间按照二维或三维的网格作为模数单元来进行组织和联系，我们称之为网格式组合。在建筑设计中，这种网格一般是通过结构体系的梁柱来建立的，由于网格具有重复的空间模数的特性，因而可以增加、削减或层叠，而网格的同一性保持不变。按照这种方式组合的空间具有规则性和连续性的特点，而且结构标准化，构件种类少，受力均匀，建筑空间的轮廓规整而又富于变化，组合容量，适应性强，被各类建筑所广泛使用。

(7) 轴线对位组合

这种组合方式由轴线对空间进行定位，并通过轴线关系将各个空间有效地组织起来。轴线对位组合形式虽然不一定有明确的几何形式，但一切均由轴线控制，空间关系清晰有序。一个建筑中的轴线可以有一条或多条，多条轴线之间有主次之分，层次分明。轴线可以起到引导行为的作用，使空间序列更有秩序，在空间视觉效果上也呈现出连续的景观线，有时轴线还往往被赋予某种文化内涵，使空间的艺术性得以增强。

综上所述，建筑设计人员在设计过程中，应在使用方所提供的各种原始资料、具体标准和要求的条件下，在现有国家标准规范及相关政策条件下，对整个建筑设计进行构思、分析和规划，对建筑中各房间功能进行全面的分析，对整个用地环境充分理解。在有限的面积中合理组织、搭配各功能空间，充分考虑建筑与人、建筑与环境的关系，精心设计。

7.3.4 造型设计

随着社会的发展，人们对建筑不仅有使用方面的要求，还越来越注重美观。建筑的造型兼顾了物质与精神、实用与美观的双重作用，是我们在进行建筑创作时的重要内容。

建筑造型设计虽然有相当大的感性成分在里面，但它绝不是只能意会不能言传的，它有其基本的内在规律。

除少数特例，如弗兰克·劳埃德·赖特，勒·柯布西耶等建筑大师之外，大多数一流建筑师的设计思想与建筑形象的具体处理手法并非体现于其建筑理论著述，而是体现于他们创作的优秀建筑作品，在很大程度上仍属源于直觉思维的感性思维成果。如抛开影响建筑形体的各种复杂因素，单纯地从形态构成方式，立体几何学的意义上去研究和讨论建筑形象的具体处理手法，归纳起来有以下几种方法：

1. 雕塑造型法

通过切削、增补、镶嵌、穿插的手法，用强烈的阴影效果突出建筑的体积所在。

实例：

(1) 毕尔巴鄂古根汉姆美术馆（弗兰克·盖里）

整个建筑由一群外覆钛合金板的不规则双曲面体量组合而成，其形式与人类建筑的既往实践均无关涉，超离任何习惯的建筑经验之外（图 7.5）。

(2) 广州歌剧院（扎哈·哈迪德）

其外形如“圆润双砾”，就像置于平缓山丘上的两块砾石，在珠江边显得十分特别。建筑造型力图体现歌剧院建筑的开放、浪漫和雍容华贵。其形态上，是由一个舒展的弯月形的体形、围绕着由 5 个花瓣形的墙体组成的歌剧院主体，宛若雕塑（图 7.6）。

图 7.5　毕尔巴鄂古根海姆美术馆

图 7.6　广州歌剧院

(3) 国家大剧院（保罗·安德鲁）

造型新颖、前卫，构思独特，堪称传统与现代、浪漫与现实的完美结合（图 7.7）。

2. 活跃单元法

功能要求极为苛刻的空间，母体本身是稳定程式化的，我们不能强行改变它，另图蹊径作出活跃单元法，而建程式化作为背景处理。

实例：

(1) 河南大学琴键楼

处理手法上主要采用了楼梯与建筑拉开距离，活跃交通部分的造型手法（图 7.8）。

图 7.7　国家大剧院

图 7.8　河南大学琴键楼

(2) 清华大学第六教学楼

利用连廊的变化活跃了交通部分的造型（图 7.9）。

3. 附加事物法

这种手法指的是在建筑表面附加装饰材料，打破建筑原来的单调，取得协调的效果。

实例：

(1) 波兰馆

如同一个精致的艺术品，波兰馆将外墙用以传统波兰纹饰镂空，白色的主色调在夜晚的时候被照明灯赋予了各种色彩，丝毫不显单调（图 7.10）。

图 7.9　清华大学第六教学楼

图 7.10　波兰馆

(2) 非洲联合馆

建筑外立面附加装饰——繁茂葱郁的非洲大树、沙漠、非洲特有的动物和建筑物勾勒出非洲大陆自然并具有多样性的风貌，象征着古老而充满生机的非洲大陆（图 7.11 ）。

4. 结构造型法

充分利用现代建筑的结构特征，使结构暴露在外，成为一种装饰，表现清晰的结构逻辑。

实例：

(1) 代代木体育馆

这是丹下健三建筑师职业生涯的巅峰之作，体育馆采用悬索结构，建筑的结构、功能、外观完全结合起来，表里如一，却又富于变化（图 7.12）。

图 7.11 非洲联合馆

图 7.12 代代木体育馆

(2) 水晶教堂

菲利普．约翰逊与约翰．伯吉 20 世纪 70 年代后期的作品，方案采用四角星形平面，使用空间桁架结构，墙面和屋顶融为一体，全部使用反射玻璃的半透明教堂，外观晶莹璀璨，室内开敞通透，因此得名水晶教堂（图 7.13）。

(3) 蓬皮杜艺术与文化中心

建筑结构外露的代表作（图 7.14 ）。

图 7.13 水晶教堂

图 7.14 蓬皮杜艺术中心

5. 隐喻造型法

利用仿生、象征、机械等手法，表现建筑外观的造型手法。

实例：

(1) 朗香教堂

勒·柯布西耶采用隐喻造型法创作的典范性建筑作品，表述了建筑内涵的多义性，如向上帝祈祷的双手、渡向彼岸的巨轮、嬉水的鸭子、带着博士帽的博士背影、正襟危坐的母子（图 7.15）。

(2) 悉尼歌剧院

乔恩·伍重，也是采用隐喻造型法创作的典范性建筑作品，隐喻含义的意境表述如，海上风帆、如洁白贝壳，诗情画意，引人遐想（图 7.16）。

图 7.15　朗香教堂

图 7.16　悉尼歌剧院

(3) 越战纪念碑

玛雅·林璎，摆脱常规纪念碑建筑高耸的碑林模式或雕像模式，以凹陷的地面，V 形裂痕这一独特构思隐喻战争的伤痕（图 7.17）。

图 7.17　越战纪念碑

6. 文脉造型法

了解传统的精髓，把握变化的幅度，抽象的在现。建筑的文脉不仅体现在继承，而且更重要的体现在发展和变化，体现现代生活和功能内涵。

实例：

(1) 上海金茂大厦

美国芝加哥著名的 SOM 设计事务所。设计师以创新的设计思想，巧妙地将世界最新建筑潮流与中国传统建筑风格—塔的造型结合起来，延续中国传统文脉，成功设计出世界级的，跨世纪的经典之作，成为海派建筑的里程碑，并已成为上海著名的标志性建筑物（图 7.18）。

(2) 世博会中国馆

国家馆主体造型综合中国传统文化，雄浑有力，宛如华冠高耸，天下粮仓；地区馆平台基座汇聚人流，寓意社泽神州，富庶四方。居中升起、层叠出挑，采用极富中国建筑文化元素的红色“斗冠”，造型外墙表面覆以“叠篆文字”，呈水平展开之势（图 7.19）。

图 7.18　金茂大厦

图 7.19　世博会中国馆

7.4 完整表达

一个方案，从接受任务书到做出完整的方案，需要经过不断地推敲并表达出来，以便记录自己设计的过程和方便别人理解读懂自己的作品。这种诠释、表达是建筑方案设计最基本的内容之一。

建筑方案的表达主要包括建筑的设计说明、经济技术指标、总平面图、平面图、立面图、剖面图，同时辅助以建筑外观、室内效果图和建筑模型等手段。

1. 建筑设计说明

建筑设计说明主要指以文字的方式阐述方案的设计理念、设计依据、设计方法、设计概况等。一份完整的建筑设计说明一般包含以下内容：

(1) 项目概况

项目概况一般简要说明项目所在的地理位置、所在地的气候特征、风土人情等情况。有些时候还可以简要介绍城市规划管理部门对项目用地的一些要求。

(2) 设计依据

设计依据主要包括两部分，一是开发商提供的用地区与现状资料和城市规划部门对项目用地的要求以及开发商自身对项目的要求。二是国家规划管理部门的相关法律、法规、规定。

(3) 设计的指导思想

这部分也可以理解为设计的理念与目标，主要是从文化、生态、可持续角度出发为建筑设计制定一个总体的设计理念，并从规划与总平面设计的角度大致介绍实现这个理念的手段和方法。

(4) 建筑设计

这部分重点介绍建筑设计中建筑本身的设计思路，包括建筑造型的来源，建筑与周边环境关系，建筑的色彩和材质应用，建筑的风格，建筑功能设置的特点，建筑消防、人防、节能、环保等方面如何符合规范要求来设计等。

(5) 主要的技术经济指标

建筑的主要技术经济指标一般包括总用地面积、建筑占地面积、总建筑面积（包括地上和地下两部分建筑面积)、建筑密度、容积率、绿化率等内容。

2. 总平面图

总平面图主要用来表达基地范围及周边环境，表达建筑在基地内的位置及建筑屋顶轮廓、屋面材质、建筑层数、出入口，表达基地内道路、广场、绿化、停车位，绘制指北针、图名，比例等。方案设计总平面图常用 1∶500～1∶1 000 的比例。

3. 平面图

包括建筑各层平面；注图名、比例、标高、各房间名称；表达墙、柱、门、窗、楼梯等功能性构配件，适当布置各空间家居；底层平面需表达建筑周边环境；方案设计平面图常用 1∶300、1∶200 或 1∶100 的比例。

4. 立面图

包括注图名、比例、标高；表达外窗门、窗形态，表达外墙材质及色彩；标明阴影效果；绘制树木、人物等建筑配景；方案设计立面图常用 1∶300、1∶200 或 1∶100 的比例。

5. 剖面图

包括注图名、比例、标高；表达墙、柱、门、窗、楼梯等功能性构配件；表达室内外高差；方案设计剖面图常用 1∶300、1∶200 或 1∶100 的比例。

6. 效果图、模型

包括建筑整体、局部、室内透视或轴测效果图、建筑模型等。

7. 功能分区、流线分析、日照分析、方案思路演变示意图等分析图（图 7.20）

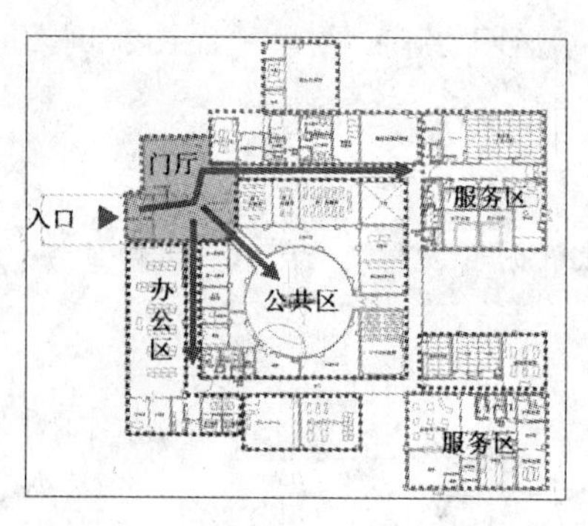

(a) 功能分区图

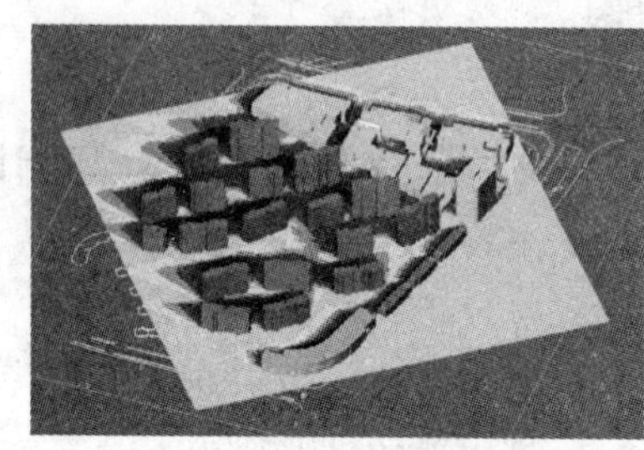

(b) 流线分析图

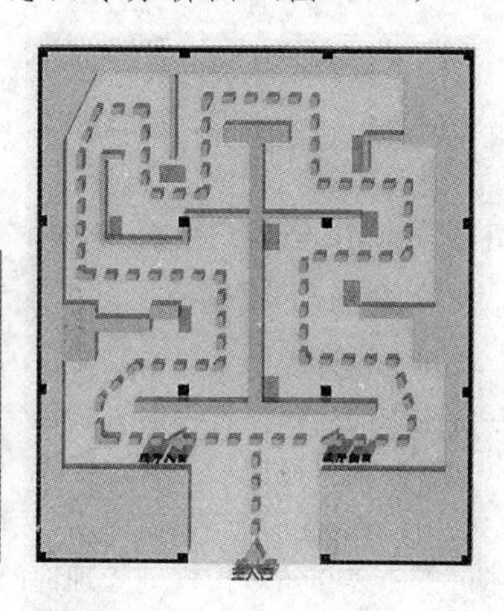

(c) 展览馆交通流线图

图 7.20　分析图示例

7.5　实例解析

7.5.1　幼儿园设计任务书

1. 教学目的与要求

学习幼儿园的要素构成和系统组织的特点；学会处理建筑内部的流线和空间关系；掌握类似公共建筑的一般设计原理及设计方法；理解建筑与环境的关系；掌握公共建筑的基本结构形式；了解相应材料的特性及构造做法。

2. 设计任务与要求

设计任务：六班幼儿园设计，建筑面积 1 900 m^2（±5%）。坐落在呼和浩特市城市居住区的街区之内。用地规模详见附图（停车位 8 个）。

设计要求：

①认真研究场地的肌理特征（道路、已有建筑的布局及景观），认真分析建筑与场地肌理特征的关系，组织好总图的设计。

②依据场地的条件，处理好功能分区、动静分区，并且认真思考对诸多不同类型的空间如何进行综合性的组织与处理，这些综合的组织包括空间层次、序列、采光、景观环境等。

③幼儿园的建筑特点中，会因功能的相似性而形成若干重复的单元组合空间，如何巧妙地组织好这些重复的单元组合空间，是本次设计的关键之一。

④幼儿园的建筑特点中还会有诸多的室外活动场地，这些场地如何安排，与单元组合空间有什么样的关系，与整个场地的环境设计有什么样的联系，都是应该在设计的过程中认真考虑的。

⑤空间的设计依然会延续，分析幼儿对空间的基本需求，分析他们在空间中的行为方式和感受，如何在空间设计上体现幼儿的特点，符合幼儿活泼与好奇的天性，是设计中应该着重考虑的。

⑥注重结构与空间的关系，注重材料的运用，并且使材料要适合幼儿使用的特点。

建筑组成与要求：

(1) 生活用房 960 m^2

活动室 54 m^2/班，卧室 54 m^2/班，卫生间 12 m^2/班，厕所 10 m^2/班，衣帽间 10 m^2/班，音体活动室 120 m^2。

(2) 服务用房 200 m^2

值班 12 m^2，传达 12 m^2，晨检 20 m^2，隔离 12 m^2，保健 12 m^2，办公室 12 m^2×5，会议室 24 m^2，储藏室 12 m^2×3，教工厕所 12 m^2。

(3) 供应用房 105 m^2

厨房：主副食加工间 45 m^2，配餐 15 m^2，主副食库 20 m^2。

消毒洗涤室、开水间 10 m^2，更衣室 15 m^2。

(4) 活动场地

每班活动场地 60 m^2/班，公共活动场地 300 m^2。

(5) 其他 635 m^2

包括门厅、大厅、走廊等公共空间。

图纸内容及要求：

图纸内容：

总平面图 1∶500（要表达周围建筑物、环境及道路关系）。

各层平面图 1∶200（一层平面要把场地内的环境关系表达清楚）。

立面图 1∶200（至少 2 个）。

剖面图 1∶200（至少 2 个）。

图纸要求：

①图纸大小为 550×840 至少 2 张（最后一张图纸背面左下角为图签及评语表的位置）。

②成图表现为徒手成图。

③模型照片（6 寸或其他尺寸），数量不限。

教学进度与要求：

1 周：讲解任务书，介绍幼儿园的设计规范；提出前期的调研问题，留调研作业（4 学时）

结合调研情况及查阅的相关资料、设计实例，对设计题目的重点、关键问题进行分组讨论（4 学时）

2 周：完成一草。徒手成图，表达建筑与基地的关系，建筑物主要的功能流线及空间的一些基本想法。可以完成小比例（如 1∶500）的体块模型。(8 学时)

3～4 周：完成二草。徒手成图，平、立、剖的基本构思完成，尤其平面应该比较成熟，平面标注尺寸，剖面标注标高。完成草模的制作。(16 学时)

5～6 周：完成三草。工具成图，平、立、剖的深化，平面标注尺寸，剖面标注标高。修改草模。(16 学时)

7～8 周 成图完成。(12 学时)

调研提要：

现场认知与功能关系分析：

通过实例调研，对环境要素及周围的道路交通对基地的限制作用进行直观的了解，进而对场地的朝向、景观、人流、车流有直观的认识。

查阅资料与典例分析：

通过典例分析学习幼儿园的功能与形体的关系，通过相关综合空间的设计实例，体会幼儿园建筑中流线的处理与空间组织的方法。

六班幼儿园设计

格错涧 1

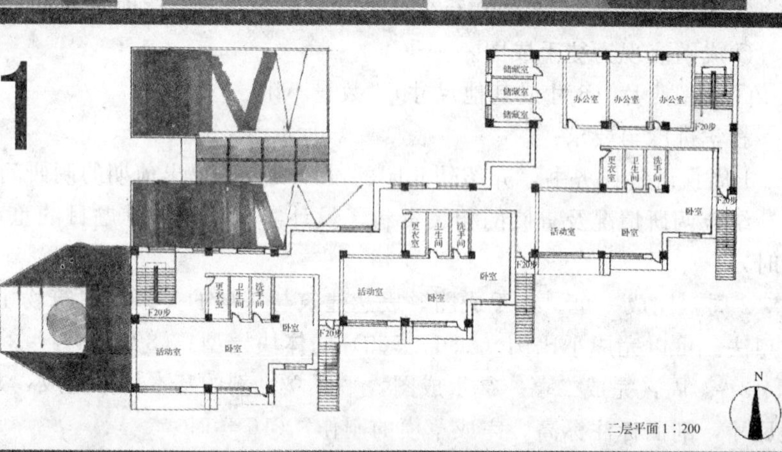

设计说明

在如今钢铁林立的城市当中，缺少一种反璞归真的事物，本设计是一个北方的幼儿园，在本幼儿园中，多处体现着建筑与自然的结合，例如插入水中的柱子，柱子上的小喷水口，在体块上，统一中求变化，用长方体进行穿插组合排列，体块的错落感油然而生，大面积的开窗使得室内外结合得更为自然紧密。在许多细节部分，都有独特的构思，无论是卧室与活动室的空插，还是建筑与水的结合，都给人以美的享受。

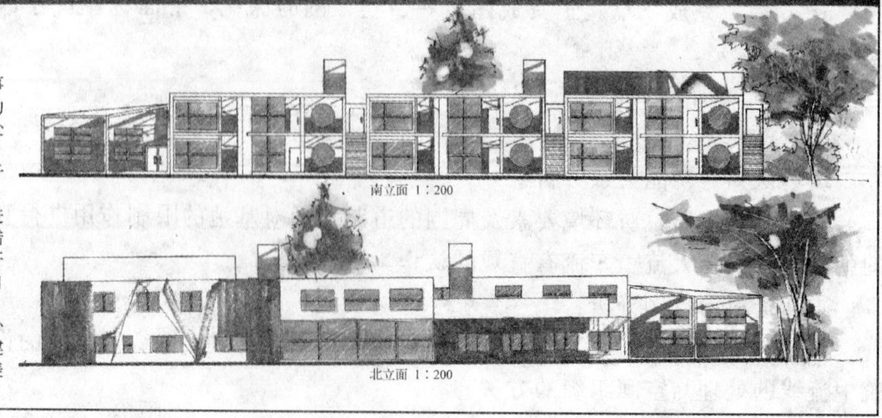

南立面 1：200

北立面 1：200

六班幼儿园设计

格错涧

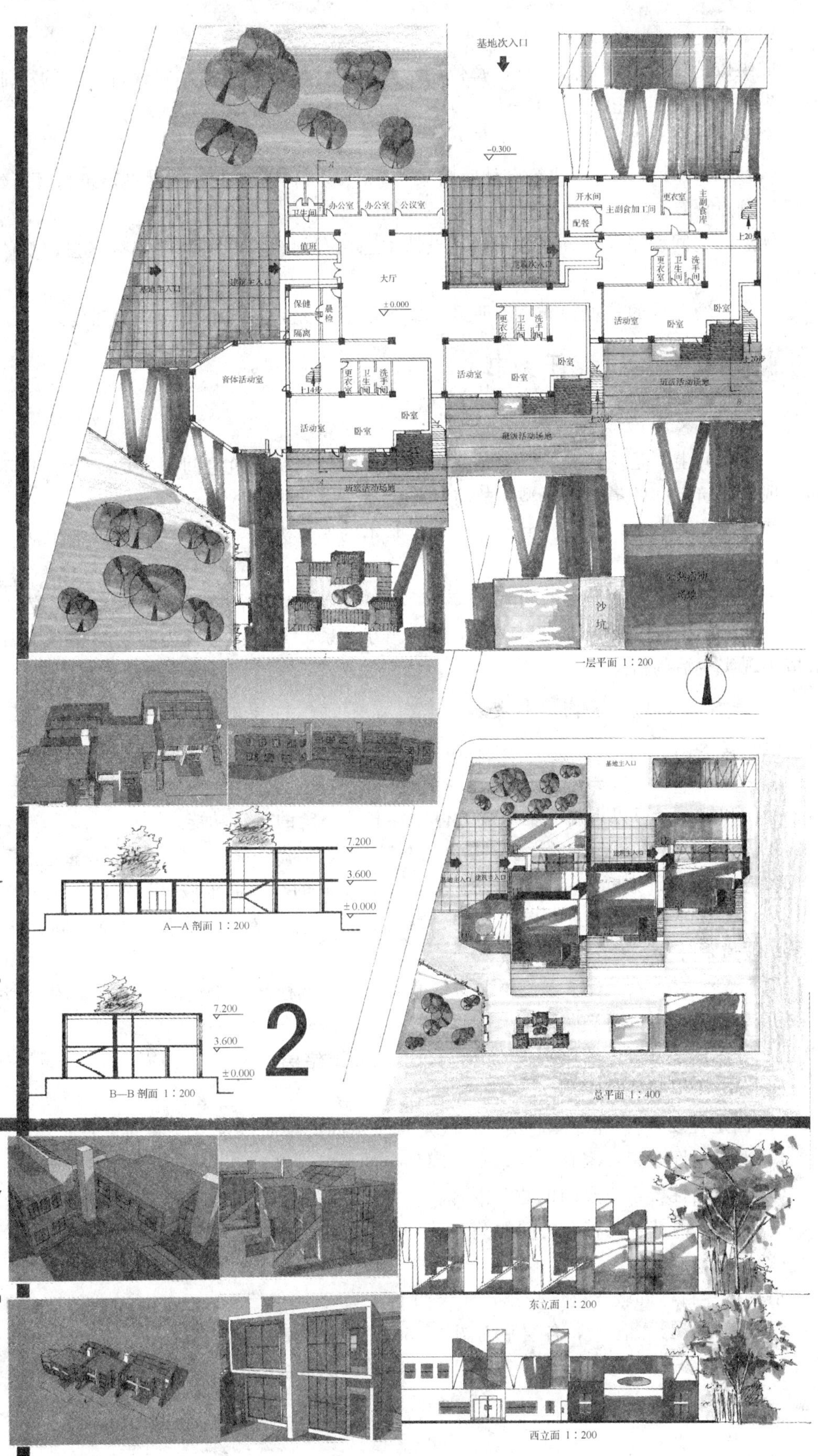

一层平面 1：200

A—A 剖面 1：200

B—B 剖面 1：200

总平面 1：400

东立面 1：200

西立面 1：200

成果表达：

成果以分组讨论的形式进行，每位同学介绍自己的调研情况，并进行相应的场地分析，展示自己的先例分析介绍自己的最初想法。草图 1∶500。

参考书目、案例：

《幼儿园设计规范》；《建筑设计资料集》1～10；《建筑学报》；《世界建筑》；《新建筑》等。

实例点评：

优点：空间秩序良好，立意明确，设计主题句有创意，空间秩序节奏感强，整体设计风格清新而纯净。

不足：幼儿园的外观特征不够明显，缺少活泼的元素。环境设计缺乏深度。

7.5.2 立方体设计任务书

1. 课程设计的目的

①在空间上：是从抽象的概念性立方空间训练到真实建筑空间训练的一个过渡环节，立方体空间是现代建筑空间的最基本原型，故将其作为建筑空间训练的起点。

②从功能上：选择居住类型——一种最基本的建筑类型，它与人们的日常生活息息相关，提供人们最基本的人工生存环境。

③在培养学生造型能力的同时对学生的建筑设计意识进行培养，培养人体尺度观念。

④要求学生体会建筑空间与现实生活的相互关系，与使用者行为心理的相互关系。理解设计将根植于现实生活的概念。

2. 课程设计的主要内容和要求（包括原始数据、技术参数、设计要求、工作量要求等）

(1) 要求

① 在一个 7.5×7.5×7.5 立方体中设计生活空间，提供给三位建筑学院的学生用以居住、学习、工作和娱乐。可以理解为抽象立方体中加载了一定的生活功能。

② 要求同学对建筑学院的学生的工作状态与生活起居做一深入细致的调研，整理之后做调研报告。

③ 以上述调研分析为基本依据对立方体生活空间的行为需求做具体定位，也就是基本功能的定位。功能大致可分为卧室、书房、工作、厨房、餐厅、起居室（客厅）、卫生间、交通（内部——楼梯、坡道，外部——出入口）等。

④ 7.5×7.5×7.5 对于作业要求的功能安排介于宽松与紧凑之间，只有紧凑处理一些空间，才可以给其他空间留出可变的余地。

⑤ 层数自定（至少两层），局部酌情可有通高或错层。

⑥ 立方体空间的限定

A. 固定性要素 ：界面的虚实——决定着该空间的性质以及与外界的关系

B. 半固定性要素：家具——带来空间划分的灵活性和特殊性

C. 非固定性要素：空间的暂时围合——如人的聚集，光线的照射范围等

⑦ 立方体内部空间相互之间的关系

(2) 图纸内容

根据培养目标和教学进度安排，要求如下：

图纸规格：1# 绘图纸，各层平面图 1∶50（包括屋顶平面图）、各向立面图 1∶50（4 个）剖面图 1∶50（至少 2 个）、分析图、轴测图、剖透视图若干尺规表达建筑成果模型。

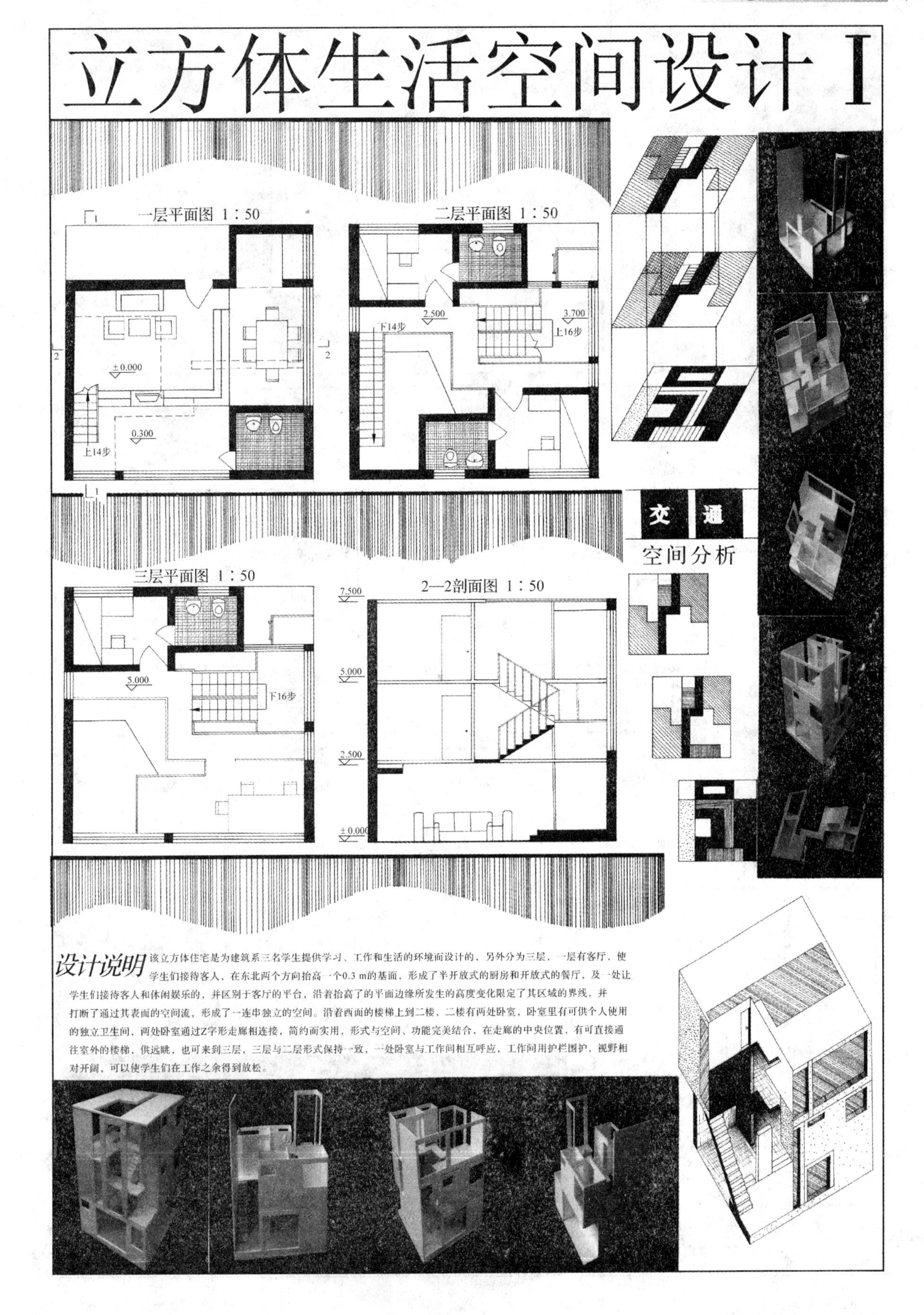
立方体生活空间设计 I
一层平面图 1∶50
二层平面图 1∶50
三层平面图 1∶50
2—2剖面图 1∶50
±0.000
0.300
上14步
下14步
2.500
3.700
上16步
5.000
下16步
7.500
交 通
空间分析
设计说明
该立方体住宅是为建筑系三名学生提供学习、工作和生活的环境而设计的，另外分为三层，一层有客厅，使学生们接待客人，在东北两个方向抬高一个0.3 m的基面，形成了半开放式的厨房和开放式的餐厅，及一处让学生们接待客人和休闲娱乐的，并区别于客厅的平台，沿着抬高了的平面边缘所发生的高度变化限定了其区域的界线，并打断了通过其表面的空间流，形成了一连串独立的空间。沿着西面的楼梯上到二楼，二楼有两处卧室，卧室里有可供个人使用的独立卫生间，两处卧室通过Z字形走廊相连接，简约而实用，形式与空间、功能完美结合，在走廊的中央位置，有可直接通往室外的楼梯，供远眺，也可来到三层，三层与二层形式保持一致，一处卧室与工作间相互呼应，工作间用护栏围护，视野相对开阔，可以使学生们在工作之余得到放松。

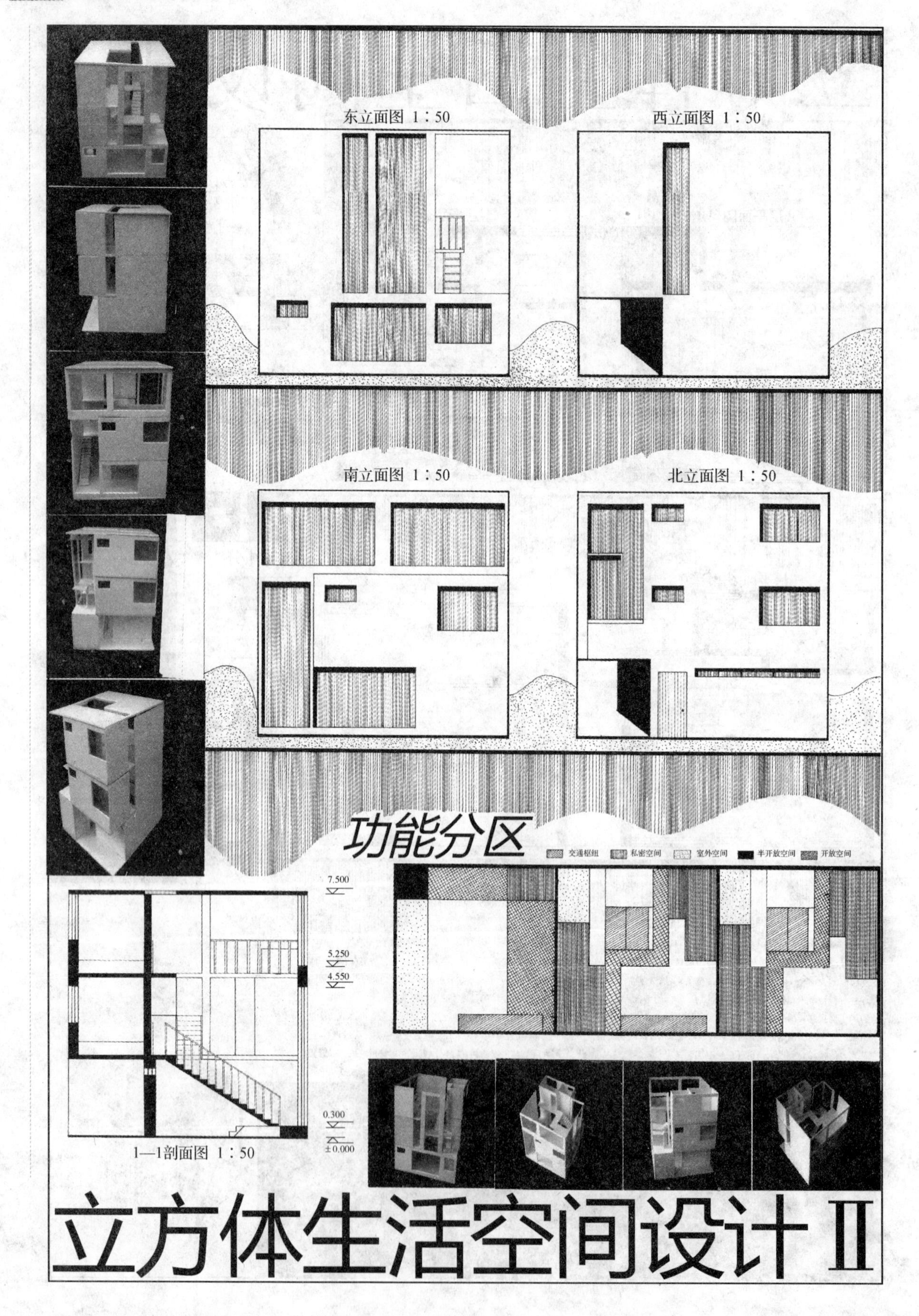
东立面图 1∶50
西立面图 1∶50
南立面图 1∶50
北立面图 1∶50
功能分区
交通枢纽
私密空间
室外空间
半开放空间
开放空间
7.500
5.250
4.550
0.300
±0.000
1—1剖面图 1∶50

立方体生活空间设计Ⅱ

3. 工作进度安排

(1) 第一阶段：解题阶段（查阅资料，使用者调研、概念形成）

时间：一周（第一周周四公开讲评）

成果要求：现场调研，查阅资料与设计概念的讲解，公开讲评

(2) 第二阶段：立方体住宅建筑设计快题抄绘

时间：一周（第二周周四，公开讲评）

成果要求：2 号草图纸，张数不限，徒手表达，表现手段不限。

(3) 第三阶段：方案构思概念与模型推敲

时间：一周（第三周周四公开讲评）

设计深度：具体具体设计概念和功能关系明确。

成果要求：各层平面 草模

(4) 第四阶段：方案构思深入与模型推敲

时间：三周（第六周周四公开讲评）

设计深度：深化平面布局，功能关系，空间序列，交通流线，建筑外部形态等。规范化制图

成果要求：各层平面图 1∶50，立面、剖面 1∶50，建筑草模。尺规表达

(5) 成果

时间：一周

成果要求：图纸规格：1#绘图纸，各层平面、立面 4 个、剖面 2 个以上 1∶50，建筑剖透视，模型照片，若干。尺规表达

4. 主要参考文献

《公共建筑设计原理》

《建筑空间组合论》

《建筑形式美的原则》

《建筑：形式空间和秩序》

《建筑设计资料集》1～10 中国建筑工业出版社

《中小型民用建筑》

实例点评

优点：空间尺度感把握较好，并且空间组织张弛有度，手法简练。

不足：开创较为随意，缺少结构概念。

7.5.3 建筑师事务所设计

1. 课程设计题目

本题目拟为内蒙古工业大学建筑学院教师事务所，为建筑学院教师承揽建筑设计的办公场所。因而设计要符合建筑学院教师的工作学习特点。

2. 课程设计目的

①培养调查研究、立论思考，探索多方案的综合设计能力。

②通过对总平面环境的初步规划，能正确理解城市规划与建筑设计的关系。在总平面布局时，能合理地把握建筑与环境的关系。

③树立功能与空间，结构与空间，整体与局部的空间意识；学习综合性建筑空间组织及建筑处理手法。

④通过完成本次建筑结构的设计，熟练掌握建筑结构的逻辑关系要，同时要体会结构与空间之间的趣味关系。

⑤适当考虑建筑材料的运用，了解材料的多样性并加以运用，锻炼利用模型辅助设计的能力。

⑥掌握小型公共建筑的设计特点及设计方法。

3. 课程设计的主要内容和要求（包括原始数据、技术参数、设计要求、工作量要求等）

（1）要求：

① 建设地点：××大学校园内。

② 事务所景观规划与设计：

（a）建筑学院教师的建筑师事务所。

（b）艺术系学生教室 1 000 m²。

（c）规划系学生教室 1 000 m²。

（d）停车场（10 车位），自行车停放。

（e）道路规划及绿化、建筑小品等。

（f）室外休闲空间。

（g）建筑入口区域景观设计。

③ 建筑设计：总建筑面积 1 230 m²（±10%）：

a. 工作（610 m²）：

（a）设计工作室 300 m²：分为四个部分——建筑、结构、水暖空调、电气设备。

（b）会议室 60 m²，接待室 40 m²。

（c）办公室 80 m²：可分为经理、总工、财务、秘书。

（d）计算机房、复印室、出图室共 50 m²，可以适当分隔。

（e）图书资料室 40 m²，图档室 40 m²。

b. 居住（240 m²）：

（a）宿舍 150 m²，分为 8 间。

（b）餐厅 30 m²，厨房（含库房）30 m²。

（c）公共活动室 30 m²（棋牌、电视等）。

c. 交通及辅助（380 m²）：

门厅、走道、楼梯间、盥洗、卫生间等。

（2）图纸内容

根据培养目标和教学进度安排，要求如下：

图纸规格：1# 绘图纸，总平面图 1∶500，各层平面、立面 2 个、剖面 1 个 1∶200，场地模型，建筑模型。建筑透视图以尺规表达。

4. 工作进度安排

（1）第一阶段：解题阶段（查阅资料，现场调研、概念形成）

时间：两周

成果要求：

① 现场环境调研，查阅资料，调查分析使用者的特点和使用要求，可根据调查结果申请适当修改任务书，以符合调研分析的结果。第一周周四公开讲评。

② 建筑师事务所设计块题抄绘：根据现场调查，或资料查阅分析，选择一个建筑师事务所设计方案进行快题抄绘，第二周周四公开讲评。

（2）第二阶段：会所周边景观规划与建筑设计

时间：一周

设计深度：会所周边景观布局，建筑形式、功能与流线序列的概念设计。

成果要求：2# 草图纸，张数不限，徒手表达，表现手段不限，多方案比较，公开讲评。

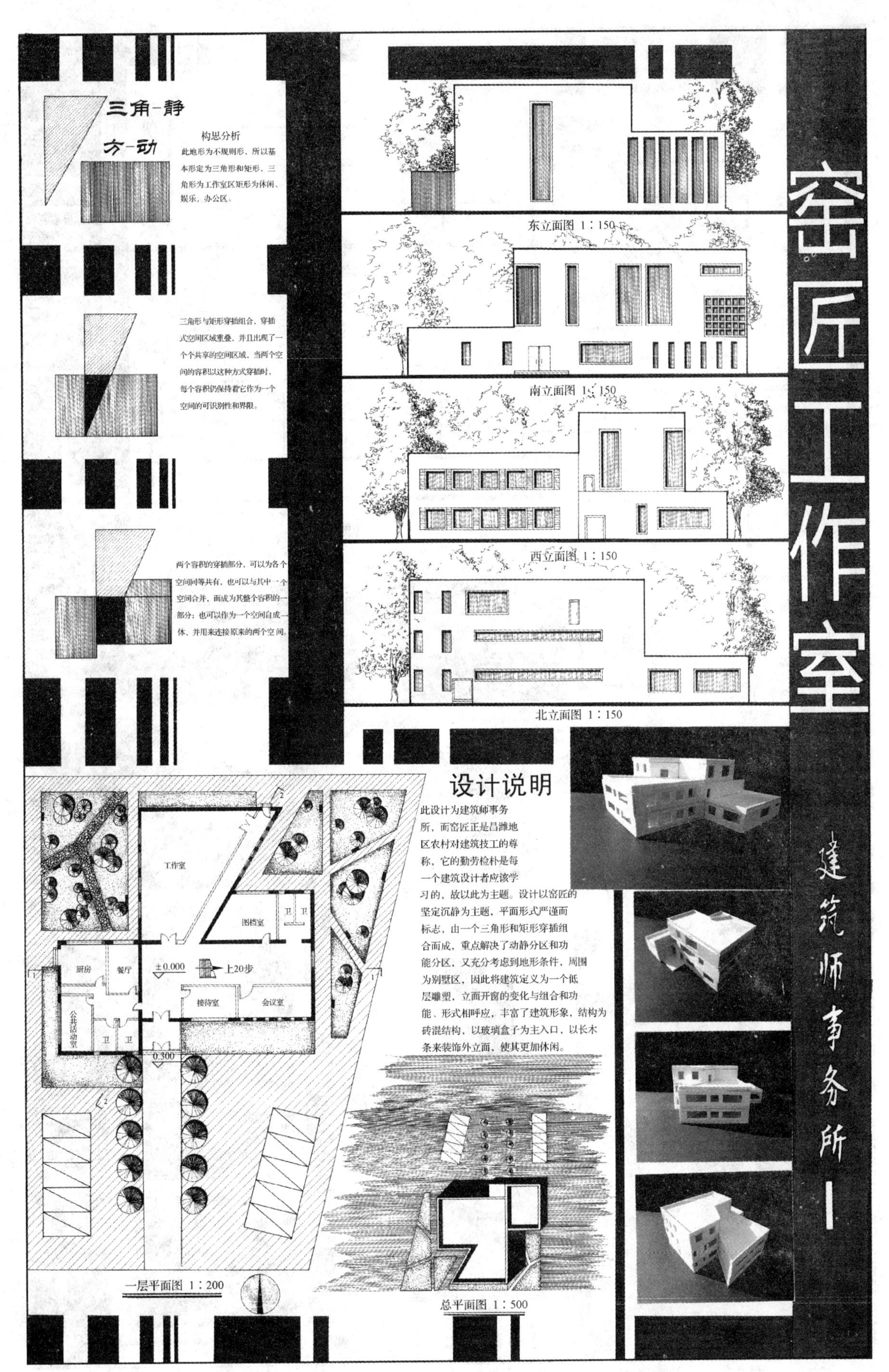

三角-静
方-动
构思分析
此地形为不规则形，所以基本形定为三角形和矩形，三角形为工作室区矩形为休闲、娱乐，办公区。
三角形与矩形穿插组合，穿插式空间区域重叠，并且出现了一个个共享的空间区域，当两个空间的容积以这种方式穿插时，每个容积仍保持着它作为一个空间的可识别性和界限。
两个容积的穿插部分，可以为各个空间同等共有，也可以与其中一个空间合并，而成为其整个容积的一部分；也可以作为一个空间自成一体，并用来连接原来的两个空间。
东立面图 1：150
南立面图 1：150
西立面图 1：150
北立面图 1：150
窑匠工作室
建筑师事务所Ⅰ
设计说明
此设计为建筑师事务所，而窑匠正是昌潍地区农村对建筑技工的尊称，它的勤劳检朴是每一个建筑设计者应该学习的，故以此为主题。设计以窑匠的坚定沉静为主题，平面形式严谨而标志，由一个三角形和矩形穿插组合而成，重点解决了动静分区和功能分区，又充分考虑到地形条件，周围为别墅区，因此将建筑定义为一个低层雕塑，立面开窗的变化与组合和功能、形式相呼应，丰富了建筑形象，结构为砖混结构，以玻璃盒子为主入口，以长木条来装饰外立面，使其更加休闲。
工作室
图档室
卫
厨房
餐厅
±0.000
上20步
接待室
会议室
公共活动室
0.300
一层平面图 1：200
总平面图 1：500

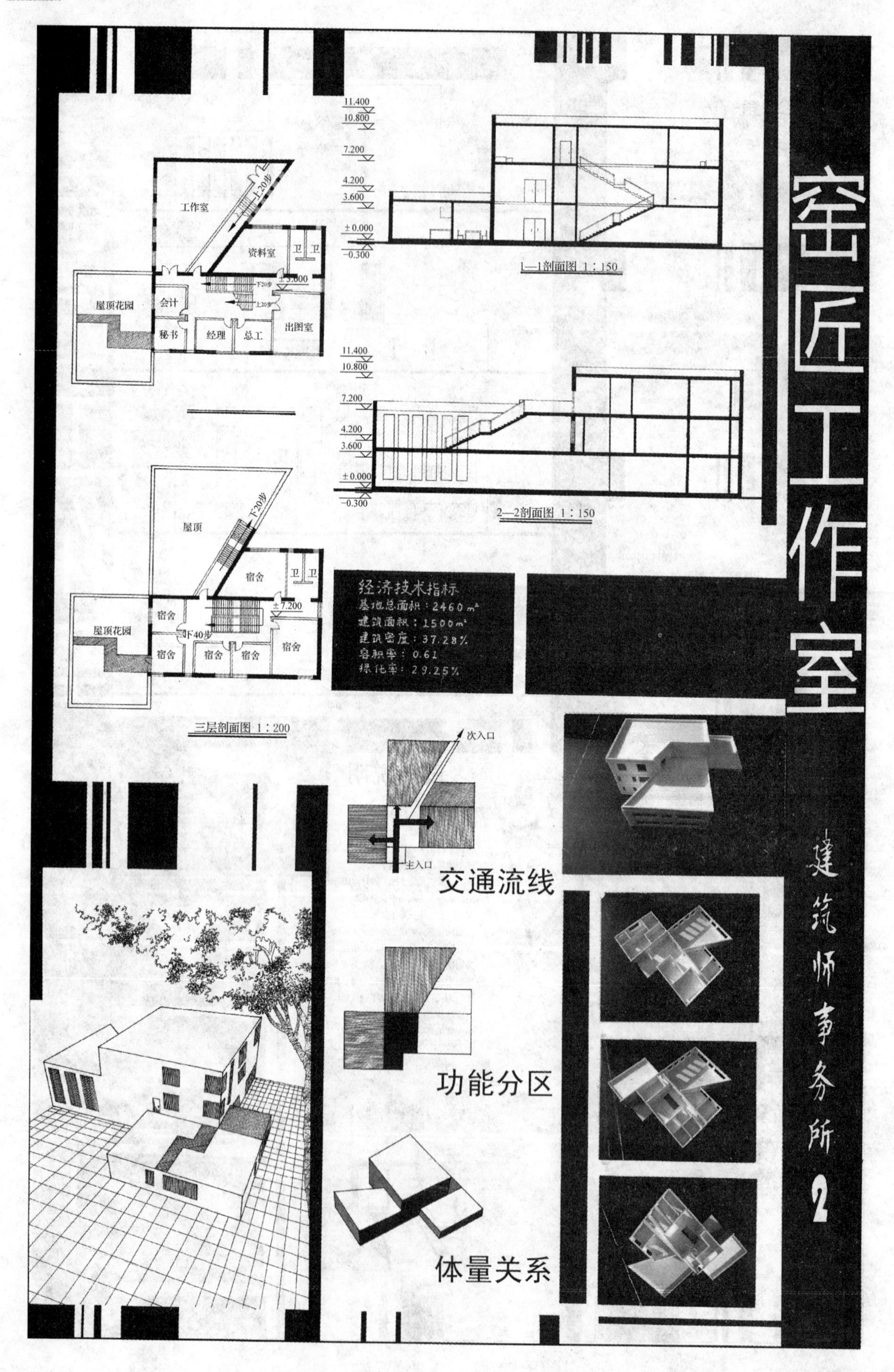
窑匠工作室
建筑师事务所 2
11.400
10.800
7.200
4.200
3.600
±0.000
-0.300
1—1剖面图 1：150
2—2剖面图 1：150
工作室
上20步
资料室
卫
卫
下20步
上20步
±3.600
屋顶花园
会计
秘书
经理
总工
出图室
屋顶
下20步
宿舍
±7.200
下40步
三层剖面图 1：200
经济技术指标
基地总面积：2460 m²
建筑面积：1500 m²
建筑密度：37.28%
容积率：0.61
绿化率：29.25%
次入口
主入口
交通流线
功能分区
体量关系

（3）第三阶段：方案构思深入与模型推敲

时间：两周

设计深度：具体方案深入，建立场地模型。

成果要求：2# 草图纸 场地规划总平面图 1∶500，各层平面、立面、剖面 1∶200，场地模型，建筑草模。草图表达。

（4）第四阶段：深化阶段

时间：一周

设计深度：深化总平面布局，功能关系，空间序列，交通流线，建筑外部形态等。规范化制图。

成果要求：校区规划总平面图 1∶500，各层平面、立面、剖面 1∶200，场地模型，建筑精细模。尺规表达。

（5）成果

时间：一周

成果要求：图纸规格：1# 绘图纸，总平面图 1：500，各层平面、立面 2 个、剖面 1 个1∶200，建筑透视（2# 图纸大小），模型照片，若干。尺规表达。

5．主要参考文献

《建筑设计资料集》第 4 集“文化馆”（中国建筑工业出版社）

《文化馆建筑设计方案图集》（中国建筑工业出版社）

《全国大学生建筑设计竞赛获奖方案集》

《建筑学报》、《新建筑》、《世界建筑》、《世界建筑导报》等期刊

6．实例点评

优点：概念清新，流线简洁，功能较为完善。

不足：造型缺乏深入设计，对基地的特点分析不够。

【重点串联】

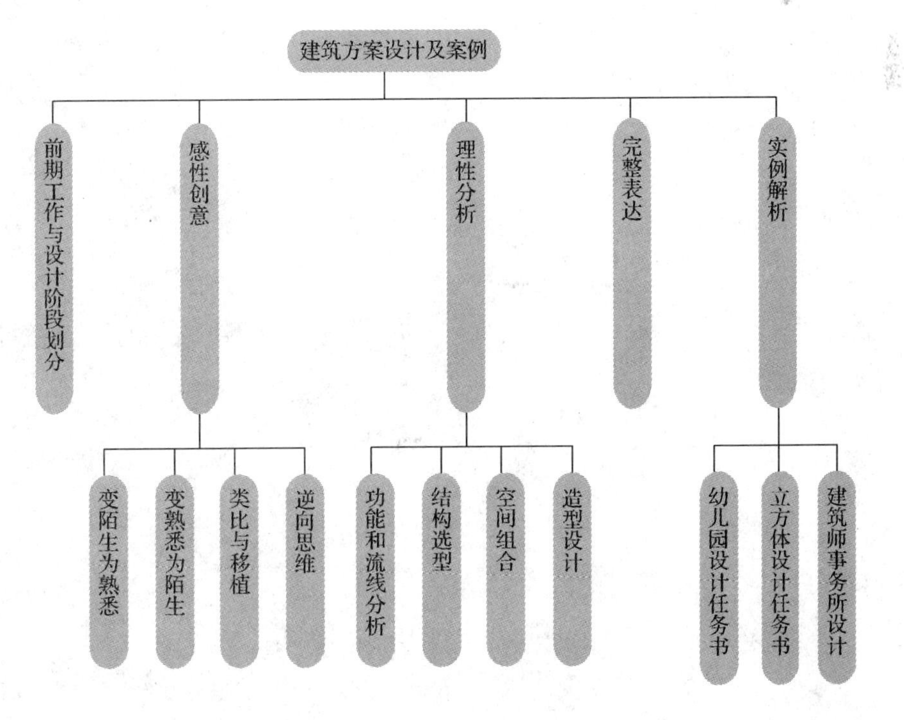

拓展与实训

基础能力训练

1. 建筑设计的前期工作主要包含哪几个方面？
2. 建筑设计的感性思维主要可以从哪几个方面入手？
3. 建筑的功能分区主要可以从哪几个方面考虑？
4. 建筑设计的空间组合可以从哪几个方面考虑？
5. 建筑设计的表达方式主要有哪些方面？

工程模拟训练

参照模块结尾处的设计任务书进行方案设计。

模块 8

建筑施工图设计及案例

【模块概述】

建筑施工图主要用来表示房屋的规划位置、外部造型、内部布置、内外装修、细部构造、固定设施及施工要求等。它包括施工图首页、总平面图、平面图、立面图、剖面图和详图。

【知识目标】

1. 掌握施工图的总平面内容；
2. 掌握施工图的平立剖面内容；
3. 熟悉施工图的详图内容；能够识读简单施工图的图纸表达内容；
4. 了解施工图的设计说明、门窗表的内容等。

【技能目标】

1. 了解一般民用建筑施工图设计的范围和程序；
2. 能够识读简单施工图的图纸表达内容；能读懂简单的施工图图纸；
3. 对施工图建立整体的了解和把握，为以后进行实际工程作铺垫。

【课时建议】

6 课时

8.1 一般民用建筑施工图范围和程序

8.1.1 一般民用建筑施工图的范围

一般民用建筑施工图总地来说可分为三部分：①建筑施工图；②结构施工图；③设备施工图。

①建筑施工图（简称建施）主要表示房屋总平面图、平面图、立面图、剖面图、构造详图等，施工图要详细、准确。

②结构施工图（简称结施）主要表示房屋承重结构的布置、构件类型、数量、大小及做法等。它包括结构布置图和构件详图。设备施工图（简称设施）主要表示各种设备、管道和线路的布置、走向以及安装施工要求等。

③设备施工图又分为给水排水施工图（水施）、供暖施工图（暖施）、通风与空调施工图（通施）、电气施工图（电施）等。设备施工图一般包括平面布置图、系统图和详图。

本书所介绍的主要是建筑施工图。建筑施工图内容包括：图纸目录，建筑设计说明，门窗表及门窗大样，工程做法，各层平面图，各方位立面图，剖面图，大样图等。

8.1.2 建筑施工图的流程

如果单纯从建筑设计来说，可以分为：概念设计，方案设计、初步设计、施工图设计。具体来说，建筑设计在拿到控规图后在图纸上找到用地范围，和业主沟通建设规模后进行规划设计。规划后期同步进行建筑方案设计，结合业主功能分区要求，做好平面设计。各层定位后，结合提出的面积要求，设计出交通组织，其中的设计过程考虑到各种建筑规范，还要考虑建筑立面与层高。方案设计完成后，报给甲方与规划部门，审批通过后进行初步设计和施工图设计，这两个过程就要加入其他专业的内容，最终形成完整的施工图。

8.2 设计说明

1. 设计依据的文件、批文和相关规范

设计依据主要包括：经审定的初步设计方案、设计任务书、相关法律法规等。

2. 工程概况

①一般应包括建筑的名称、性质、建设地点、建设单位、建筑等级、建筑层数、使用年限、屋面防水和人防等级、抗震设防烈度、主要结构类型等。

②主要经济技术指标（也可列在总平面图上）：总用地面积、容积率、停车位、总建筑面积、覆盖率、建筑占地面积、绿地率。

3. 设计标高及尺寸

①本工程相对标高±0.000与总图相对应的绝对标高。

②建筑标高与结构标高的关系。

③标高及尺寸单位。

4. 墙体材料及构造做法

①墙体材料、厚度、砌筑砂浆。

②墙体连接、预埋件的要求（包括不同材料墙体的连接、转角及丁字接头的构造处理、预埋木砖及铁件的处理等）。

③管道竖井：包括通风、排烟竖井，强、弱电及水管井等的做法及要求。（一般通风、排气竖井的内壁应随砌随抹，要求表面光滑平整，排烟竖井应用耐火砖及耐火水泥砂浆砌筑，强、弱电井和管线安装好后每层均在楼板层标高用与楼板耐火极限相同的材料封堵。水管井则视水管检查口的位置每隔一层或两层用与楼板相同耐火等级的材料进行封堵。）

④留洞及管线埋设位置的确定。

5. 楼地面做法各不同部位楼地面的做法

①各楼层地面做法与要求。

②有特殊要求楼地面做法与要求。如卫生间防水地面、有较高安静要求的房间地面等。

6. 地下室、地面、楼面、屋面（平台）的防水

①地下室外墙及底板的防水方案及做法要求，地下室水池的防水做法。

②首层地面的防潮防水做法与要求。

③楼层中有水房间的防水做法与要求。

④屋面（平台）的防、排水做法与要求（包括构造层次、坡度、变形缝、分格缝、管道出屋面等薄弱部位的处理要求等）。

⑤卫生间等，防水施工完后，须做蓄水试验等。

7. 墙体及吊顶的装修做法

①外墙：选用材料、色彩及做法。

②内墙的装修材料与做法（亦可列表表达）。

③吊顶材料及做法，吊顶高度的控制。

8. 门窗、五金

①门窗选用的材料及五金配件标准。

②门窗立面划分简单

9. 楼梯、电梯、自动扶梯

①栏杆、扶手做法（包括靠窗楼梯防护栏杆做法）。

②电梯载质量、速度选型及安装技术要求。

③自动扶梯坡度、宽度、速度及输送能力选型。

10. 油漆

木材及金属等基层选用的油漆及做法。

11. 消防设计

①消防车道和消防间距。

②防火分区划分。

③疏散通道（楼梯和走廊等）的宽度。

④疏散楼梯的数量和疏散距离。

⑤消防电梯的设置。如《高层民用建筑设计防火规范》中规定：当每层建筑面积不大于

1 500 m^2时，应设 1 台；当大于 1 500 m^2 但不大于 4 500 m^2 时，应设 2 台；当大于 4 500 m^2 时，应设 3 台。

12. 节能设计

明确节能设计依据、建筑物所属气候分区、建筑物性质、面积、高度、结构类型等。计算建筑物体形系数、各方向窗墙面积比，标注建筑物围护结构的保温构造措施，包括屋顶、外墙、外窗等所有与外界接触的部位，均应满足现行节能规范的要求。

13. 其他

①建筑中需另做二次装修的部位。

②施工中各工种间的配合要求。

③幕墙及采光天棚等专项工程的设计和施工要求

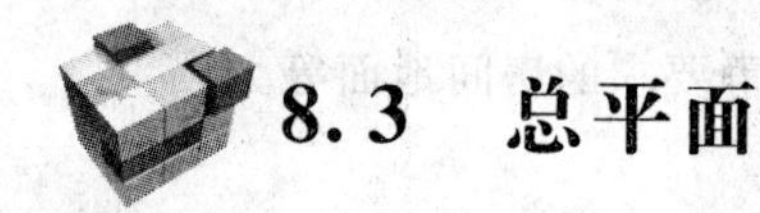

8.3 总平面

1. 现状地形图，能表明保留的地形和地物并有坐标值

①场地四角的测量坐标（或定位尺寸）、道路红线和建筑红线位置。

②场地四邻原有及规划道路的位置、名称（主要坐标值或定位尺寸），以及主要建筑物和构筑物的位置、名称、层数。

③建筑物、构筑物（建筑基座外的人防工程、地下车库、贮水池等隐藏工程以虚线表示）的名称或编号、层数及定位（坐标或相互关系尺寸）。

④场地内的广场、停车场、运动场地、道路（包括：道路宽度、坡度、变坡点、转折点等）、排水沟等的定位（用坐标或相互关系尺寸）。

⑤指北针。

⑥简要说明。

2. 竖向布置图

一般工程可与总平面合在一起，不单独做。

3. 管道综合图

可放在设备工种图中。

4. 绿化及建筑小品布置

①绿化（含水面）及植物配置，人行步道及硬质铺地的定位。

②建筑小品的位置（坐标或定位尺寸）、设计标高、详图索引。

③简要说明。

8.4 平立剖面图

8.4.1 平面图

①轴线和轴线编号、门窗的定位和编号、门的开启方向、房间名称、房间的特殊要求。

②三道尺寸线：总尺寸（轴线或外包尺寸）、轴线尺寸、门窗洞口及墙段尺寸。

③墙体厚度，柱宽、深和与轴线的关系尺寸。

④地下层平面应表示标高、各种用房的名称、各设备用房的设备和汽车库停车位的布置，排水沟、地沟、集水坑等的位置及尺寸，排水沟起始点标高、排水坡度、坡向，设备管线穿墙孔的定位和尺寸，以及详图索引等。

⑤底层平面室内外地面标高、剖切线位置及编号、周边环境关系、指北北针及详图索引等。

⑥各楼层平面的标高、详图索引等。

⑦各层平面防火分区划分及每层面积大小。

⑧屋顶平面：应表示女儿墙、檐口、檐沟、天沟、排水坡度、坡向、雨水口、屋脊、变形缝、楼梯间出屋面、水箱间、电梯间、天窗、屋面上人孔、检修梯等各部位的标高及尺寸。

8.4.2 立面图

①各方向立面要绘齐，但完全对称的可省略（如侧立面），有内庭院或凹槽的应绘局部立面，或与相关剖面结合表示。

②立面两端应标轴线编号。

③竖向三道尺寸（第一道是窗户窗台梁高，第二道是每层的尺寸，第三道是从±0 开始到屋顶的高度）及各层标高。

④外轮廓各主要部位的标高（如女儿墙、檐口、窗台及其他装饰构件、线脚、室外空调机隔板、阳台、门廊、雨篷、幕墙等）。

⑤装饰用料名称、做法（或代号）。

⑥详图索引。

8.4.3 剖面图

剖视位置应选在层高不同、层数不同、内外空间比较复杂、具有代表性的部位。建筑空间局部不同处，可绘制局部剖面。剖面图应表明：

①柱网轴线和轴线编号。

②剖切到和可见的主要结构和建筑构造部件均应画出。如室外地面、底层地（楼）面、地下室、地坑、地沟、各层楼板、平台、吊顶、屋架、屋顶、出屋顶烟囱、天窗、檐口、女儿墙、爬梯、门窗、楼梯、台阶、坡道、散水、平台、阳台、雨篷、雨水管及其他装修等可见内容。

③高度尺寸。外部尺寸三道：门、窗洞口高度，层间高度，总高度。内部尺寸：地坑、隔断、洞口、平台、吊顶等。

④标高：主要结构和建筑构造部件的标高。如室外地面标高．底层地面、各层楼面、地下室、楼梯、平台、屋面板、檐口、女儿墙顶等的标高．高出屋面的水箱间、楼梯间、机房顶部、烟囱顶及其他特殊构件等的标高。

⑤节点构造详图索引。

8.5 构造详图

为满足施工的要求，把平、立、剖面图中一些细部的建筑构造用较大比例的图样比较详细地绘制出来，即是详图（或叫大样图）。绘制详图的比例，一般采用 1∶50、1∶20、1∶10、1∶5、1∶2、1∶1 等。由于详图的比例较大，在平面详图和剖面详图中，剖到的材料应该用不同的材料图例填充。

与平、立、剖面图相对应，详图也有平面详图、立面详图、剖面详图之分。稍微简单点的用一种详图就可以表达清楚，构造复杂的需要的详图也较多。详图的绘制要求构造表达清融，尺寸标注齐全，文字说明准确，轴线标高与相应的平、立、剖面图一致。凡是有详图的，具体的构造做法都应以详图为准。所以，大样详图是建筑施工图的重要组成部分。

一般房屋常见的详图主要有：檐口详图、墙身构造节点详图、楼梯详图、厨房及卫生间详图、阳台详图、门窗详图、建筑装饰详图、雨篷详图、台阶详图等。

一套建筑施工图中详图的数量是比较多的。对于一些常用的构造做法，可以编制成标准图，以供每个工程项目选用。这种标准图适用范围较广的有国标、地区标、省标等国家及地方的通用标准图，小范围的也有针对某一设计项目编制的通用图。通过选用标准图可以减少每套建筑施工图的详图数量，其他专业的施工图纸也是如此。

8.6 施工图案例及分析

如图 8.1～图 8.6 所示。

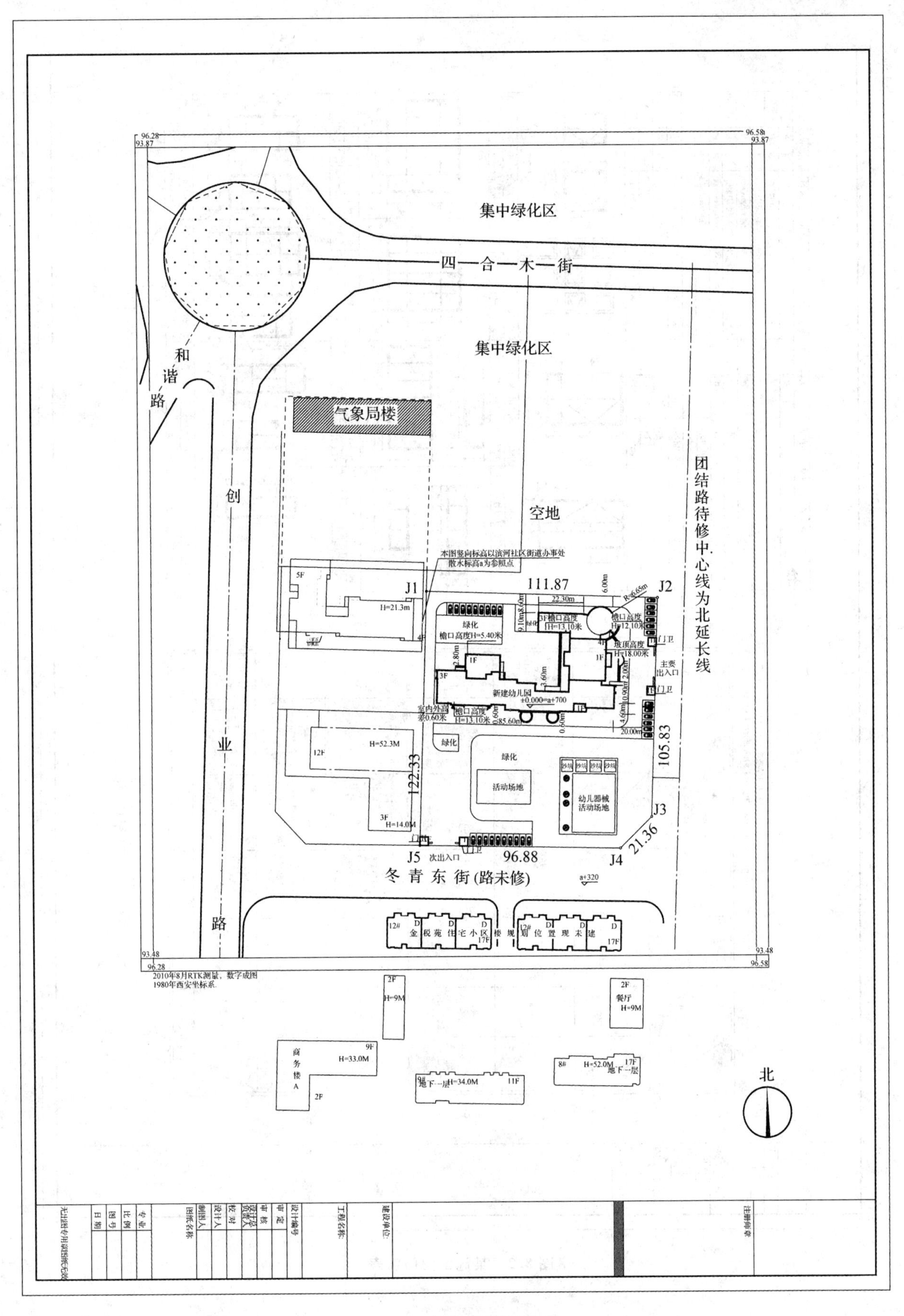
集中绿化区
四—合—木—街
集中绿化区
和谐路
气象局楼
创业路
空地
团结路待修中心线为北延长线
新建幼儿园
活动场地
幼儿器械活动场地
冬青东街(路未修)
111.87
105.83
21.36
96.88
122.33
北

图 8.1　某施工图总平面

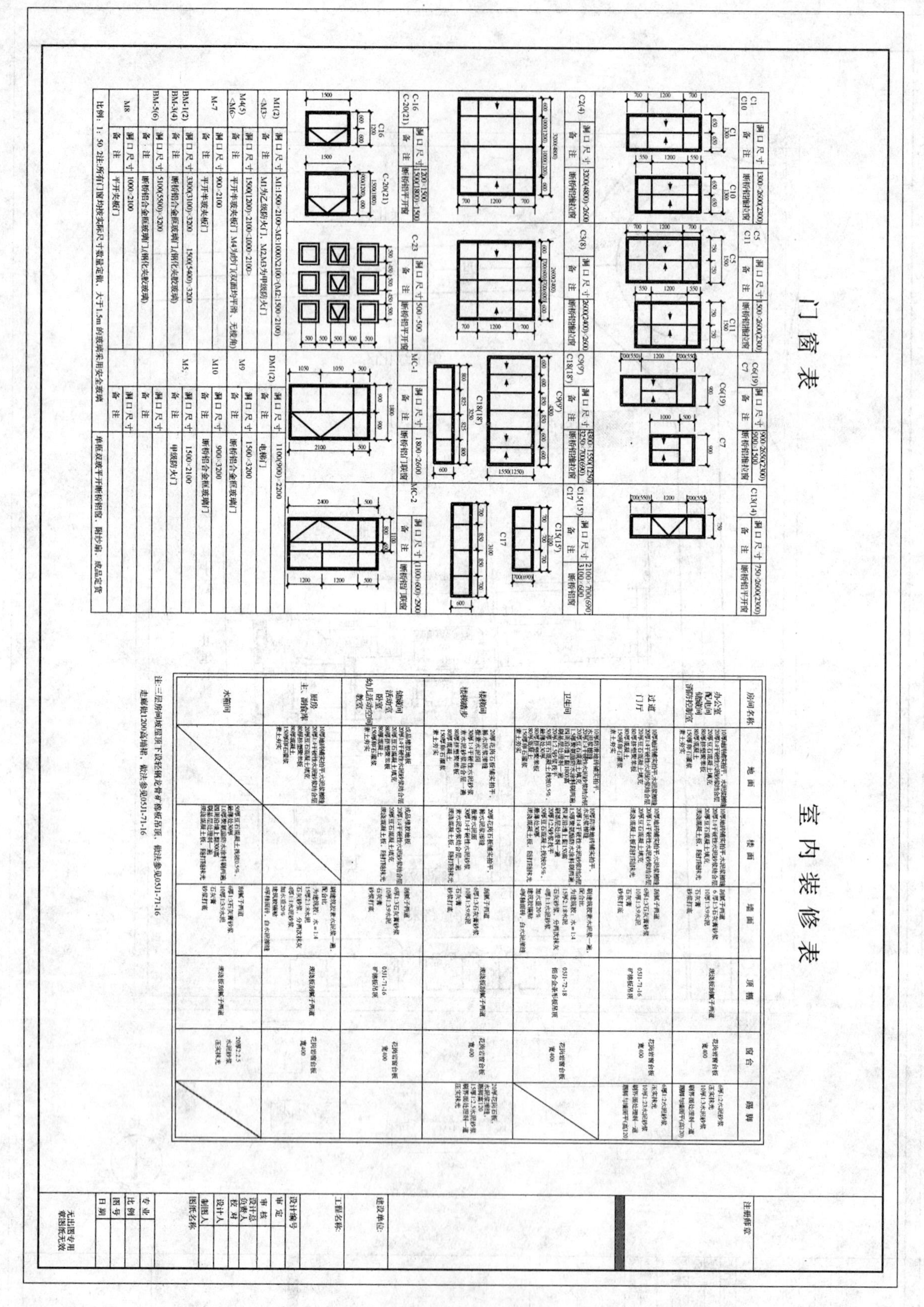

图 8.2　某施工图门窗表

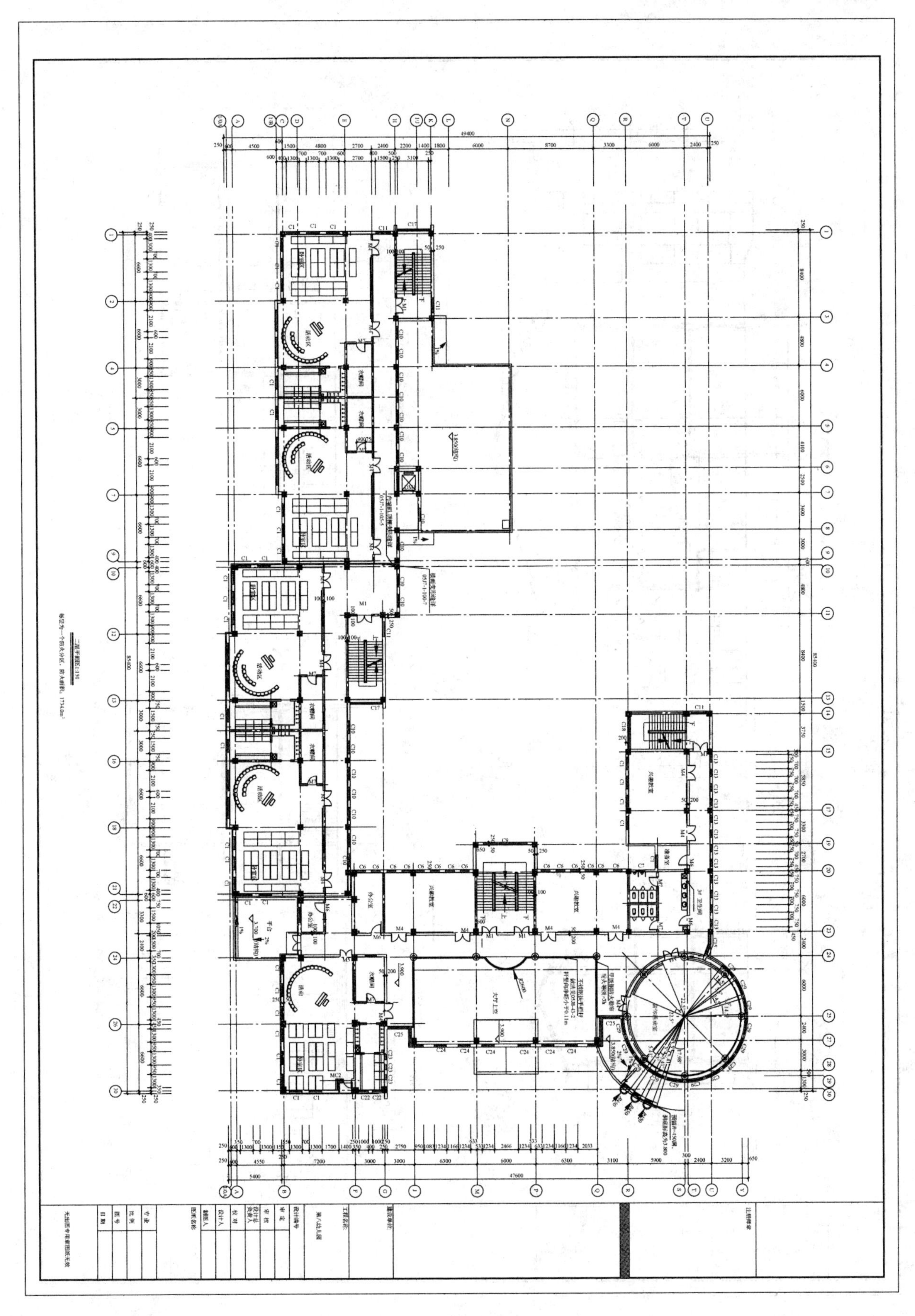

图 8.3 某施工图平面图

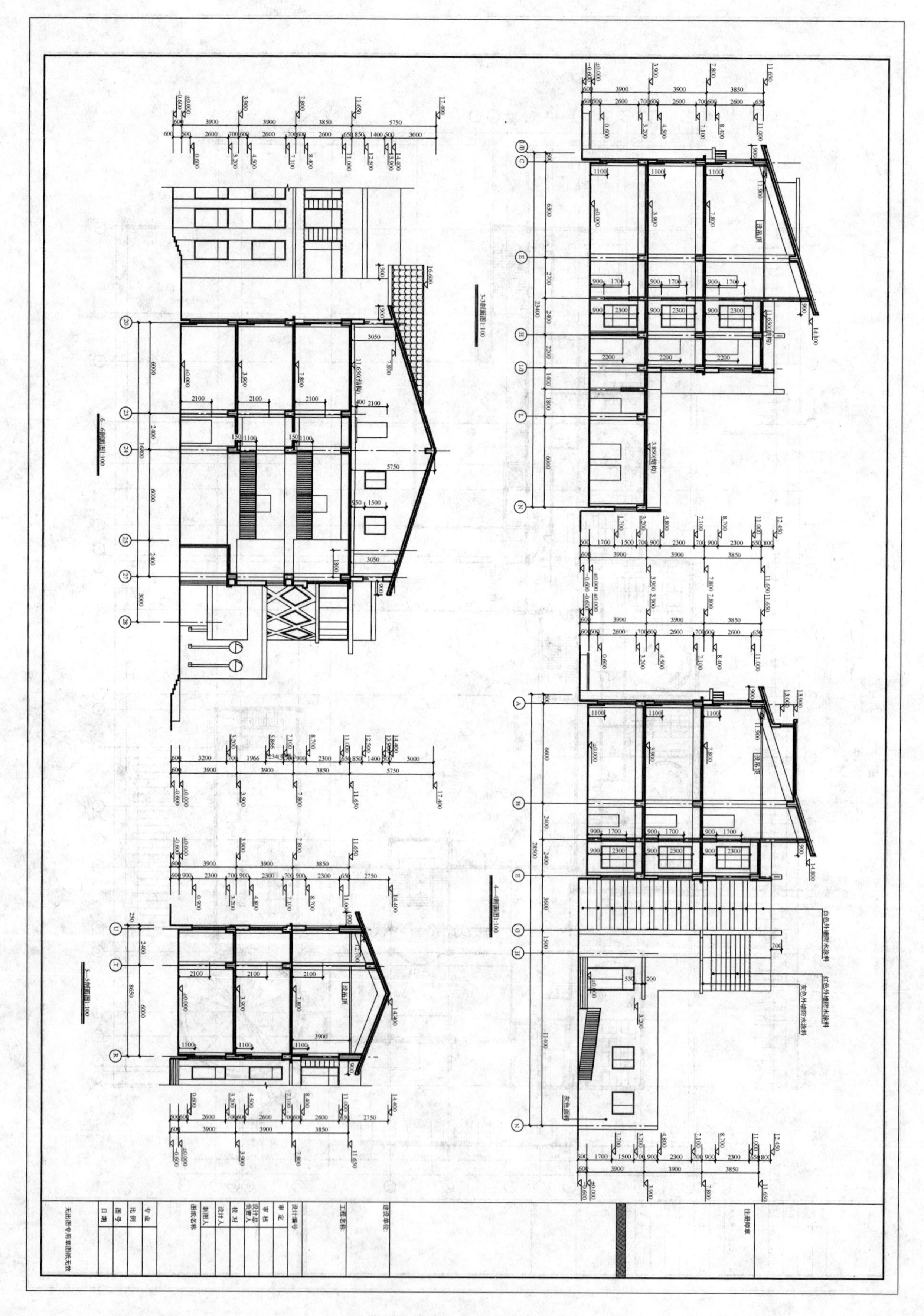

图 8.4 某施工图剖面图

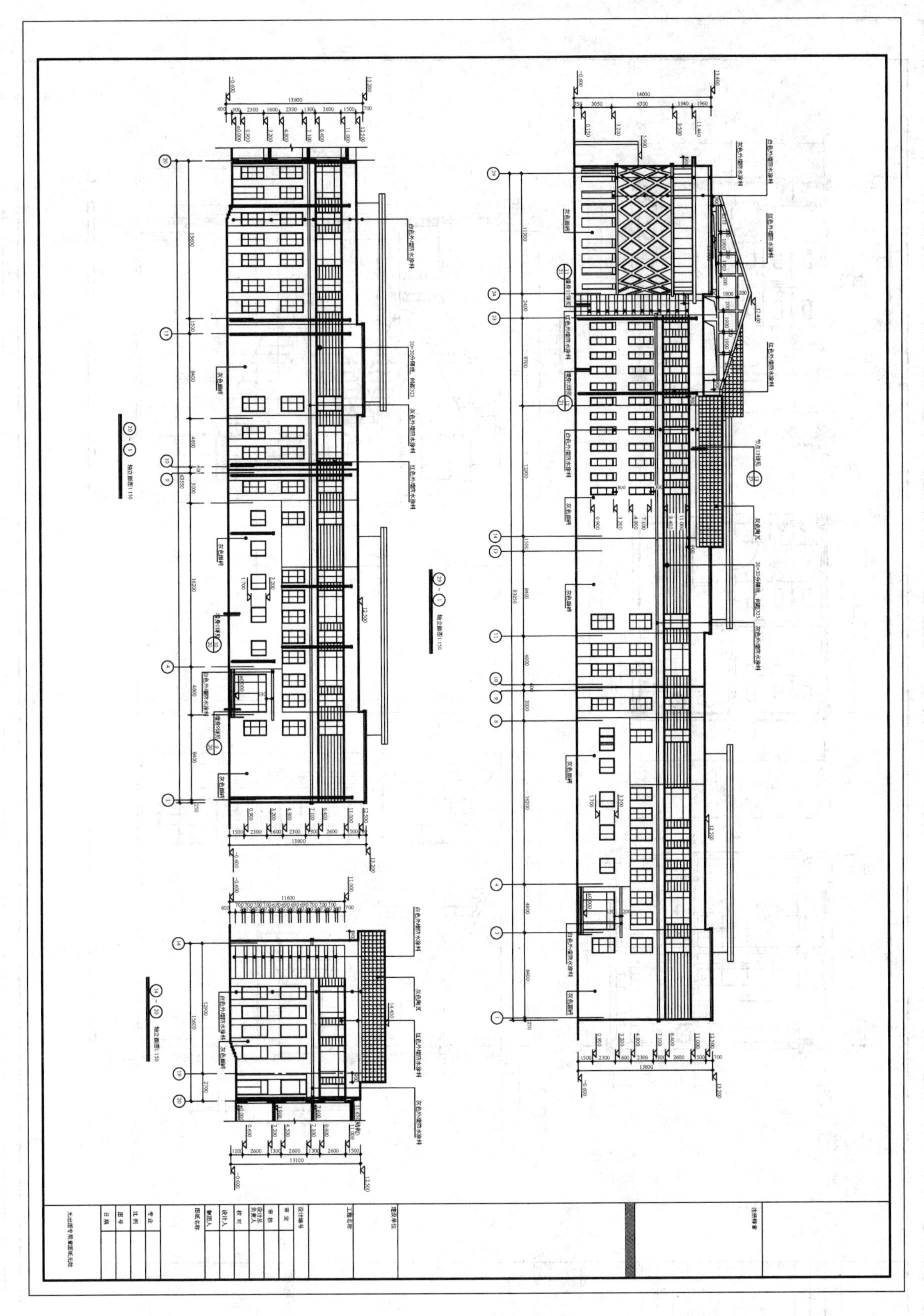

图 8.5　某施工图立面图

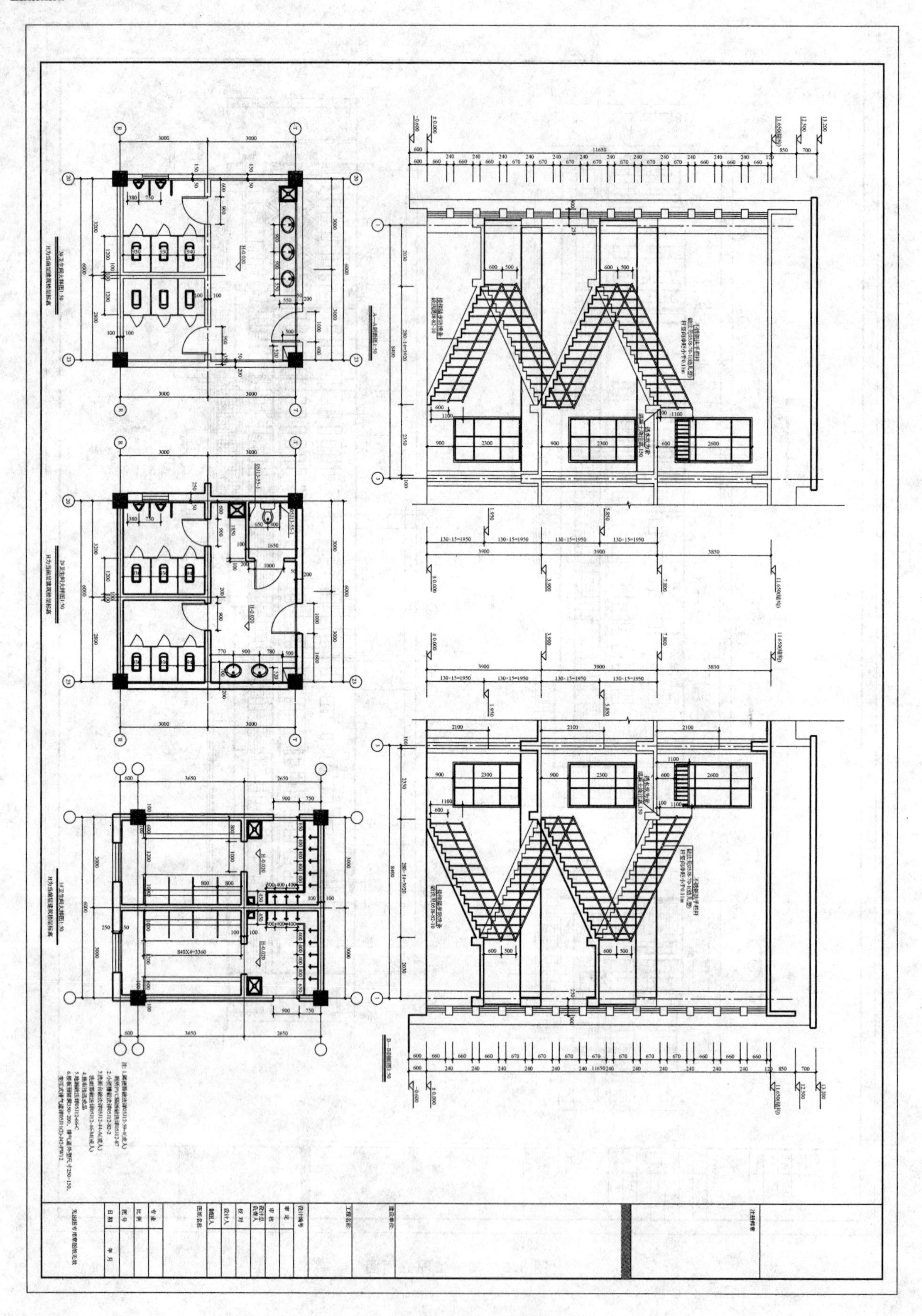

图 8.6　某施工图详图

【重点串联】

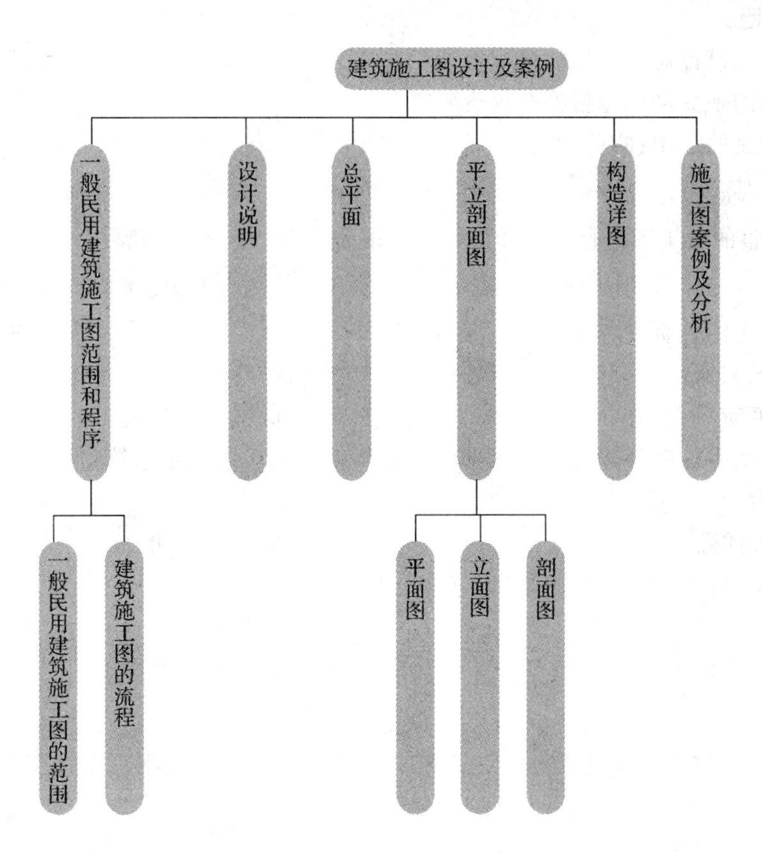

【知识链接】

1.《建筑制图标准》(GB/T 50104－2010)
2.《CAD 制图标准》
3.《建筑模数协调统一标堆》(GBJ 2—86)

拓展与实训

基础能力训练

一、填空题

1. 一般民用建筑施工图总的来说分三部分：________、________、________。
2. 如果单纯从建筑设计来说，可以分为：________、________、________、________。
3. 建筑施工图（简称建施）内容包括：________、________、________、________、________、________、________、________等，要求施工图要详细、准确。
4. 建筑施工图的消防设计包括________、________、________、________、________。

二、选择题

1. 平面图应包含________道尺寸线。

A. 2　　B. 3　　C. 4　　D. 5

2. 以下哪个是详图的比例________。

A. 1∶50　　B. 1∶100　　C：1∶200　　D. 1∶300

三、简答题

1. 施工图的设计说明包括哪些内容？
2. 施工图的平立剖面包括哪些内容？
3. 房屋常见的详图都有哪些？

工程模拟训练

对一套完整的施工图进行研究和分析，了解施工图的内容都有哪些？

链接职考

1. 建筑施工图首页没有（　　）。(单选题)

A. 图纸目录　　B. 设计说明
C. 总平面　　D. 工程做法表

2. 总平面图中，高层建筑宜在图形内右上角以（　　）表示建筑物层数。(单选题)

A. 点数　　B. 数字
C. 点数或数字　　D. 文字说明

3. 室外散水应在（　　）中画出。(单选题)

A. 底层平面图　　B. 标准层平面图
C. 顶层平面图　　D. 顶层平面图

模块 9

绿色建筑

【模块概述】

绿色建筑是指在建筑的全生命周期内，最大限度地节约资源（节约能源、节约土地、节约水资源、节约材料），保护环境和减少污染，为人们提供健康、适用和高效的使用空间，与自然和谐共生的建筑。

目前国际上发展比较成熟、有影响力的绿色建筑评估体系有英国 BREEAM、美国 LEED (Leadership in Energy & Environmental Design)，日本 CASBEE 体系也具有一定的借鉴价值。我国也提出了具有中国特色的中国生态住宅技术评估手册、绿色奥运建筑评估体系（GBCAS）和绿色建筑评价标准。

绿色建筑倡导节约能源、节约资源和回归自然，随着世界各国对建筑节能的关注和重视程度日益增加，绿色建筑将成为今后建筑发展的必然趋势。

本模块从绿色建筑、低碳建筑、生态建筑的概念入手，在论述绿色建筑的背景、发展历程和特点的基础上，介绍了国际国内有代表性的绿色建筑评价标准，从技术措施和具体案例方面对绿色建筑的运用进行阐述，并探讨了我国发展绿色建筑发展的方式和途径。

【知识目标】

1. 掌握绿色建筑、低碳建筑、生态建筑概念以及区别；
2. 了解国内外绿色建筑发展背景和发展趋势；
3. 了解国内外典型绿色建筑评价体系内容；
4. 了解实现绿色建筑的技术措施。

【技能目标】

1. 了解绿色建筑的概念及其发展背景；
2. 培养绿色建筑整合设计观念；
3. 了解绿色建筑评价体系及其在工程实际中的运用方法。

【课时建议】

2 课时

9.1 绿色建筑概述

9.1.1 绿色建筑的相关概念

1. 绿色建筑

我国《绿色建筑评价标准》(GB 50378) 对绿色建筑的定义为：在建筑的全生命周期内，最大限度地节约资源（节约能源、节约土地、节约水资源、节约材料)，保护环境和减少污染，为人们提供健康、适用和高效的使用空间，与自然和谐共生的建筑。

所谓“绿色建筑”的“绿色”，并不是指一般意义的立体绿化、屋顶花园，而是代表一种概念或象征，指建筑对环境无害，能充分利用环境自然资源，并且不破坏环境基本生态平衡。

各国绿色建筑的概念有不同表述，但其基本内涵都注重表示人、建筑与环境三者之间的和谐关系，即建筑在建造和使用过程中必须节约能源、节约资源，减少对环境的污染，要求人们在利用自然条件和技术手段创造良好、健康居住环境的同时，应尽可能地控制和减少对自然环境的过度使用和破坏，维持生态环境和人类向大自然的索取与回报之间的动态平衡。

绿色建筑的思潮最早兴起于 20 世纪 70 年代，受当时石油恐慌造成的世界能源危机影响，建筑界发起了建筑节能设计运动。1972 年，环境保护运动的先驱组织、著名的罗马俱乐部发表《增长的极限》(*Limits to Growth*)，给人类社会的传统发展模式敲响了第一声警钟，并牵动了建筑两大思想的脉动，一个是生态建筑（Ecological Architecture)，一个是乡土建筑（Vernacular Architecture)。这一波建筑脉动，正是日后“绿色建筑”的先锋。1993 年，第十八次国际建筑师协会会议发表了“芝加哥宣言”，号召全世界的建筑师以环境的可持续发展为职责，举起绿色建筑的旗帜。1990 年，全球第一部绿色建筑评估体系 BREEAM 公布，之后各种评估体系不断出现，绿色建筑的发展已呈现百花齐放之势。

2. 低碳建筑

“低碳”概念来自于生活。人们越来越清晰地认识到二氧化碳排放量猛增，会导致全球气候变暖，而全球气候变暖会对整个人类的生存和发展产生严重威胁，由此，低碳经济的理念应运而生，低碳社会、低碳城市等新概念也如潮而至。面对渐行渐近的威胁，实现低碳发展成为世界各国的共同任务，积极努力地齐心应对成为地球人的共同选择。实际上，在城市碳排放中有 60%的是建筑运行过程中产生的。如何降低建筑的碳排放成为人们关注的重要问题，低碳建筑由此应运而生。

低碳建筑的是指在建筑材料与设备制造、施工建造和建筑物使用的整个生命周期内，减少化石能源的使用，提高能效，降低二氧化碳排放量。低碳建筑主要分为两方面，一方面是采用低碳材料，另一方面是运用低碳建筑技术。低碳建筑已逐渐成为国际建筑界的主流趋势。

3. 生态建筑

20 世纪 50 年代到 60 年代，在世界发达国家，大气、水、食物等被污染，造成了各种社会公害，直接威胁到人们的生存和健康。这些问题，引起了人们对生态学的极大关注，众多学科在这一时期纷纷与生态学结合，力图用生态学原理从各自学科的角度去解决环境污染和生态破坏问题。意大利建筑规划师保罗·索勒（Paolo Soleri）首次把生态学（Ecological）和建筑（Architecture）相结合，从而开创了一门新兴的边缘学科——生态建筑学（Arcology)，生态建筑也越来越频繁地出现在世人的视野中。

所谓生态建筑，是根据当地的自然生态环境，运用生态学、建筑技术科学的基本原理和现代科学技术手段等，合理安排并组织建筑与其他相关因素之间的关系，使建筑和环境之间成为一个有机的结合体，同时具有良好的室内气候条件和较强的生物气候调节能力，以满足人们居住生活的环境舒适，使人、建筑与自然生态环境之间形成一个良性循环系统。它将建筑视为一个生态系统，通过设计、组织建筑内外空间中的各种物态因素，使物质能源在建筑生态系统内部有序的循环利用，获得一种高效、低耗、少废、少污、生态平衡的建筑环境。

4. 小结

绿色建筑、低碳建筑、生态建筑，在使用时经常被混淆。低碳建筑的侧重点在如何使建筑在全生命周期降低碳排放，生态建筑的则重点是将建筑视为一个生态系统，平衡建筑、人、环境三者的关系，而绿色建筑定义的范围更大，绿色建筑是以低碳建筑技术出发，结合生态建筑的环境理念，融合全生命周期评估 LCA（Life Cycle Assessment）形成的新的建筑科学体系。

9.1.2 绿色建筑的发展背景

1. 绿色建筑的发展背景

目前，人类面临两大问题：能源短缺和环境恶化。而这两者又是相互紧密联系，由此带来的气候变化已成为 21 世纪全球经济发展所面临的巨大挑战之一。据有关数据显示，2002 年是最近 142 年以来的第二个温度最高年，地球表面平均温度大约比 19 世纪末上升了 0.8 ℃，陆地平均温度比 19 世纪末上升了 1.2 ℃。

众所周知，二氧化碳是导致气候变化的主要原因。在英国、美国等国家，建筑业的能源消耗所产生的二氧化碳已占到全部能源消耗排量的 40%。在中国，目前建筑业的能源消耗也占到了全部能源消耗的 1/3。在资源方面，全球 50%的土地、矿石、木材资源被用于建筑，45%的能源被用于建筑的采暖、照明、通风，5%的能源用于其设备的制造，40%的水资源被用于建筑的维护，16%的水资源用于建筑的建造，60%的良田被用于建筑开发，70%的木制品被用于建筑。建筑作为人类文明最重要的产物，耗费了地球约 50%的资源，其已成为最不可持续发展的产业。世界各国对建筑节能的关注和重视程度正日益增加，绿色建筑将成为今后建筑发展的必然趋势。

2007 年 10 月 28 日，中华人民共和国第十届全国人民代表大会常务委员会第三十次会议修订并通过了《中华人民共和国节约能源法》，首次将建筑节能条款写入了法律文件中，由此为大力推广建筑节能和提倡绿色建筑提供了法律依据。节约能源法明确规定，不符合建筑节能标准的建筑工程，建设主管部门不得批准开工建设；国家鼓励在新建建筑和既有建筑节能改造中使用新型墙体材料等节能建筑材料和节能设备，安装和使用太阳能等可再生能源利用系统。

2. 国外绿色建筑发展

20 世纪 60 年代，美国建筑师保罗·索勒提出了生态建筑的新理念。

1969 年，美国建筑师麦克哈格著《设计结合自然》一书，标志着生态建筑学的正式诞生。

20 世纪 70 年代，石油危机使得太阳能、地热、风能等各种建筑节能技术应运而生，节能建筑成为建筑发展的先导。

1980 年，世界自然保护组织首次提出“可持续发展”的口号，同时节能建筑体系逐渐完善，并在德、英、法、加拿大等发达国家广泛应用。

1987 年，联合国环境署发表《我们共同的未来》报告，确立了可持续发展的思想。

1990 年，英国建筑研究所研发颁布世界上第一个绿色建筑综合评估系统 BREEAM（Building Research Establishment Environmental Assessment Method）。

1992 年，巴西的里约热内卢“联合国环境与发展大会”，与会者第一次明确提出了“绿色建筑”的概念，绿色建筑由此渐成一个兼顾环境关注与舒适健康的研究体系，并在越来越多的国家实践推广，成为当今世界建筑发展的重要方向。

2001 年 7 月，联合国环境规划署的国际环境技术中心和建筑研究与创新国际委员会签署了合作框架书，两者将针对提高环境信息的预测能力展开大范围的合作，这与发展中国家的可持续建筑的发展和实施有着紧密关联。

半个世纪来，绿色建筑的由理念到实践，在发达国家逐步完善，形成了较成体系的设计方法、评估方法，各种新技术、新材料层出不穷。在世界上的一些国家，绿色建筑的发展已初见成效，并向着深层次应用发展。

3. 我国绿色建筑发展

1992年巴西里约热内卢联合国环境与发展大会以来，中国政府相续颁布了若干相关纲要、导则和法规，大力推动绿色建筑的发展。

1994年，中国政府回应巴西里约联合国环境与发展大会对走可持续发展之路的总动员，出版了《中国21世纪议程——人口、环境与发展白皮书》，国务院颁布《中国21世纪初可持续发展行动纲要》，纲要强调环境保护和污染防治。在此背景下，对城市建设及人类居住提出发展的目标，要求人类住区促进实现可持续发展，动员全民参与，建成规划布局合理、环境清洁、优美、安静、居住条件舒适的绿色住区。

2001年9月出版《中国生态住宅技术评估手册》，这是我国第一部生态住宅评估标准，是我国在绿色建筑评估研究上正式走出的第一步。

2003年8月，出版绿色奥运建筑评估体系（GBCAS）第一版。

2005年3月召开的首届国际智能与绿色建筑技术研讨会暨技术与产品展览会，发表《北京宣言》，公布“全国绿色建筑创新奖”获奖项目及单位。同年发布了《建设部关于推进节能省地型建筑发展的指导意见》，修订了《民用建筑节能管理规定》，颁布实施了《公共建筑节能设计标准》。

2006年，住房和城乡建设部正式颁布了《绿色建筑评价标准》，为公共建筑和住宅建筑提供了绿色建筑评价标准，简称“绿色三星标准”。

2007年8月，住房和城乡建设部又出台了《绿色建筑评价技术细则（试行）》和《绿色建筑评价标识管理办法》，开始建立起适合中国国情的绿色建筑评价体系。

2008年，住房和城乡建设部组织推动绿色建筑评价标识和绿色建筑示范工程建设等一系列措施。

2008年，成立城市科学研究会节能与绿色建筑专业委员会。

2009年8月27日，我国政府发布了《关于积极应对气候变化的决议》，提出要立足国情发展绿色经济、低碳经济。

2009年11月底，在积极迎接哥本哈根气候变化会议召开之前，我国政府做出决定，到2020年单位国内生产总值二氧化碳排放将比2005年下降40%～45%，作为约束性指标纳入国民经济和社会发展中长期规划，并制定相应的国内统计、监测、考核。

2009年、2010年分别启动了《绿色工业建筑评价标准》、《绿色办公建筑评价标准》编制工作。

4. 绿色建筑特点

绿色建筑倡导节约能源、节约资源和回归自然，绿色建筑的几个主要特点包括：

①安全、健康、舒适。绿色建筑的室内布局十分合理，尽量减少使用合成材料，通过采用各种生态技术手段，为居住者创造一种接近自然的感觉，提供安全、健康、舒适的生活环境，例如，良好的自然通风，充足的阳光，防噪音等。

②节能环保。高效代表着能源的利用率，最大限度地节约资源（节能，节地，节水，节材），从而延长各种设施的寿命，卫生意味着保护环境和减少污染，减轻建筑对环境的负荷，从而减少对大自然生态环境的破坏。

③和谐共处。以人、建筑和自然环境的协调发展为目标，在利用天然条件和人工手段创造良好、健康的居住环境的同时，尽可能地控制和减少对自然环境的使用和破坏，充分体现向大自然的索取和回报之间的平衡，使人、建筑、自然三者实现了和谐共处，从而做到了可持续发展。

9.2 绿色建筑评价体系

9.2.1 国外绿色建筑评价体系

围绕推广和规范绿色建筑的目标，近年来许多国家发展了各自的绿色建筑标准和评估体系。

目前国际上发展比较成熟、有影响力的绿色建筑评估体系有英国的 BREEAM 评估体系(Building Research Establishment Environmental Assessment Method)、美国 LEED (Leadership in Energy & Environmental Design)，它们的架构和运作成为各国建立新型绿色建筑评估体系的重要参考，如图 9.1 所示。我国也提出了具有中国特色的《中国生态住宅技术评估手册》、绿色奥运建筑评估体系（GBCAS）和《绿色建筑评价标准》。

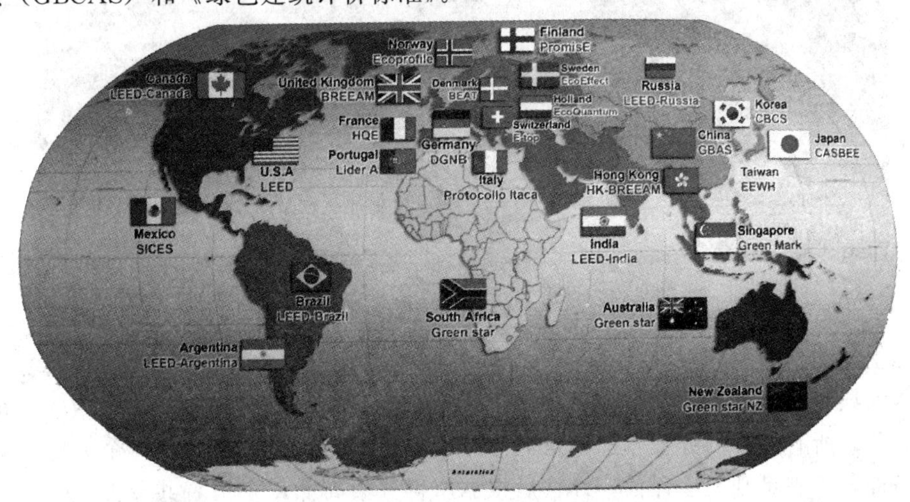

图 9.1 全球绿色建筑评价体系分布图

1. 英国 BREEAM

从 1990 年起，英国建筑研究所便开始研发本国的建筑环境评估体系，也就是后来颁布的 BREEAM (Building Research Establishment Environmental Assessment Method)。它是世界上第一个绿色建筑综合评估系统，也是目前最成功的绿色建筑评估体系之一。其最初目的是为了评估新建办公建筑，提高办公建筑的使用功能，减少其对环境的危害，因此第一个版本是 1990 年开始执行的新建办公建筑评估手册。针对英国的市场需求变化和绿色建筑的发展形势，其他版本的 BREEAM 纷纷登陆，BREEAM 的评估对象逐渐扩展到商业建筑、住宅、超市、工业建筑等其他类型建筑。

BREEAM 主要从管理、能源使用、健康状态、污染、运输、土地使用、生态环境、材料和水资源九个方面来评估建筑物环境。指标内容大致上可以分为全球性的内容、地区性的内容、室内环境的内容、使用管理的内容 4 大类。在以上指标中，“能源”占较大的权重，这是由于英国政府历来重视能源消耗以及其可能带来的全球负面影响，如温室气体排放、酸雨等。

BREEAM 不是一个强制标准，是否对建筑物进行环境影响评价，完全由房地产商自己决定。

2. 美国 LEED

LEED (Leadership in Energy & Environmental Design) 意为“能源和环境设计先锋奖”，是由美国绿色建筑先驱之一罗伯特·瓦松（Robert K Watson）创立的美国绿色建筑协会（US Green Building Council）简称 USGBC 研发，并以市场为导向促进绿色竞争和供求、以建筑物生命周期的观点来探讨建筑性能整体表现的绿色建筑评估系统。其宗旨是在设计中有效地减少环境和住户的负面影响，是目前在世界各国的各类建筑环保评估、绿色建筑评估以及建筑可持续性评估标准中被认为是最完善、最有影响力的评估标准。它的突出特点是对目标进行评估时，仅用简单的打分求和来计算最终结果，特别易于操作，正因为这一点，LEED为许多国家所参考和接受。通过LEED认证的建筑将会获得由美国绿色建筑协会颁发的奖牌，如图9.2所示。

图9.2 获得LEED—NC银奖的建筑

评估指标主要包括可持续的建筑选址、能源和大气环境、节水、材料和资源、室内空气质量、创新得分等六大项。其中每大项又包括了多个子项，这些子项涵盖更具体的评估内容，每个子项最多可获1或2分，所有子项的分数累加即得到总分。LEED的一个特色是，每个大项都有若干必须遵照的前提条件，不满足则无法评估。评估后根据所得分数高低，合格者共分四级评估等级，分别为“合格认证”、“银质认证”、“金质认证”、“白金认证”。由美国绿色建筑协会颁布认证证书。

LEED是自愿采用的评估体系标准，主要目的是规范一个完整、准确的绿色建筑概念，防止建筑的滥绿色化，推动建筑的绿色集成技术发展，为建造绿色建筑提供一套可实施的技术路线。

9.2.2 中国绿色建筑评价体系

中国在绿色建筑评估体系的研究方面起步较晚，但发展很快，已形成了几套生态住宅建筑评价体系的框架。目前国内的绿色建筑评估体系有《中国生态住宅技术评估手册》、绿色奥运建筑评估体系和《绿色建筑评价标准》(GB/T 50378—2006）等标准。

1. 中国生态住宅技术评估手册

《中国生态住宅技术评估手册》于2001年9月正式出版，2003年完成第三次升级，这是我国第一部生态住宅评估标准，是我国在绿色建筑评估研究上正式走出的第一步，它以可持续发展战略为指导，以保护自然资源，创造健康环境、舒适的居住环境，与周围环境生态相协调为主题，旨在推进我国住宅产业的可持续发展。主要参考了美国LEED体系和我国《国家康居示范工程建设技术要点》、《商品作宅性能评定方法和指标体系》有关内容，分5个子项：小区环境规划设计、能源与环境、室内环境质量、小区水环境、材料与资源，提出了中国生态住宅技术评估体系。按照这一评价体系，先后3批对12个住宅小区的设计方案进行了评估，并对其中个别小区进行了设计、施工、竣工验收全过程评估、指导与跟踪检验，对引导绿色住宅建筑健康发展起到了较大的作用。

但是该评价体系还存在着一些问题：定量指标所占比重太少而定性指标过多，一些应该有硬性数据的指标缺乏应有的数据，取而代之的是含糊或建议性的词语，如此使评价过程缺乏客观约束而容易受人为因素影响。评价体系中某些指标标准过低，不能实现减少建筑物对环境不良影响的作用。

2. 绿色奥运建筑评估体系

为了实现把北京2008年奥运会办成“绿色奥运”的承诺，“绿色奥运建筑评估体系研究”课题于2002年10月立项，2003年8月，正式出版绿色奥运建筑评估体系（GBCAS）第一版。绿色奥运建筑评估体系主要参考了美国LEED和日本CASBEE体系，同时又考虑到中国的具体国情和绿色奥运的实际问题。这是国内第一个有关绿色建筑的评价、论证体系。内容包括建筑设计、室外工程、材料与资源使用、能源消耗及对环境的影响、水环境系统、室内空气质量6方面。其评价采用全过程监控、分阶段评估的方法，评估过程由规划阶段、设计阶段、施工阶段、验收与运行管理阶段4个部分组成。而在评分上也采用与CASBEE相同的双向度评价方法，把每一阶段的评估指标分为Q和L两类：Q（Quality）指建筑环境质量和为使用者提供服务的水平，L（Load）指能源、资源和环境负荷的付出。所谓绿色建筑，即是我们追求消耗最小的L而获取最大的Q的建筑。只有在前一阶段达到绿色建筑的基本要求，才能继续进行下一阶段的设计、施工工作。当建设过程的各个阶段都达到体系的绿色要求时，这个项目就可以认为达到绿色建筑标准。

这一评估体系引入了全过程控制的生命周期分析方法，不但包括上百项绿色建筑标准，而且还面向评估机构专业人员推出了具体的评估打分办法。这套评估体系还包括绿色建筑评估软件，专业人员利用计算机对建筑是否为“绿色”进行智能化评估。其缺点是未涉及经济性评价。

3. 绿色建筑评价标准

建设部于2006年3月16日公布了《绿色建筑评价标准》简称“绿色三星标准”，并于2006年6月1日起开始实施，这是我国第一部从住宅和公共建筑全寿命周期出发，多目标、多层次地对绿色建筑进行综合性评价的推荐性国家标准。该标准的发布实施，给绿色建筑一个权威的评价标准，对积极引导社会大力发展绿色建筑，促进节能省地型建筑的发展具有十分重要的意义。

该标准的编制原则为：借鉴国际先进经验，结合我国国情；重点突出“四节”与环保要求；体现过程控制；定量和定性相结合；系统性与灵活性相结合。其评价指标体系包括以下六大指标：节地与室外环境；节能与能源利用；节水与水资源利用；节材与材料资源利用；室内环境质量；运营管理（住宅建筑）、全生命周期综合性能（公共建筑）。各大指标中的具体指标分为控制项、一般项和优选项三类。其中，控制项为评估的必备选项，一般项和有优先项为划分为绿色建筑的可选条件，优选项一般用于难度大、综合性强、绿色度较高的可选项。对于同一个评估对象，可根据需要分别提出控制项、一般项和优选项的不同指标要求，并可根据不同因素适当进行调整，这使得各地的建筑评估具有较大的灵活性。

2007年8月，《绿色建筑评价技术细则（试行）》和《绿色建筑评价标识管理办法》出台，启动了绿色建筑评价标识工作。绿色建筑评价标识，是指依据《绿色建筑评价标准》和《绿色建筑评价技术细则（试行）》，按照《绿色建筑评价标识管理办法（试行）》，确认绿色建筑等级并进行信息性标识的评价活动。与LEED不同的是，中国绿色标识的起步晚，其推广主要由政府主导，而传播也是自上而下的。

随着绿色建筑实践和研究的不断深入，国家绿色建筑评估的研究取得了可喜成绩。但是，我们也应该看到，目前我国的绿色建筑评估研究，还处于初始阶段，现有的评估体系很大程度上参考了美国的LEED，评估重点在于环境影响，而在评价标准的整体性、层次性、经济可行性、定量分析所占比重以及相关制度的建立方面，我国生态建筑评价体系还有待完善。此外，要想使绿色建筑评价体系真正发挥作用，政府的配套法律法规必须跟上，建立健全绿色建筑立项、设计、施工、运营各环节管理机制，还应搭建国际交流平台，学习、借鉴国外成功经验。

建立绿色建筑体系是一个高度复杂的系统工程，除了生态环境方面的内容，还涉及社会经济、历史文化以及意识形态（如景观、审美）的内容，且人工环境的营造对生态环境的作用可以从不同的层面划分为全球的、地区的、社区的以及室内的环境影响。虽然现有的绿色建筑评价体系多依靠非强制性的鼓励和业主的愿选择，但随着时代进步和发展，绿色建筑评价体系必将由指导原则走向规范标准，由特殊走向一般，由个别走向普遍，成为未来建筑的主导。

9.3 绿色建筑的运用与发展

9.3.1 绿色建筑的技术措施

1. 建筑水循环设计

绿色建筑水循环设计主要从三个方面来考虑：保水（防洪防涝）、节水（水资源利用）、净水（污水处理）。

(1) 保水

许多城市每逢多雨季节就要担心土石塌方和城区淹水问题，市民多把矛头指向河川治理不力或者是市政设施老化，事实上，这些破坏性灾难部分原因是城市环境由于过度土地硬化而丧失了保水功能。城市雨水通过市政排水设施排入江河，而一遇到大暴雨，市政排水设施超出负荷，就使得城市部分低洼地区积水，只能通过大型排水和抽水泵站排水。

绿色建筑的水循环设计要求建筑基底能涵养更多的雨水，保水的措施主要有：增加建筑基底的透水面积，如设置绿化、铺设透水地面、设计渗透型排水管，让更多雨水通过各种形式渗入地下；设置暴雨水收集装置，简单过滤后再利用暴雨水浇灌绿化或用于日常清洁。某旅游度假区采用的雨水处理措施，如图 9.3 所示。

(2) 节水

中国的水资源短缺的国家，人均水资源只有世界人均水平的四分之一，约有 400 多个大城市面临缺水问题，其中有 110 座严重缺水，因此节约用水是每个公民应尽的义务。

绿色建筑的水循环设计中，最有效的节水方式是采用节水型器具。以大便便器为例，传统的大便器冲水量为 13 L，现行两段式大便器冲水量为 6 L（大便用水 6 L 小便用水 3 L），节水 2 倍以上。

中水回用系统也是有效的节水措施。中水（Grey Water）是将生活污水净化处理后，在重复使用的非饮用水，不能与人体直接接触。但中水回用系统投资较大，需要达到一定建筑规模和用水规模才能达到合理经济的中水利用方式。

保水措施中所述的暴雨水再利用也是有效的节水方式。

(3) 净水

人工湿地污水处理（Construction Wetlands for Wastewater Treatment）是低成本、低维护、低技术的污水处理方式。利用人工湿地与绿化相结合，能创造较好的环境景观和生态效益。

2. 建筑围护结构设计

绿色建筑围护结构设计主要包括：墙体保温、门窗节能、屋面节能。

(1) 墙体保温

根据保温材料在复合承重材料的内侧、外侧还是中间，墙体保温形式可分为内保温、外保温和中间保温也称为夹心保温。

外墙内保温：保温层置于建筑物外墙的内侧，优点是施工方便，对保温材料的防水和耐候性（自然气候条件）要求不高，缺点是结构热桥的存在使局部温差过大导致结露，从而造成墙面发霉、开裂。同时，外墙受到室外昼夜温差变化幅度较大的影响，热胀冷缩现象特别明显，在这种反复变化的应力作用下，内保温体系始终处于不稳定的状态，极易发生空鼓和开裂。

渗水

采用国际上成熟的“山地集雨利用生态设计系统”，充分利用降水资源节约自来水、补充地下水、充分发挥绿地和绿色植物的生态环境作用。渗井处于绿地最低位置，排水口设置于绿地中并高于绿地低于硬化面（建筑、道路和广场），排水口位置高低可调节，从而使绿地集雨深度改变。降雨水径流先到达硬化地面进入绿地或直接达到绿地，通过渗井补给地下水，超量集雨在绿地中达到一定高度后(一般不超出硬化面高度)再经排水口进入排水系统

水质管理

为不同的设施提供雨水供给要求较好的水质。一般情况下降水是比较干净的，但是大路上的降水比较脏，硬质地表上的降水也会受到一定程度的污染。轻度污染的雨水和干净降雨必须分开处理或先过滤后再送往储水箱

一是把屋顶上的雨水收集起来，这些水一般比较干净，可以直接送往中水水箱中；二是把道路上的降水经由地面或者地下输送到水箱里，但是必须事先经过过滤池处理后才可以与干净雨水汇合

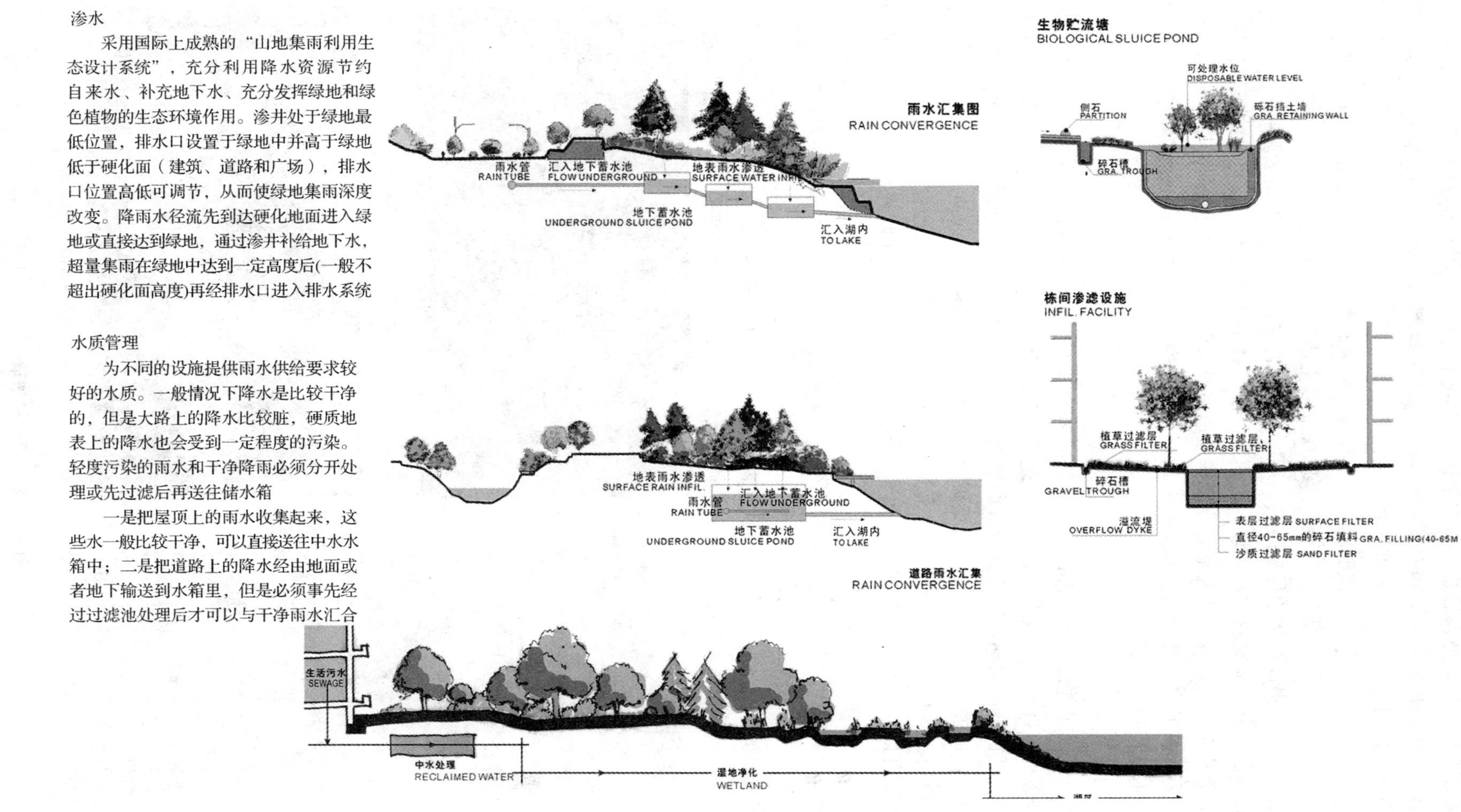

图 9.3　某旅游度假区采用的雨水处理措施

外墙外保温：外墙外保温技术是在主体墙结构外侧在粘接材料的作用下，固定一层保温材料，并在保温材料外侧抹砂浆或作其他保护装饰。在外墙根部，女儿墙、阳台、变形缝等易产生“热桥”的部位，采用外保温技术，可显著消除“热桥”造成的热损失。目前主要采用的方式有聚苯板保温砂浆外墙保温、聚苯板现浇混凝土外墙保温、聚苯颗粒浆料外墙保温等。由于保温层置于建筑物外侧，大大减少了自然温度、湿度、紫外线等对主体结构的影响，使主体结构得到更好的保护。这种保温方式不仅提高墙体的保温隔热，还增加室内的热稳定性，墙体防潮性好。

夹心保温：其保温材料夹在外墙的中间，既能发挥墙体自身对保温材料的保护作用，也使保温材料在不受外界环境影响的情况下充分发挥作用，对保温材料的要求不十分严格。其缺点是：易产生热桥；内部易形成空气对流；施工相对困难；内外墙保温两侧不同温度差使外墙结构寿命缩短，墙面裂缝不易控制；抗震性能较差。

(2) 门窗节能

据统计，通过外窗的热损失占建筑能耗的35%～45%，可见外窗是建筑围护结构中比较薄弱的部位。外窗的窗框材料、玻璃品种及有无遮阳措施都会显著影响其热工性能，尤其是根据建筑热工分区选用合适的节能玻璃，能达到较好的节能效果。例如：位于寒冷地区的哈尔滨可以选用双层白玻，既有较好的透光性，又有良好的保温性能；位于夏热冬冷地区的上海可以选用反射玻璃或者Low－E玻璃，既有较好的遮光性，又有良好的保温性能；高层建筑采用大面积玻璃幕墙，在条件允许情况下可以采用双层呼吸式玻璃幕墙调节室内温度，双层呼吸式玻璃幕墙工作原理如图9.4所示。

此外，窗墙面积比也是影响建筑围护结构节能的主要因素。确定窗墙面积比要综合考虑多方面的因素，其中主要因素是不同地区冬夏季日照情况（日照时间、太阳总辐射强度、阳光入射角）、季风、室外温度、室内采光设计标准及外窗开窗面积等。一般外窗的保温性能比外墙差很多，窗墙面积比越大，暖通空调系统能耗越大。因此，应在保证自然采光的前提下合理控制窗墙面积比。

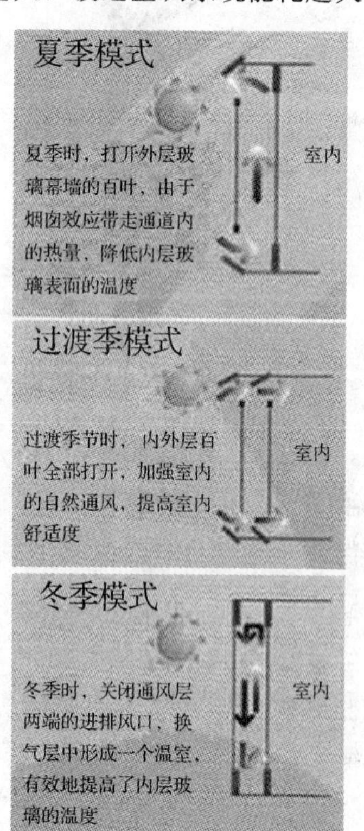

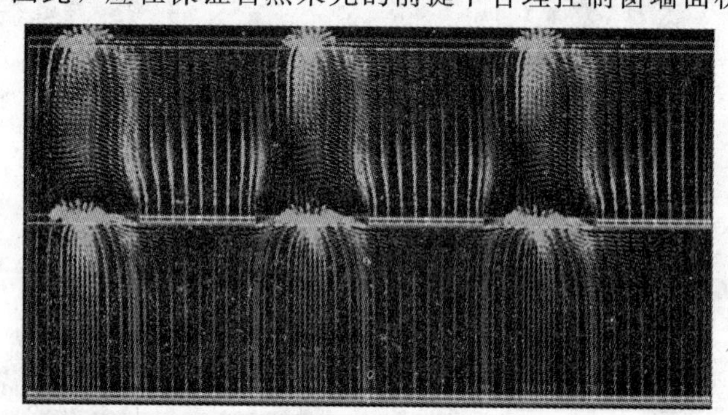

玻璃幕墙流场分布图

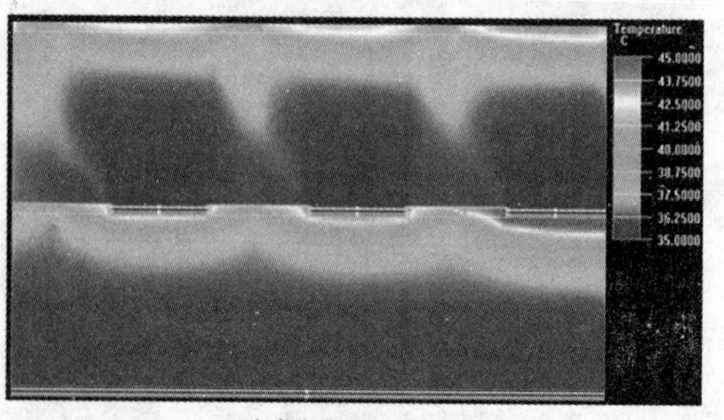

玻璃幕墙流场分布图

图9.4　双层呼吸式玻璃幕墙工作原理

(3) 屋面节能

屋面节能措施的要点是设置保温隔热层。

高效保温材料已经开始应用于屋面，比如采用膨胀珍珠岩保温芯板保温层代替常规的沥青珍珠岩或水泥珍珠岩做法，这种保温芯板施工方便、价格低廉、不污染环境。另外利用双层屋顶通风的隔热方式，在平屋顶上加建一层通风间层，可以增加空间流动，从而带走大部分热量。种植屋顶也是有效的隔热形式，详见图 9.5，屋顶花园做法。

图 9.5 屋顶花园做法

采用屋顶花园来加强建筑隔热时，必须对原屋顶的防水工程进行检验，在确保屋顶防水工程完整无损的情况下方可进行施工。同时，根据不同的气候条件，确定屋顶花园的种植构造：在少雨地区，种植层厚度一般宜为 30 cm，在确保原屋面防水工程完整无损的情况下屋面种植构造不必另加保温层和防水层。而在多雨地区，在种植土下应另加设防水层。

3. 建筑 CO_2 减量设计

对建筑全生命周期（LCA）评价是绿色建筑的重要一环。一个建筑是生命周期可以分为：建材生产和运输、营造施工、日常使用、更新修缮、拆除废弃处理、建材回收六个阶段。建筑全生命周期的 CO_2 排放量就是由整个 6 个阶段的总 CO_2 排放量，称为 $LCCO_2$，建筑 CO_2 的减量对策就在建筑的全生命周期里。

(1) 结构合理化与建筑轻量化

绿色建筑 CO_2 减量对策最重要是手段是通过选择最有效、最经济、最合理的结构系统来建造建筑，达到减少建材用量，实现减碳目标。

(2) 建筑轻量化

CO_2 减量设计的第二个重要手段是建筑轻量化。目前建筑的主要形式的钢筋混凝土（RC）建筑，而水泥是一种高耗能、高污染、高 CO_2 排放的建筑材料，因此，推动建筑轻量化设计是 CO_2 减量设计的重要手段，其中以钢结构建筑最符合 CO_2 减量要求。

(3) 使用再生材料

使用再生材料和减少新建材的使用量，有助于节约资源和减少生产新建材所排放的CO_2，而且可以减缓建筑拆除后废弃物对环境的污染。目前的建筑再生材料主要是金属和木材，对于混凝土、砖瓦、石材再回收利用还有待开发。

4. 绿色施工

建筑产业的污染不只是在建材的生产过程中，在建筑的营造过程和拆除阶段中也造成了较大的污染和破坏。

绿色建筑要实现绿色施工，第一步是加强建筑施工过程中部件的工业化、预制化、规格化程度。一些建筑构件如外墙、楼梯、卫浴单元由工厂生产，再运送到现场组装，第一可以加快工厂进度，第二可以减少建材浪费，第三可以减少施工过程中的空气污染和噪声污染。

绿色建筑要实现绿色施工，第二步是施工过程中的污染防治。其内容包括喷洒水、洗车台、挡风墙、防尘网等来防治扬尘和水土流失，尤其是对施工车辆和设备的污泥清洗，鼓励设置沉淀池，过滤、去污后再排入市政排水系统，同时也要求将污染防治的管理工作列入施工日志。针对建筑项目的绿色施工要求，各地都出台了相应的建设项目施工污染防治管理条例。

5. 其他技术措施

实现绿色建筑其他的技术措施主要是对生态能源的开发利用，如选择可再生能源太阳能、风能、地热能、潮汐能等。

采用太阳能光电板与屋面设计结合的复合屋顶，通过收集的太阳能转换为热能和电能，提供生活热水、供暖以及部分日常照明，该技术在美国和日本的许多示范型太阳能住宅中都有使用。另外，将保温隔热技术融入太阳能光电玻璃的新技术也是建筑加强对太阳能利用的有效途径。

高层建筑与风轮发电机、发电设备结合，利用高层建筑之间存在着的较强气流发电，这项技术在一些激进的高技派绿色建筑中得到运用。还可利用浅层地热能，通过地源热泵技术用于建筑物制冷、供暖，减少建筑的空调能耗。

9.3.2 绿色建筑运用案例

上海的万科城花新园是绿色建筑实践中具有代表性的一个案例。项目以住宅为主，建筑面积$1.6\times10^5\,m^2$，其设计目标是成为全国“十一五”绿色建筑示范工程，并且计划获得绿色建筑三星级。此项目结合使用屋顶绿化、外遮阳节能技术、地源热泵系统、地板辐射供暖、人工湿地、中水回用、浮筑楼板、自平衡通风系统等技术，共计采用37项节能技术，详见表9.1，图9.6，图9.7，图9.8。

表9.1 万科城花新园节能技术汇总表

1	原生态林木的保留	14	人工湿地、中水回用	27	闭路电视监控系统
2	室外声环境改进措施	15	3L/6L 双挡节水坐便器	28	楼宇可视对讲系统
3	屋顶绿化	16	节水喷灌技术	29	门磁探测器
4	垂直绿化、立体绿化	17	资源回收利用	30	家庭食物垃圾粉碎系统
5	地下空间利用	18	废弃材料建材	31	生物降级垃圾处理机房
6	透水路面技术	19	部品化	32	垃圾压缩处理
7	新型墙体材料	20	地下采光井	33	燃气表远程自动计量及收费
8	保温体系	21	浮筑楼板	34	峰谷电表
9	百叶中空玻璃窗	22	自平衡通风系统	35	分质供水
10	外遮阳节能技术	23	变压式止逆烟道	36	无机房电梯
11	地源热泵系统	24	全装修绿色环保材料	37	智能家居系统
12	地板辐射供暖	25	燃气自动关闭装置		
13	声控光感照明	26	周界防越报警系统		

推进绿色建筑是我国建筑业发展应该秉持的基本方向，建筑产品的绿色水平如何，会越来越成为房地产开发产品竞争的基本内容，也是房地产产品最重要的市场卖点。故而，在宣传系统上，该项目整合多项绿色节能技术，还提出“行为节能”的口号。在建筑的设计阶段，本项目重点考虑行为节能在绿色建筑中的设计与实现，除了考虑被动式建筑设计，采用高性价比绿色生态产品之外，还将行为节能的理念渗透到建筑设计以及后期使用过程中。在提示系统上，此项目安装了用于室内空气质量监测的温湿度传感器和 CO_2 浓度传感器，所得监测展板显示内容便于管理人员分析比较，及时采取相应措施，调整相关设备开度，营造一个既节能又舒适的居住环境，并可结合智能系统对人的耗能行为做出提示。

项目最终顺利通过建设部专家答辩，成为全国“十一五”绿色建筑示范工程。

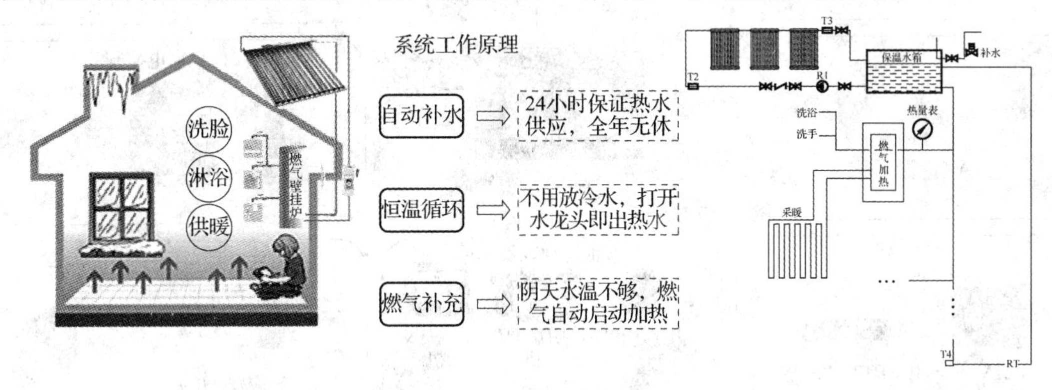

图 9.6　太阳能热水器系统

采用屋面太阳能集热器集中加热，屋面水箱集中储热，热水到达用户，如果水温不够由燃气壁挂炉补充加热，即采用集中集热储热、分户加热的方式。

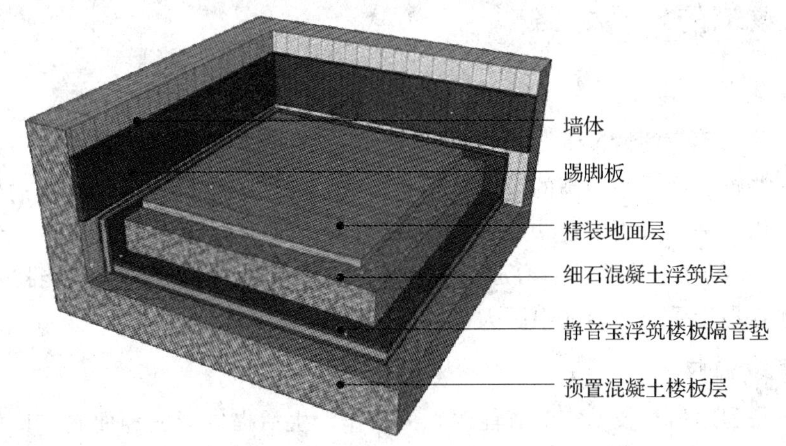

图 9.7　浮筑楼板

该楼板在钢筋混凝土楼板上垫一层以矿棉为主的弹性隔声层，然后再铺设楼面，楼板撞击隔声效果大大改善。并且采用浮筑楼板与地板采暖结合提高楼板的利用率。

通过用户端远程控制省时省心，实现智能化生活。

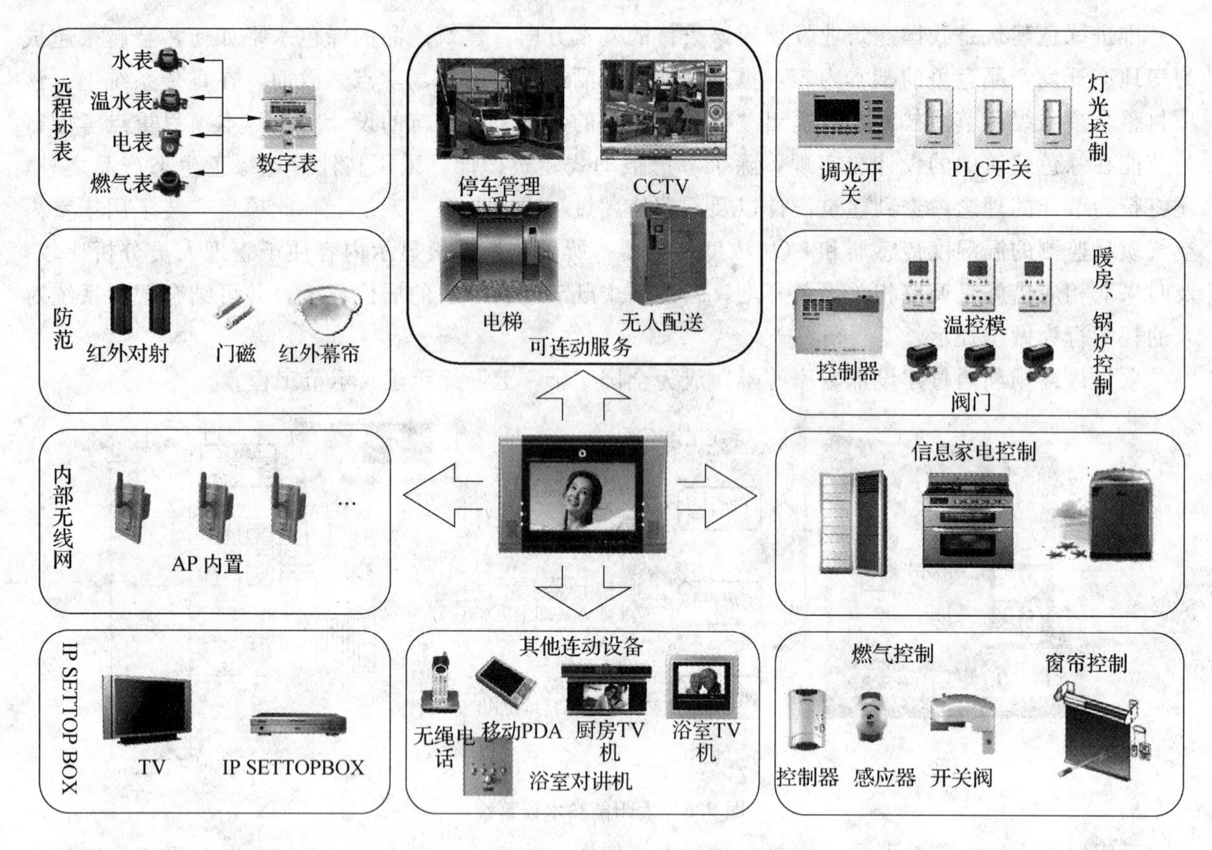

图 9.8　智能家居系统

9.3.3 绿色建筑的发展之路

1. 符合中国国情

在中国老百姓收入不高的情况下，我们引进绿色建筑标准和技术时，要充分考虑建筑的建造成本和使用成本。一些投资回报率很高的节能技术和设备，如加强建筑外围护结构的保温、采用节能灯、节水马桶等，用户一旦采用了这些技术和设备后，可以最大限度地减少电费、水费和其他能源费的开支，一般5～8年之内就可以把增加成本收回来。这样的绿色建筑和节能技术才符合中国国情，中国老百信才容易接受，才容在中国大范围推广应用。

2. 结合数字终端技术

绿色建筑应该是利用信息技术来节省能源，为工作、生活提供舒适和便利。比如用手机来控制家里的智能开关，冬天出门时把家里的暖气或空调关掉，回家之前半小时，用手机遥控启动家中的供热或空调开关，当到家里时，房间里就正好达到使人舒适的温度。据统计，如能做到主人不在家的时候家中不供暖，就可节省1/3的供暖能源。在夏季南方室内40%热量是来自太阳辐射。可以设计一个很小的智能感应装置，当太阳辐射较强时，控制百叶窗或遮阳帘自动调节室内的辐射量，减少太阳辐射造成室内的热效应，从而达到节约空调能耗的目的。像这样的智能建筑才可称为绿色智能建筑，才是符合新时代要求的绿色智能建筑。

3. 加强建筑节能改造

发展绿色建筑不能只局限于新建筑。近年我国新建建筑节能工作相对做得较好，然而，大量既有建筑的节能改造却推进得不是很顺利，许多既有老旧建筑仍是耗能大户。据估算，在北方地区，如果房间里供热是可以调节的，仅在供热时不开窗户就可以节约15%的能耗；如果是主人不在家时把暖气关掉，回来以后再打开，约可以节约30%的能耗。30%的能耗就意味着北京市冬季采暖节省

5×10^6 t煤，或相当于减排 10^7 t的 CO_2 气体。仅这一项节能改造措施，就可以达到可观的减排效果。对于旧建筑的节能改造难的问题建议采用政府补助、企业资助、住户适当出资的形式推广。

如东北某项建筑节能改造项目，政府给每户出资 3 000 元，住户出资 2 000 元，国外援助 2 000 元，共计一户投资 7 000 元。对建筑进行从外保温到供热、智能、门、窗和水循环系统的全面改造。改造后，住户 1 年所减少的开支达 3 000 元以上，看到效益后周边的许多老百姓也要求使用这些技术。

4. 养成绿色生活习惯

民众是绿色建筑的最终实践者和受益者，因此推广绿色建筑不应只是政府的职责，而应该让全体民众提高认识、积极参与。民众的日常生活习惯和节能意识，对总体的节能量也有相当大的影响，如今家用电器设备保有量非常庞大，家电设备在待机状态下耗电一般为其开机状态的 10%左右；使用节能灯比普通白炽灯可节约 70%电能；变频式空调较常规的非变频空调可节电 20% ～ 30%。这些节能意识和习惯看似细小，如长期坚持却能节省可观的能源。因此，推广建筑节能和绿色建筑应大力做好宣传教育工作，让广大群众从思想和观念上认识到，推广建筑节能和绿色建筑对全社会和个人、对现在和长远都是惠及自己功及子孙的好事，而且效果显著。

5. 提高民众节能意识

要让绿色建筑更贴近老百姓的生活、让老百姓明白什么才是真正的绿色节能建筑，这就要求我们在推广建筑节能和绿色建筑时不能只停留在专家、政府官员和一些大企业、大城市，而应该让绿色节能建筑的理念，在全社会范围内深入人心、让绿色节能建筑进入普通百姓家中、让绿色和节能融入普通百信的日常生活。如果老百姓人人都能关注建筑节能和绿色建筑，都注意到自己使用房屋的能耗、材料、对室内环境的影响、二氧化碳气体的减排，注意到使用绿色节能建筑对个人、社会及未来所带来的好处，大家达成共识，绿色建筑的市场就有了需求，建筑节能和绿色建筑才能在全社会广泛地推广应用。虽然，政府出台了很多好的建筑节能政策和绿色建筑的发展和推广措施，但仍需要政府去大力推动和实施，需要全社会广大群众的关注、参与和监督。

【重点串联】

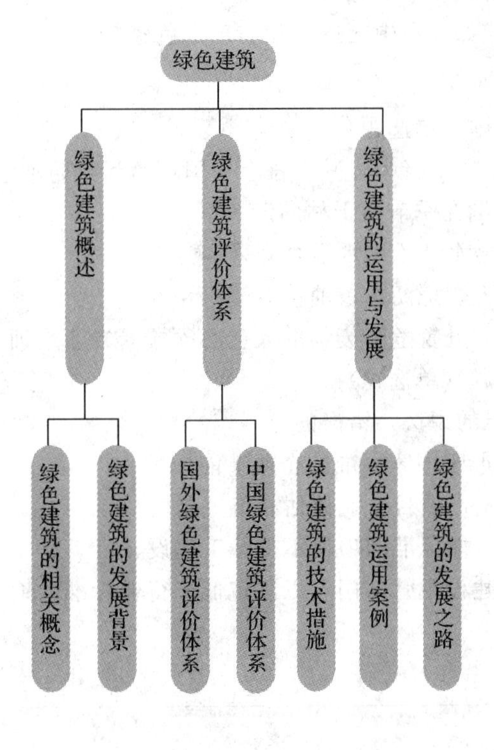

【知识链接】

1.《绿色建筑评价标准》(GB/T 50378—2006)
2.《节能建筑评价标准》(GB/T 50668—2011)
3.《公共建筑节能设计标准》(GB 50189—2005)
4.《建筑工程绿色施工评价标准》(GB/T 50640—2010)
5.《建筑与小区雨水利用工程技术规范》(GB 50400—2006)
6.《夏热冬冷地区居住建筑节能设计标准》(JGJ134—2010)
7.《夏热冬暖地区居住建筑节能设计标准》(JGJ 75－2003)
8.《严寒和寒冷地区居住建筑节能设计标准》(JGJ 26－2010)
9.《公共建筑节能检测标准》(JGJ/T 177－2009)

拓展与实训

基础能力训练

一、填空题

1. 我国的绿色建筑评价指标体系由六类指标组成，分别是________、________、________、________、________、________。

2. 1987 年，联合国世界环境与发展委员会在向联合国大会提交的研究报告________中第一次明确提出了可持续发展的概念。

3. 2006 年，住房和城乡建设部正式颁布了________，为公共建筑和住宅建筑提供了绿色建筑评价标准，简称“绿色三星标准”。

二、简答题

1. 什么是绿色建筑?
2. 实现绿色建筑有哪些技术措施?
3. 结合我国国情谈谈如何在中国推广和实现绿色建筑。

链接职考

[2009 二级建造师考题（单选题）]

1. 某建筑公司实施了以下行为，其中符合我国环境污染防治法律规范的是（　　）。
   A. 将建筑垃圾倾倒在季节性干枯的河道里
   B. 对已受污染的潜水和承压水混合开采
   C. 冬季工地上工人燃烧沥青、油毡取暖
   D. 直接从事收集、处置危险废物的人员必须接受专业培训

[2010 二级建造师考题（单选题）]

2. 以下关于建筑节能的说法，错误的是（　　）。
   A. 企业可以制定严于国家标准的企业节能标准
   B. 国家实行固定资产项目节能评估和审查制度
   C. 不符合强制性节能标准的项目不得开工建设
   D. 省级人民政府建设主管部门可以制定低于行业标准的地方建筑节能标准

[2010 一级注册建筑师考题（单选题）]

3.《民用建筑节能条例》中的民用建筑不包括（　　）建筑。

A. 医疗　　B. 厂房　　C. 教育　　D. 住宅

[2011 年二级建筑师考题（单选题）]

4. 民用建筑设计中应贯彻“节约”基本国策，其内容是指节约（　　）。

A. 用地、能源、用水、建筑周期

B. 用地、能源、用水、投资

C. 用地、能源、用水、劳动力

D. 用地、能源、用水、原材料

[2013 年一级注册建筑师考题（单选题）]

5. 关于“绿色建材”一竹子的说法，错误的是（　　）。

A. 中国是世界上竹林面积最大的国家

B. 中国是世界上竹林产量最高的国家

C. 中国是世界上竹子栽培最早的国家

D. 中国是世界上竹加工产品原料利用率最高的国家

[2009 注册城市规划师（单选题）]

6. 可持续发展理念的提出是在（　　）。

A. 1977 年　　B. 1987 年　　C. 1992 年　　D. 1993 年

[2010 注册城市规划师（单选题）]

7. 下列关于建筑材料的表述哪项是错误的（　　）。

A. 在框架结构建筑等工程中应限制使用实心黏土砖

B. 空心砖、多空转是积极推广应用的砌体材料

C. 建筑结构材料在建筑中起主要维护作用

D. 建筑的隔绝材料应具有隔热、隔声、防水、保温等功能

模块 10

建筑师

【模块概述】

建筑作为人类物质生活的必要条件，是人类物质生活和精神生活的重要基础。作为建筑缔造者的建筑师，把建筑、社会、人三者紧紧地联系在一起，用特有的建筑形式、完善的建筑功能，先进的建筑技术，不断地满足我们日益增长的各种需求。

注册建筑师制度是建筑行业从企业资质管理向个人资格管理迈出的一大步，从法律角度界定了建筑师的权利和责任，既规范了建筑师的从业行为，又提高了注册建筑师的社会地位，并维护了其个人利益。

我国建筑行业在多个专业领域实施了执业注册制度，使整个行业的发展逐步走向制度化、科学化，是建筑行业科学发展、规范管理的重要保证。

世界著名建筑大师在很多方面都是年轻建筑学子的榜样，如作品风格、设计理念、成长道路、思想主张等，都会潜移默化地对喜欢他们的学生们产生深远的影响。

【知识目标】

1. 建筑师的职业特征和作用；
2. 注册建筑师制度；
3. 注册建筑师的执业范围；
4. 相关专业注册师简介；
5. 了解世界知名建筑师及其作品。

【技能目标】

1. 根据国家对建筑师、注册建筑师职业能力和执业范围要求的学习，使学生进一步明确自己的学习目标、学习内容和个人未来发展方向；
2. 通过对相关专业注册师的了解，使学生对相关专业的工作内容和职责范围有更为清晰的认识；
3. 通过对世界知名建筑师及其作品的了解，提高学生的学习热情，增强学生的职业信念。

【课时建议】

4 课时

10.1 建筑师的作用

建筑师是一种职业。过去，人们常常把建筑师统称为工程师，自从改革开放以来，随着社会经济、城乡建设的不断推进，在人们关注一个个优秀的建筑的同时，建筑师这个职业也一步步地从幕后走向了前台，被人们所熟知，甚至现在成了社会上的“明星”职业。在我国，建筑师主要从事建筑学专业方面的设计工作，其工作范畴主要包括建筑群体规划设计、建筑场地设计、建筑单体设计、建筑室内外环境设计以及工程设计咨询等方面的工作。在国外，建筑师除了参与跟设计相关的工作外，还在项目进展过程中对项目整体负责，经常是作为投资方的代理人对项目进行管理和指导，包括投资建议、工程设计、工程招标、施工指导和监督等方面的工作。西方人的职业概念中，普遍将医生、律师和建筑师称为三大自由职业者，即个人有独立执业能力。其实建筑师成为独立的职业也不过几百年的时间，在欧洲文艺复兴时期，很多建筑都是由艺术家设计完成的，比如著名的意大利艺术大师米开朗基罗和拉斐尔都曾参与过天主教的圣殿——圣彼得大教堂的设计和建造。但在文艺复兴之后，随着欧洲资产阶级革命的不断推进，建筑师这个职业也逐渐形成，欧洲很多国家先后建立了专门培养建筑师的机构，这对欧洲后代建筑的发展产生了巨大的推动作用。在中国近代之前，传统建筑都是文人和工匠建造起来的。直到20世纪的20年代，建筑师这个名词才正式进入中国，同时也出现了中国第一代的海归建筑师，比如中国近代建筑师吕彦直就是他们之中的杰出代表，被称作中国“近现代建筑的奠基人”，他设计的南京中山陵（图10.1）和广州中山纪念堂，在当时建筑界产生了深远的影响。新中国成立以后，百废待兴，急需建筑人才。正是像梁思成、汪坦等这样一批爱国建筑师的回归，撑起了新中国建筑界的大旗，先后培养了一大批优秀的建筑师，投入到浩浩荡荡的新中国建筑事业中，形成了如今建筑界的局面。

图10.1 南京中山陵

当今世界，建筑可以说是人类最重要的物质产品，它不仅要满足人们生产、生活中不断发展的各种需求，而且它是社会经济的重要组成部分，并且它还将承载当代的人类文明去展示给我们的后人。作为建筑的设计者——建筑师，其肩负的责任之重可谓一般。当然，一个建筑的建成，不是建筑师一个人能完成的，它需要多专业、多工种的共同协作，但建筑师在在其中的作用和影响是巨大的，甚至是决定性的，可以说建筑师的设计思想决定着建筑的“灵魂和生命”，一旦建筑建成，这种作用和影响将蔓延到使用这个建筑的每一个人，蔓延的到建筑所处的区域环境和所在的城乡。所以从建筑身上可以反映出建筑师真正作用。

1. 对社会进步的促进作用

社会的进步包含很多范畴，需要各行各业的人们共同努力推动，才能取得全面的进步。比如法律工作者的努力，可以推动社会法制的健全；医疗工作者的努力，可以推动社会医疗卫生水平的提高；经济工作者的努力，可以推动社会经济的不断发展等等。同样作为建筑师，要以什么样的方式去发现社会问题并推动社会的进步呢？

人们常说，设计来源于生活，服务于生活。建筑师要想用自己的方式推动社会的进步，就必须具备敏锐的洞察力，能够从社会的现状中发现问题的根源，并且能用发展的眼光意识到未来社会的需求，从而用自己的方式去化解矛盾，迎合发展。比如在我国，城市化进程不断加深，城市化带来的社会问题也逐步凸显，城市人口增加、交通拥挤，住房紧张，地价上涨，建筑成本上升，所有这些给城市带来的压力在不断增高，城市如何能够科学地发展，则成为摆在我们每一位建筑师面前必须认真思考的问题。就建筑设计而言，过去那种近乎“粗犷”的设计已不再适应新形势下城市发展的需求，如今，建筑师应该把更多精力，放在如何在有限的建筑空间和面积的前提下，深度发掘建筑的功能潜力，提高空间使用效率，探求在尽可能减少城市容积的前提下，满足社会日益增长的需求。这是一道大题，要想做好，真正需要每一位建筑师的努力。只有这样，才能真正实现“城市让生活更美好”的美丽愿景。再比如，改革开放以来，老百姓生活水平在逐年提高的同时，人口的平均寿命也在不断提高，这当然是好事，可同时也带来了我国人口老龄化的问题。事实上，我国现如今已经步入了老龄化社会，并且程度越来越深。当大家都在讨论需要建多少老年公寓的时候，我们应该想想，到底有多少老人愿意去那里养老。实际答案是，老人们更愿意在自己的家里生活。那么现实中，我们的住宅设计，有多少是真正能够满足并达到老年人活动需求的，仔细看来，真的很少。每一个人都会老，也包括建筑师，难道我们要等到老了以后再去改造自己的房子吗？说到这，我们就应该清楚，建筑师推动社会进步的作用该如何发挥了。

2. 对人类文明历史的记载作用

建筑作为人类物质生活的必要条件，是人类物质生活和精神生活的重要基础。建筑的发展与社会的发展息息相关，建筑发展的阶段性与社会发展的阶段性相一致。人类社会发展到今天，经历了曲折而又漫长的过程，不同地区、不同国家、不同信仰、不同民族的人们共同缔造了我们今天人类辉煌的文明史，并且他仍将继续发展下去。通过了解建筑史，我们不难发现，不同历史时期的建筑，必然会受到它所处的特定社会文化环境的影响和建筑材料、结构等技术条件的制约，建筑会以特有的方式展现出那个时代的特征，反映着时代的社会形态、宗教政治、经济生活，反映着与它们相应的思想文化潮流。例如，古埃及的金字塔、古希腊的雅典卫城、古罗马的大型公共建筑、中国的故宫、印度的泰姬玛哈尔陵、法国的哥特式教堂等，这些古代建筑的瑰宝，无不让我们感慨它们的宏伟壮丽和工匠们巧夺天工的建造技艺，更使我们通过这些建筑了解了当时的社会、当时的人和他们的思想。

作为建筑的缔造者——建筑师，正是他们把建筑和当时的社会文明紧紧地联系在一起，用特有的建筑形式、建筑风格、材料装饰，给我们展现了一个个独特的场景。这时，建筑就像是一本本内容丰富的书，给走近它的人讲述着一个个生动的故事。

3. 对改善生活居住环境，改变人们的生产、生活方式的推动作用

改革开放以来，中国建筑业上了一个新的台阶，取得了巨大的成就。从一开始对量的追求逐渐过渡到对质的追求，人们对建筑的使用功能、舒适度以及环境质量更加关心。总结以往建设的实践经验，结合我国实际情况，国家明确指出建筑业的主要任务是“全面贯彻适用、安全、经济、美观”的方针。现在我国已进入信息社会，人对网络、信息、科技的需求和依赖程度在不断增加，人们对生活居住环境也有了新要求，在满足物质文化需要的同时，还要创造出更为人性的、合理的生活居住环境。现如今，新的建筑设计理念不断被建筑师广泛运用到各种建筑环境中，不仅改善了人们居住环境的条件，也不同程度地改变了人们的生产、生活方式。当然，生活方式和生产方式对建筑设计有决定性的作用，建筑师的设计首先要满足不同建筑功能的基本需求。同样，建筑师的创新理念对人们的生活方式与生产方式有很大的促进作用，并推动了生活方式、生产方式的发展和变革。比如，过去的商业场所的功能比较单一，人们买东西需要去不同的地方，买菜要去菜市场、买衣服要去服装市场、买电器要去家电市场，买办公用品要去文化用品市场等等。但近几年，在很多城市逐渐新建了一些大型综合商场，这里集合了众多的功能，有超市、服装、百货、家电、体育用

品，还有娱乐餐饮、休闲健身等诸多功能，给消费者提供了更多的选择，让人们在一个地方就能满足各种各样的消费需求，提高了效率，从而使人们购物消费的方式产生了重大的改变。

4. 对建设成本和使用成本的隐性支配作用

建筑是对资源和能源消耗巨大的物质产品，它不论在国民经济还是在老百姓的个人财富中都占有很大比例。建筑成本主要包括建筑的建设成本和后期使用、维护的成本，以及城市为建筑配套和正常使用所产生的隐性成本。建筑的经济性主要是指经济效益，它包括节约建筑造价，缩短建设周期，降低能源消耗，降低运行、维修和管理费用等，既要注意建筑物本身的经济效益，又要注意建筑物的社会和环境的综合效益。

对建筑的成本控制可以从很多方面去体现，如果我们不说土地价值，只考虑建筑本身，建筑设计应该是对它影响因素最大的，而且几乎贯穿到建筑设计的每一个环节，甚至每一个细节。比如建筑的布局可以影响未来的使用成本，如停车位数量、绿地面积；建筑的容积可以影响未来城市配套成本；施工图设计可以影响未来的施工建设成本；甚至建筑材料的选择也会产生在价格、人工费、运输费等方面的成本差异。但在以上所有的因素之中，建筑方案对成本的影响是最大的，也是最根本的，任何一个建筑一旦方案定型，它的主要成本也就基本确定了。所以，一个建筑未来会消耗多少社会资源，几乎全部掌握在建筑师的手里，可见建筑师对建筑经济性的影响有多大。

5. 在专业工程设计领域的牵头作用

在建筑行业中，建筑师作为“自由职业者”，工作有艺术性的一面，比较容易注重个人价值，而忽视团队精神。事实上，作为生产行业，建筑从设计到建造的复杂分工，使得严密的团队协作成为必需。在一般民用建筑工程的设计中，建筑师的龙头地位是毋庸置疑的。其他相关专业基本都是以建筑设计为基础，从各自的专业方向完善建筑的各方面性能，以期得到最终的实施。这就要求建筑师不仅要有建筑设计的能力，而且对相关配套专业也有一定的了解。由于建筑工程的复杂性，建筑师在开展建筑设计工作的同时，必须与相关专业的设计人员进行多方协调和密切配合，如规划、结构、给排水、暖通、电气及工艺设备等专业，这样才能确保建筑工程项目设计工作的顺利进行。

梁思成先生曾说，建筑师的工作就像“带着镣铐跳舞”。建筑从策划、设计、施工到验收使用的漫长过程中，建筑师是对外联系着使用者、投资者和建造者，又对内协调着结构、水、暖、电各工种，承担着核心和纽带的作用。建筑师要组织各类人员的协同工作，同时必须协调众人之间不可避免的矛盾。使用者追求高标准和投资方追求低造价之间的矛盾，高质量设计所需时间和甲方缩短设计周期要求之间的矛盾，建筑造型变化与结构简捷实用之间的矛盾，如此等等，使建筑师的责任远远超出设计本身。这就要求建筑师要具备更广博的知识和良好的沟通协调能力，才能更好地发挥出其设计龙头的作用。

10.2 注册建筑师

注册建筑师，是指经考试、特许、考核认定取得中华人民共和国注册建筑师执业资格证书（以下简称执业资格证书），或者经资格互认方式取得建筑师互认资格证书（以下简称互认资格证书），并按照本细则注册，取得中华人民共和国注册建筑师注册证书（以下简称注册证书）和中华人民共和国注册建筑师执业印章（以下简称执业印章），从事建筑设计及相关业务活动的专业技术人员。注册建筑师分为一级注册建筑师和二级注册建筑师。

10.2.1 注册建筑师制度

1. 注册建筑师制度的建立

党的十四届三中全会上通过的《关于建设社会主义市场经济若干问题的决定》首次提出，要在我国实行学历文凭和职业资格两种证书并重的制度。1994年2月，劳动部、人事部联合颁布了《职业资格证书规定》，在我国逐步建立和推行专业技术人员职业资格证书制度。专业技术职业资格证书制度是政府对一些通用性强、责任重大、事关公共利益的关键专业技术岗位实行的强制性准入控制制度，是对从事某一些特定职业所必备的学识、技术和能力的基本要求。1995年9月23日国务院令第184号正式颁布《中华人民共和国注册建筑师条例》（以下简称《条例》），标志着中国注册建筑师制度的建立，真正开始实施是1997年1月1日。它的建立是建筑行业从企业资质管理向个人资格管理迈出的一大步，从法律角度界定了建筑师的权利和责任，是建筑行业实施注册制度的里程碑。中国建立该项制度比英、美国晚 六七十年，但它在制度设计上基本采用了西方市场经济的做法，也称之为“国际惯例”的做法。在以上《条例》执行11年后即2008年1月8日，结合多年来的执行经验总结，经建设部第145次常务会议讨论通过并发布了新的《中华人民共和国注册建筑师条例实施细则》（以下简称《细则》），自2008年3月15日起施行。新《细则》对原《条例》当中的内容进行了进一步的明确，特别的对注册建筑师制度的考试、注册、执业、继续教育、法律责任、部分做了进一步的解释说明，增加了监督检查条款，同时也对个别条款作了修正，比如一级注册建筑师考试成绩有效期从5年延长至8年，二级注册建筑师考试成绩有效期从2年延长至4年等。

注册建筑师制度有以下特征：

①管理体制向注册建筑师个人执业制度的转变，采用强制性制度变迁方式，政府相关主管部门按照时间表在全国范围内强制实施。

②制度实施以前，设计单位多数是国有和集体所有的，因此工程设计质量和工作经济效益都是单位的事，与个人无关。注册建筑师制度实施后，注册建筑师是要对设计质量承担主要技术责任和部分经济责任。

③注册建筑师制度给了建筑师更多的权利，扩大了产权权能。注册建筑师除了具有一般劳动力的使用权、转让权、收益权外，还有设计文件签字权和企业资质条件权两项职业特殊权，这五权可以和注册建筑师的劳动力一起使用、转让。

随着市场经济的发展，建筑设计市场的逐步开放，大批外国设计企业涌入国内，相对比国内设计企业，在企业管理体制和市场竞争力方面以及建筑师、工程师专业能力方面的差异突出。对此，建设部、人事部组织专家，对美国、英国、加拿大、日本、新加坡等国家的情况进行了研究，发现这些国家普遍都采用了注册建筑师、工程师制度，它们在专业教育、执业资格考试、和职业继续教育方面有着一定的共同性，但在标准和做法上存在着差异。通过对比国内建筑师管理的实际情况，中国选取了同美国相似的注册制度模式。

2. 注册建筑师制度设计与实施

《中华人民共和国注册建筑师条例》包括总则、考试、注册、执业、权利义务、法律责任和附则共6章37条，标志着注册建筑师制度的确立。2008版《细则》包括总则、考试、注册、执业、继续教育、法律责任、监督检查和附则，共8章51条，标志着我国注册建筑师制度进入到一个更为科学合理和完善的阶段。

（1）主要内容与作用

我国注册建筑师制度由两大部分构成：一是注册建筑师执业资格考试认定制度，二是注册建筑师注册执业管理制度，这两部分构建了注册建筑师的资格取得（考试、特许、考核认定）、注册管理和执业活动这样一个内在的制度运行机制，具备了严密的注册建筑师管理制度。它主要体现在：

① 注册建筑师考试和执业资格条件的三项标准，分别是教育标准、实践工作标准和考试标准。注册建筑师资格的取得者应先取得五年制通过专业评估的建筑学学士学位（标准教育要求），然后在专业技术岗位从事不少于三年的专业工作（对于高于或低于以上教育标准的考生，通过减少或增加最短专业工作年限来确定参加考试报名资格），考生参加并通过全国统一的注册建筑师资格考试，才能取得一级注册建筑师资格。一级注册建筑师考试内容包括：建筑设计，建筑经济、施工与设计业务管理，设计前期与场地设计，场地设计（作图题），建筑结构，建筑材料与构造，建筑方案设计（作图题），建筑物理与建筑设备，建筑技术设计（作图题）。二级注册建筑师对报考资格也有相应要求，考试内容包括：场地与建筑设计（作图题）、建筑构造与详图（作图题）、建筑结构与设备、法律、法规、经济与施工。

② 以注册形式对“注册建筑师”名义进行保护。条例规定“取得注册建筑师资格者可以申请注册，注册建筑师有权以注册建筑师名义执行注册建筑师业务，非注册建筑师不得以注册建筑师的名义执行注册建筑师业务”。

③ 确立了注册建筑师在执业中的“权利和义务”和“法律责任”。《条例》规定“一定跨度跨径和高度的房屋建筑，应当由注册建筑师进行设计。注册建筑师对自己设计的文件（图纸）质量负责，别人无权擅自改动”。所有这些，都反映出该制度承认注册建筑师的个人能力与价值，维护注册建筑师权利，激励注册建筑师自觉行使权利和义务。

④明确了政府相关主管部门对注册建筑师进行职业继续教育和执业监督检查的权力和内容。《细则》规定“国务院建设主管部门对注册建筑师注册执业活动实施统一的监督管理。县级以上地方人民政府建设主管部门负责对本行政区域内的注册建筑师注册执业活动实施监督管理。”

⑤明确了注册建筑师在取得执业资格和在注册、执业过程中的“法律责任”。以不正当或隐瞒、欺骗等手段非法取得注册建筑师考试和执业资格的，以及在注册、执业过程中违反《细则》相关规定的行为，都将受到相应的行政处罚，并承担相应的法律责任。这为我国注册建筑师制度提供了更清晰的法律保障。

（2）执行成本与效果

自 1997 年制度实行以来，每年全国有万名以上的考生参加注册建筑师资格考试，通过率在 15％以下，到 2012 年，全国的一级注册建筑师人数达到 2 万人以上，分布在全国各地注册和执业，全国各省、自治区、直辖市的设计图纸上注册建筑师签字盖章率几乎达到 100％。由于这项制度是由政府推动，因而它的经费来源也相当严格，每年通过考试和注册收取的费用实际低于用于考题设计、评分、考务组织、注册管理方面的开支，目前国家有关部门正在制定收费标准、预算管理办法，以保证该制度的执行。

10.2.2 注册建筑师的执业范围

《中华人民共和国注册建筑师条例实施细则》中规定，取得注册建筑师资格证书的人员，应当受聘于中华人民共和国境内的一个建设工程勘察、设计、施工、监理、招标代理、造价咨询、施工图审查、城乡规划编制等单位，经注册后方可从事相应的执业活动。从事建筑工程设计执业活动的，只能受聘与国内一个具有工程设计资质的单位。

1. 注册建筑师的执业范围包括

①建筑设计。

②建筑设计技术咨询（包括建筑工程技术咨询，建筑工程招标、采购咨询，建筑工程项目管理，建筑工程设计文件及施工图审查，工程质量评估，以及国务院建设主管部门规定的其他建筑技术咨询业务）。

③ 建筑物调查与鉴定。

④ 对本人主持设计的项目进行施工指导和监督。

⑤ 国务院建设主管部门规定的其他业务。

2. 一、二及注册建筑师的执业范围

注册建筑师的执业范围不得超越其聘用单位的业务范围。注册建筑师的执业范围与其聘用单位的业务范围不符时，个人执业范围服从聘用单位的业务范围。

①一级注册建筑师的执业范围不受工程项目规模和工程复杂程度的限制。

②二级注册建筑师的执业范围只限于承担工程设计资质标准中建设项目设计规模划分表中规定的小型规模的项目，其主要为单体建筑面积小于 5 000 m^2、建筑高度小于 24 m 的公共建筑，建筑层数不超过 12 层的住宅，以及跨度小于 24 m、吊车吨位小于 10 t 的单层厂房或仓库和跨度小于 6 m、楼盖无动荷载的 3 层以下的多层厂房或仓库等内容。

3. 注册建筑师的执业要求

①注册建筑师所在单位承担民用建筑设计项目，应当由注册建筑师任工程项目设计主持人或设计总负责人；工业建筑设计项目，须由注册建筑师任该项目建筑专业负责人。

②凡属工程设计资质标准中建筑工程建设项目设计规模划分表规定的工程项目，在建筑工程设计的主要文件（图纸）中，须由主持该项设计的注册建筑师签字并加盖其执业印章，方为有效。否则设计审查部门不予审查，建设单位不得报建，施工单位不准施工。

③修改经注册建筑师签字盖章的设计文件，应当由原注册建筑师进行；因特殊情况，原注册建筑师不能进行修改的，可以由设计单位的法人代表书面委托其他符合条件的注册建筑师修改，并签字、加盖执业印章，对修改部分承担责任。注册建筑师从事执业活动，由聘用单位接受委托并统一收费。

10.3 相关专业注册师介绍

10.3.1 注册城市规划师

注册城市规划师是指通过全国统一考试，取得注册城市规划师执业资格证书，并经注册登记后从事城市规划业务工作的专业技术人员。考试工作由人事部、住建部负责，每年 10 月中旬举行一次，科目共 4 科，分别是《城市规划原理》《城市规划管理与法规》《城市规划相关知识》和《城市规划实务》。

注册城市规划师的执业范围包括：城市规划编制、审批，城市规划实施管理，城市规划政策法规研究制定，城市规划技术咨询，城市综合开发策划等。注册城市规划师对所经办的城市规划工程成果的图件、文件以及建设用地和建设工程规划许可文件有签名盖章权，并承担相应的法律和经济责任。

10.3.2 注册结构工程师

1997 年 9 月，在我国实行注册结构工程师执业资格制度，并成立了全国注册结构工程师管理委员会。注册结构工程师是通过全国统一考试合格，取得中华人民共和国注册结构工程师执业资格证书。一级注册注册结构工程师设基础考试和专业考试两部分。其中，基础考试为客观题，在答题卡上作答；专业考试采取主、客观相结合的考试方法，即：要求考生在填涂答题卡的同时，在答题纸上写出计算过程。二级注册结构工程师只考专业课，科目为：钢筋混凝土结构，钢结构，砌体结构与木结构，地基与基础，高层建筑、高耸结构与横向作用。

注册结构工程师主要从事结构工程设计；结构工程设计技术咨询；建筑物、构筑物、工程设施等调查和鉴定；对本人主持设计的项目进行施工指导和监督；建设部和国务院有关部门规定的其他业务。其中，一级注册结构工程师的执业范围不受工程规模和工程复杂程度的限制，二级注册结构工程师的执业范围只限于承担国家规定的民用建筑工程等级分级标准三级项目。

10.3.3 注册公用设备工程师

从2003年5月1日起，国家对从事公用设备专业工程设计活动的专业技术人员实行执业资格注册管理制度，纳入全国专业技术人员执业资格制度统一规划。

注册公用设备工程师，是指取得《中华人民共和国注册公用设备工程师执业资格证书》和《中华人民共和国注册公用设备工程师执业资格注册证书》，从事公用设备（暖通空调、给水排水、动力等）专业工程设计及相关业务活动的专业技术人员。

注册公用设备工程师的执业范围：

①公用设备专业工程设计（含本专业环保工程）。

②公用设备专业工程技术咨询（含本专业环保工程）。

③公用设备专业工程设备招标、采购咨询。

④公用设备工程的项目管理业务。

⑤对本专业设计项目的施工进行指导和监督。

⑥国务院有关部门规定的其他业务。

10.3.4 注册电气工程师

注册电气工程师是指取得《中华人民共和国注册电气工程师执业资格证书》和《中华人民共和国注册电气工程师执业资格注册证书》，从事发电、输变电、供配电、建筑电气、电气传动、电力系统等工程设计及相关业务的专业技术人员。

注册电气工程师的执业范围：

①电气专业工程设计。

②电气专业工程技术咨询。

③电气专业工程设备招标、采购咨询。

④电气工程的项目管理。

⑤对本专业设计项目的施工进行指导和监督。

⑥国务院有关部门规定的其他业务。

10.3.5 注册岩土工程师

注册岩土工程师主要研究岩土构成物质的工程特性。岩土工程师首先研究从工地采集的岩土样本以及岩土样本中的数据，然后计算出工地上的建筑所需的格构。地基、桩、挡土墙、水坝、隧道等的设计都需要岩土工程师为其提供建议。

注册土木工程师（岩土）可在下列范围内开展执业工作：

①岩土工程勘察。

②岩土工程设计。

③岩土工程检验、监测的分析与评价。

④岩土工程咨询。

⑤住房和城乡建设主管部门对岩土工程专业规定的其他业务。

10.3.6 注册监理工程师

1997年起，全国正式举行监理工程师执业资格考试。监理工程师执业资格考试合格者，由各省、自治区、直辖市人事（职改）部门颁发人事部统一印制的中华人民共和国《监理工程师执业资格证书》。该证书在全国范围内有效。取得资格证书的人员，应当受聘于一个具有建设工程勘察、设计、施工、监理、招标代理、造价咨询等一项或者多项资质的单位，经注册后方可从事相应的执业活动。从事工程监理执业活动的，应当受聘并注册于一个具有工程监理资质的单位。注册监理工程师可以从事工程监理、工程经济与技术咨询、工程招标与采购咨询、工程项目管理服务以及国务院有关部门规定的其他业务。

10.3.7 注册建造师

2002年12月5日，人事部、建设部联合印发了《建造师执业资格制度暂行规定》，这标志着我国建立建造师执业资格制度的工作正式建立。该《规定》明确规定，我国的建造师是指从事建设工程项目总承包和施工管理关键岗位的专业技术人员。建造师分为一级建造师和二级建造师。

注册建造师有权以建造师的名义担任建设工程项目施工的项目经理；从事其他施工活动的管理；从事法律法规或国务院行政主管部门规定的其他业务。一级建造师可以担任特级、一级建筑企业资质的建设工程项目施工的项目经理；二级建造师可以担任二级及以下建筑企业资质的建设工程项目施工的项目经理。

10.3.8 注册造价工程师

注册造价工程师，是指通过全国造价工程师执业资格统一考试或者资格认定、资格互认，取得中华人民共和国造价工程师执业资格，并按照本办法注册，取得中华人民共和国造价工程师注册执业证书和执业印章，从事工程造价活动的专业人员。

注册造价工程师的执业范围包括：

①建设项目投资估算的编制、审核及项目经济评价。

②工程概算、工程预算、工程结算、竣工决算、工程招标标底价、投标报价的编制、审核。

③工程变更和合同价款的调整和索赔费用的计算。

④建设项目各阶段的工程造价控制。

⑤工程经济纠纷的鉴定。

⑥工程造价计价依据的编制、审核。

⑦与工程造价有关的其他事项。

10.4 著名建筑师及其作品赏析

1. 瓦尔特·格罗皮乌斯（Walter Gropius，1883—1969）

格罗皮乌斯生于德国柏林，是德国现代建筑师和建筑教育家，现代主义建筑学派的倡导者和奠基人之一，公立包豪斯（Bauhaus）学校的创办人。格罗皮乌斯积极提倡建筑设计与工艺的统一，艺术与技术的结合，讲究功能、技术和经济效益。1945年同他人合作创办协和建筑师事务所，发展成为美国最大的以建筑师为主的设计事务所。第二次世界大战后，他的建筑理论和实践为各国建筑界所推崇。代表作品：包豪斯校舍（图10.2）、哈佛大学研究生中心等。

2. 密斯·凡·德·罗（Ludwig Mies van der Rohe，1886—1969）

密斯·凡·德·罗，德国人，20世纪中期世界上最著名的现代建筑大师之一。密斯坚持“少就是多”的建筑设计哲学，主张技术与艺术相统一，在空间处理手法上主张空间流动与穿插的新概念。他主张利用新材料、新技术作为主要表现手段，提倡精确完美的建筑艺术效果。密斯善于对钢框架结构和玻璃在建筑中应用的探索，其作品特点是整洁和对比鲜明的外观，灵活多变的流动空间以及精致的细部。密斯从事建筑设计的思路是通过建筑系统来实现的，而正是这种建筑结构把他带到建筑前沿。同时，他提倡把玻璃、石头、水以及钢材等物质加入建筑行业的观点也经常在他的设计中得以运用。密斯喜欢用直线展现建筑的特征、风格，非常适合现代结构技术。代表作品：巴塞罗那世博会德国馆（图 10.3）、纽约西格拉姆大厦（图 10.4）等。

图 10.2 包豪斯校舍

图 10.3 巴塞罗那世博会德国馆

3. 勒·柯布西耶（Le Corbusier，1887—1965）

柯布西耶是法国建筑师、城市规划师、作家、画家，20世纪最伟大的建筑大师之一，现代建筑运动的激进分子和主将，被称为“现代建筑的旗手”。他的理论与作品对当代建筑影响极大，在现代建筑运动中，他最有效地充当了前后两大阶级的旗手：20年代的功能理性主义和后来更广泛的有机建筑阶段。他在《走向新建筑》一书中主张新建筑应表现时代新精神，工业化是现代建筑的必由之路。在建筑艺术方面，他宣扬基本几何体的审美价值，提倡多种建筑采光的方式。他的中、晚期作品大部分采用清水混凝土作为主要建筑材料。代表作品：早期——萨伏伊别墅、中期——朗香教堂（图 10.5）、晚期——圣·皮埃尔教堂（图 10.6）等。

图 10.4 纽约西格拉姆大厦

图 10.5 朗香教堂

4. 赖特（Frank Lloyd Wright，1869—1959）

赖特全名弗兰克·劳埃德·赖特，是20世纪美国最重要的建筑师，在世界上享有盛誉。他设计的许多建筑受到普遍的赞扬，是现代建筑中有价值的瑰宝。赖特对现代建筑有很大的影响，但是他的建筑思想和欧洲新建运动的代表人物有明显的差别，他一生不断创新，开创了一条独特的道路。他是现代建筑“有机建筑论”的倡导者，主张建筑物的内部空间是建筑的主体，建筑应与自然相结合，建筑师应像自然一样地去创造，建筑必须是人类社会生活的真实写照，建筑应该是“活的建筑”。代表作品：流水别墅（图10.7）、古根海姆博物馆（图10.8）、“草原式住宅”系列和西塔里埃森工作室等。

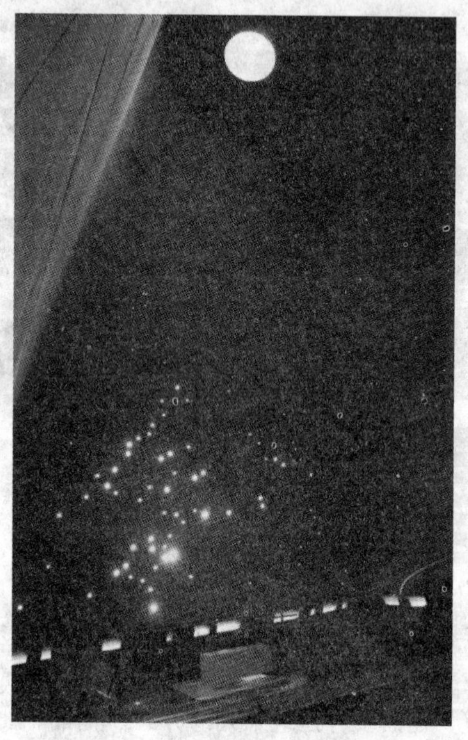

图10.6　圣·皮埃尔教堂内景

图10.7　流水别墅

图10.8　纽约古根海姆博物馆内景

5. 阿尔瓦·阿尔托（Alvar Aalto，1898—1976）

阿尔瓦·阿尔托是芬兰现代建筑师，人情化建筑理论的倡导者，同时也是一位家具设计大师及艺术家。阿尔瓦·阿尔托是现代建筑的重要奠基人之一，也是现代城市规划、工业产品设计的代表人物。他在国际上的声誉与前述四位大师一样高，而他在建筑与环境的关系、建筑形式与人的心理感受的关系等方面都进行了深入的研究，在现代建筑史上享有举足轻重的地位。阿尔托主要的创作思想是探索民族化和人情化的现代建筑道路。他认为工业化和标准化必须为人的生活服务，适应人的精神要求。他设计的建筑不但在纹理上相当丰富，而且在传统原料上也相当广泛，建筑空间方面主要体现在空间的流动、利用自然光线、空间的分配以及大量建筑的细节等。代表作品：帕伊米奥结核病疗养院、德国埃森歌剧院（图 10.9）、赫尔辛基芬兰大厦（图 10.10）等。

图 10.9　德国埃森歌剧院

图 10.10　赫尔辛基芬兰大厦

6. 安东尼奥·高迪（Antonio Gaudi，1852—1926）

安东尼奥·高迪，西班牙建筑师，有巴塞罗那“建筑之父”之称，是西班牙“加泰罗尼亚现代主义”建筑家，塑性建筑流派的代表人物，属于现代主义建筑风格。高迪出生于雷乌斯，世代是做锅炉的铁匠，所以他天生具有良好的空间解构能力与雕塑感觉，高迪从观察中发现自然界并不存在纯粹的直线，他曾说过：“直线属于人类，曲线属于上帝。”所以终其一生，高迪都极力地在自己的设计当中追求自然，在他的作品当中几乎找不到直线，大多采用充满生命力的曲线与有机形态的物件来构成一栋建筑。高迪初期作品近似华丽的维多利亚式，后采用历史风格，属哥特复兴的主流。高迪的许多作品除了表现极强烈的个人风格之外，也对往后的现代设计乃至于后现代建筑设计提供了许多养分。高迪一生的作品中，有 17 项被西班牙列为国家级文物，7 项被联合国教科文组织列为世界文化遗产。主要代表作品有米拉公寓（图 10.11）、古埃尔公园、巴特罗公寓、圣家族教堂（图 10.12）等。

图 10.11　米拉公寓

图 10.12　圣家族教堂

7. 安藤忠雄（1941—）

安藤忠雄，日本著名建筑师，是当今最为活跃、最具影响力的世界建筑大师之一，也是一位从未接受过正统的科班教育，完全依靠本人的才华禀赋和刻苦自学成才的设计大师。在30多年的时间里，他创作了近150项国际著名的建筑作品和方案，获得了包括有建筑界“诺贝尔奖”之称的普利策奖等在内的一系列世界建筑大奖。安藤开创了一套独特、崭新的建筑风格，以厚重混凝土，以及简约的几何图案，构成既巧妙又丰富的设计效果。安藤的建筑风格静谧而明朗，为传统的日本建筑设计带来划时代的启迪。他的突出贡献在于创造性地融合了东方美学与西方建筑理论；遵循以人为本的设计理念，提出“情感本位空间”的概念，注重人、建筑、自然的内在联系。安藤忠雄还是哈佛大学、哥伦比亚大学、耶鲁大学的客座教授和东京大学教授，其作品和理念已经广泛进入世界各个著名大学建筑系，成为年轻学子追捧的偶像。代表作品：住吉的长屋、小筱邸、水之教会（图10.13）、光之教会、普利策基金会美术馆、大阪飞鸟博物馆（图10.14）等。

图10.13 水之教会

图10.14 大阪飞鸟博物馆

8. 贝聿铭

贝聿铭，美籍华人建筑师，1983年普利兹克奖得主，被誉为“现代建筑的最后大师”。贝聿铭祖籍苏州，1917年出生于广东省广州市，1935年赴美国哈佛大学建筑系学习，师从建筑大师格罗皮乌斯和布鲁尔，之后在大洋彼岸成家立业，功成名就。但他对中国的一片深情，依然萦系于怀。贝聿铭的作品很多，以公共建筑、文教建筑为主。贝聿铭善用钢材、混凝土、玻璃与石材，代表作品有美国华盛顿特区国家艺术馆东馆（图10.15）、法国巴黎卢浮宫扩建、中国驻美国大使馆、苏州博物馆新馆、德国历史博物馆、香港“中国银行”大厦等。

图10.15 美国华盛顿特区国家艺术馆东馆

9. 理查德·迈耶

理查德·迈耶，美国建筑师，现代建筑中白色派的重要代表。1934年，理查德·迈耶出生于美国新泽西东北部的城市纽华克，曾就学于纽约州伊萨卡城康奈尔大学。早年曾在纽约的S.O.M建筑事务所和布劳耶事务所任职，并兼任过许多大学的教职。1963年，迈耶在纽约组建了自己的工作室，其独创能力逐渐展现在家具、玻璃器皿、时钟、瓷器、框架以及烛台等方面。迈耶的作品以“顺应自然”的理论为基础，表面材料常用白色，以绿色的自然景物衬托，使人觉得清新脱俗，他还善于利用白色表达建筑本身与周围环境的和谐关系。在建筑内部，他运用垂直空间和天然光线在建筑上的反射达到富于光影的效果，他以新的观点解释旧的建筑，并重新组合几何空间。代表作品有千禧教堂（图 10.16）、格蒂中心、史密斯住宅、巴塞罗那现代艺术博物馆（图 10.17）等。

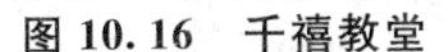

图 10.16　千禧教堂

图 10.17　巴塞罗那现代艺术博物馆

10. 扎哈·哈迪德（Zaha Hadid，1950—）

扎哈·哈迪德，2004 年普利兹克建筑奖获奖者。她 1950 年出生于巴格达，在黎巴嫩就读过数学，1972 年进入伦敦的建筑联盟学院学习建筑学，1977 年毕业获得伦敦建筑联盟硕士学位。此后加入大都会建筑事务所，与雷姆·库哈斯（Rem Koolhaas）和埃利亚·增西利斯（Elia Zenghelis）一道执教于 AA 建筑学院，后来在 AA 成立了自己的工作室。1994 年在哈佛大学设计研究生院任教。扎哈·哈迪德的建筑作品使她在学术界和公众中赢得了广泛声誉。她所设计的著名工程是：德国的维特拉消防站和罗马马希博物馆（图 10.18），以及美国辛辛那提的当代艺术中心和广州大剧院（图 10.19）等。

图 10.18　罗马马希博物馆

图 10.19　广州大剧院

11. 伦佐·皮亚诺（Renzo Piano，1937 年—）

伦佐·皮亚诺是意大利当代著名建筑师。1998 年第二十届普利兹克奖得主。因其对热那亚古城保护的贡献，获选联合国教科文组织亲善大使。他受教并于其后执教于米兰工学院。1971～1977 年，他与理查德·罗杰斯共事，期间最著名的作品为巴黎的蓬皮杜艺术中心。皮亚诺注重建筑艺术、技术以及建筑周围环境的结合。他的建筑思想严谨而抒情，在对传统的继承和改造方面，大胆创新，勇于突破。在他的作品中，广泛地体现着各种技术、各种材料和各种思维方式的碰撞，这些活跃的散点式的思维方式是一个真正的具有洞察力的大师和他所率领的团队所要奉献给全人类的礼物。“敢于打破常规，并坚定地使之付诸实现，你就会发现，你的设计已不受任何限制，并达到自由自我的境界。”这是皮亚诺的经验之谈，也是他走向辉煌的阶梯。其最著名的作品为巴黎的蓬皮杜艺术中心（图 10.20），另外还有大阪的关西国际机场、柏林的波茨坦广场改造等。

图 10.20 蓬皮杜艺术中心

12. 诺曼·福斯特（Norman Foster，1935—）

诺曼·福斯特，英国皇家建筑师学会会员，国际上最杰出的建筑大师之一，第 21 届普利策建筑大奖得主。诺曼·福斯特特别强调人类与自然的共同存在，而不是互相抵触，强调要从过去的文化形态中吸取教训，提倡那些适合人类生活形态需要的建筑方式。他认为建筑应该给人一种强调的感觉，一种戏剧性的效果，给人带来宁静。福斯特对技术十分重视，在其作品中，采用新技术、新材料于工程中，用技术手段反映时代特征已成为其作品的重要特征之一。福斯特对技术结构和工艺的关注经常集中表现在对材料的合理运用上，他认为常用的、自然的、本土的材料与自然的良好结合，可以表现出新的活力。其代表作品有香港汇丰银行总部、法国加里艺术中心、英国伦敦市政厅(图 10.21)、英国麦克拉伦技术中心等。

13. 圣地亚哥·卡拉特拉瓦（Santiago Calatrava，1951—）

圣地亚哥·卡拉特拉瓦是世界上最著名的创新建筑师之一，也是备受争议的建筑师。卡拉特拉瓦以结构形式展现建筑艺术而闻名于世，由于卡拉特拉瓦拥有建筑师和工程师的双重身份，他能够把结构美和建筑美紧密地联系在一起。他认为美态能够由建筑结构表达出来，而大自然之中，各种生物的美丽形态，同时亦有着惊人的力学效率。所以，他常常以大自然作为他设计时启发灵感的源泉。卡拉特拉瓦的重要贡献在于他所提出的当代设计思维与实践的模式。他的作品让我们的思维变得更开阔、更深刻，让我们更多地理解我们的世界。他的作品在解决工程问题的同时也塑造了形态特征，这就是：自由曲线的流动、组织构成的形式及结构自身的逻辑，运动感贯穿了建筑各部分的结构形态。其代表作品有里昂国际机场、2004 年雅典奥运会主场馆、巴伦西亚科学城（图 10.22）、毕尔巴鄂步行桥等。

图 10.21 英国伦敦市政厅

图 10.22 巴伦西亚科学城

【重点串联】

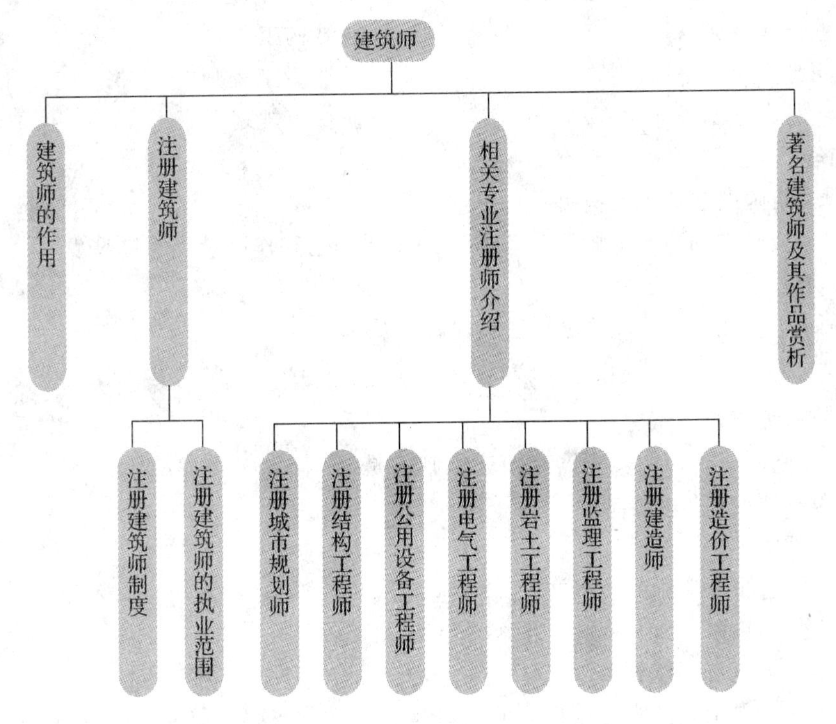

【知识链接】

1.《中华人民共和国注册建筑师条例》(1995 年 9 月 23 日国务院令第 184 号发布，自发布之日起施行。)

2.《中华人民共和国注册建筑师条例实施细则》已于 2008 年 1 月 8 日经建设部第 145 次常务会议讨论通过，自 2008 年 3 月 15 日起施行。

拓展与实训

基础能力训练

一、填空题

1. 被称作中国“近现代建筑的奠基人”的建筑师是________。

2. 一级注册建筑师的考试科目中，作图题有________、________和________。

3. 建筑师________一生的作品中，有 17 项被西班牙列为国家级文物，7 项被联合国教科文组织列为世界文化遗产。

二、多选题

1. 下列哪些是二级注册建筑师的考试科目？(　　)

A. 建筑构造与详图(作图题)　　B. 建筑结构与设备

C. 法律、法规、经济与施工　　D. 场地与建筑设计(作图题)

E. 建筑设计

2. 下列注册师当中，其职业范围不属于工程设计阶段的是（　　）。

A. 注册建造师　　B. 注册结构工程师
C. 注册公用设备工程师　　D. 注册监理工程师
E. 注册岩土工程师　　F. 注册城市规划师

三、简答题

1. 注册建筑师的执业范围有哪些？
2. 谈谈你最欣赏的建筑大师，他（她）的主要理论和作品特点有哪些？

四、思考题

你觉得如何才能成为一名优秀的建筑师。

链接职考

[2007 年一级建筑师试题]

1. 提出“坚固、适用、美观”建筑三原则的是（　　）。

A. 包豪斯的格罗皮厄斯
B. 古罗马的维特鲁威
C. 美国芝加哥学派的沙利文
D.《建筑四书》的作者帕拉第奥

[2006 年一级建筑师试题]

2.“当技术实现了它的真正使命，它就升华为艺术”，这句话出自哪位建筑师？（　　）

A. 赖特（Frank Lloyd Wright）
B. W·格罗皮乌斯（Walter Gropius）
C. 密斯·凡·德·罗（Mies Vander Rohe）
D. 勒·柯布西耶（Le Corbusier）

[2006 年一级建筑师试题]

3. 世纪末，英国人霍华德设计了（　　）。

A.“广亩城市”　　B.“海上城市”
C.“未来城市”　　D.“田园城市”

[2006 年一级建筑师试题]

4.“城市规划是两维空间，城市设计是按三维空间的要求考虑建筑及空间”，这种观点出自于（　　）。

A. 美国的凯文·林奇（K. Lynch）
B. 芬兰的沙里宁（E. Saarlnen）
C. 英国的弗·吉伯特（F. Gibberd）
D. 中国的梁思成

参考文献

[1] 潘谷西. 中国建筑史 [M]. 6 版. 北京：中国建筑工业出版社，2009.
[2] 陈志华. 外国建筑史 [M]. 北京：中国建筑工业出版社，2004.
[3] 罗小未. 外国近现代建筑史 [M]. 北京：中国建筑工业出版社，2004.
[4] 徐占发. 建设法规与案例分析 [M]. 2 版. 北京：机械工业出版社，2012.
[5] 徐锡权，金从. 建设工程监理概论 [M]. 2 版. 北京：北京大学出版社，2012.
[6] 全国二级建造师执业资格考试用书编写委员会. 建设工程法规及相关知识（全国一级建造师执业资格考试用书）[M]. 3 版. 北京：中国建筑工业出版社，2011.
[7] 张文忠. 公共建筑设计原理 [M]. 北京：中国建筑工业出版社，1981.
[8] 刘云月. 公共建筑设计基础 [M]. 南京：南京工学院出版社，1986.
[9] 邢双军. 建筑设计原理 [M]. 北京：机械工业出版社，2008.
[10] 樊振和. 建筑构造原理与设计 [M]. 4 版. 天津：天津大学出版社，2011.
[11] 李必瑜，魏宏杨. 建筑构造（上）[M]. 北京：中国建筑工业出版社，2005.
[12] 孙玉红. 房屋建筑构造 [M]. 北京：机械工业出版社，2011.
[13] 崔丽萍，杨青山. 建筑识图与构造 [M]. 北京：中国电力出版社，2010.
[14] 李必瑜，杨真静. 建筑概论 [M]. 北京：人民交通出版社，2009.
[15] 白旭. 建筑设计原理 [M]. 武汉：华中科技大学出版社，2008.
[16] 张亮. 建筑概论 [M]. 北京：冶金工业出版社，2011.
[17] 庄俊倩，邓靖，宾慧中，等. 建筑概论 [M]. 北京：中国建筑工业出版社，2009.
[18] 李延龄. 建筑设计原理 [M]. 北京：中国建筑工业出版社，2011.
[19] 朱瑾. 建筑设计原理与方法 [M]. 上海：华东大学出版社，2009.
[20] 沈福熙. 建筑方案设计 [M]. 上海：同济大学出版社，1999.
[21] 沈福熙. 建筑设计手法 [M]. 上海：同济大学出版社，1999.
[22] 爱德华·T·怀特. 建筑语汇 [M]. 大连：大连理工大学出版社，2010.
[23] 徐卫国. 快速建筑设计方法 [M]. 北京：中国建筑工业出版社，2001.
[24] 戴俭. 建筑形式构成方法解析 [M]. 天津：天津大学出版社，2002.
[25] 住房和城乡建设部职业资格注册中心. 建筑设计 [M]. 北京：中国建筑工业出版社，2012.
[26] 住房和城乡建设部职业资格注册中心. 设计前期与场地设计 [M]. 北京：中国建筑工业出版社，2012.
[27]《绿色建筑》教材编写组. 绿色建筑 [M]. 北京：中国计划出版社，2008.
[28] 仇保兴. 发展节能与绿色建筑刻不容缓 [J]. 中国经济周刊，2005（9）：11.
[29] 中国人民大学气候变化与低碳经济研究所. 低碳经济——中国用行动告诉哥本哈根 [M]. 北京：石油工业出版社，2010.
[30] 中国建筑科学研究院. GB/T 50378—2006 绿色建筑评价标准 [S]. 北京：中国建筑工业出版社，2006.
[31] 仇保兴. 促进绿色建筑发展的管理三要素 [J]. 建筑装饰材料世界，2008（22）：21-27.
[32] 李江南. 对美国绿色建筑认证标准的认识与剖析 [J]. 建筑节能，2009（1）：60-64.
[33] 孙佳媚. 绿色建筑评价体系在国内外的发展现状 [J]. 建筑技术，2008（1）：63-65.

[34] 支家强. 国内外绿色建筑评价体系及其理论分析 [J]. 城市环境与城市生态，2010 (2)：43-47.

[35] 中国城市科学研究会. 绿色建筑 2009 [M]. 北京：中国建筑工业出版社，2009.

[36] 欧阳生春. 美国绿色建筑评价标准简介 [J]. 建筑科学，2008 (8)：13-14.

[37] 王祎. 国外绿色建筑评价体系分析 [J]. 建筑节能，2010 (2)：64-66，74.

[38] 曹申，董聪. 绿色建筑成本效益评价研究 [J]. 建筑经济，2010 (1)：54-57.

[39] 秦佑国，林波荣，朱颖心. 中国绿色建筑评估体系研究 [J]. 建筑学报，2007，(3)：69.

[40] APPU HAAPIO，PERTTI VIITANAIEMI. A critical review of building environmental assessment tools [J]. Environmental Impact Assessment Review，2008，(28)：469-482.

[41] GRACE K. C. DING. Sustainable construction—The role of environmental assessment tools [J]. Journal of Environmental Management，2008 (86)：451-464.

[42] CHAN EHW，QIANQK，LAM PTI. The market for green building in developed Asian cities—the perspectives of building designers [J]. Energy Policy，2009，37 (8)：3061-3070.